미래자동차를 준비하는 **자동차 플라스틱 재료기술**

미래자동차를 준비하는

자동차 플라스틱 재료기술

Preparing for future cars-

plastic materials technology in the automotive

Preface

그동안 자동차산업은 기계산업의 꽃으로 성장해 왔고 2000년대 들어와서는 전자 산업의 핵심 적용 분야로 계속적으로 변화에 대응해 왔습니다. 최근의 자동차산업은 더욱 강화된 연비규제, 환경규제 등이 요구되고 있으며 친환경 문제, 미래형 자동차(전기차, 수소연료전지차, 자율주행차, 커넥티드카) 개발 등이 이슈화되고 있습니다. 이러한 자동차의 시대적 요구사항에 대응하기 위해 화공재료를 바탕으로 하는 플라스틱 재료기술 분야도 많은 기대와 관심이 집중되고 있으며 변화에 대응하는 기술 개발이 요구되고 있습니다.

저자는 현대자동차, 기아자동차, 대우자동차, 쌍용자동차 및 GM Korea(global) 등의 화공재료 분야에서 25년 이상을 근무했으며 자동차 주변 환경, 요구사항, 규제사항 및 개발동향 등이 고려된 기술개발을 경험했습니다. 이러한 기술개발 과정을 통하여 많은 개발 경험과 지식(Know-how)을 얻었고 그 소중한 경험과 지식을 자동차 산업과 연관된 재료 회사, 부품 회사(Tier I/II), 자동차 회사 화공재료 분야 연구원, 기술자 등에게 책으로 출판하여 도움을 드리고자 합니다.

이 책에서는 이론보다는 경험을 바탕으로 하는 현장 기술을 많이 전달하고자 노력했으며 자동차 화공재료 분야 플라스틱 재료기술 현장에서 필요한 지식, 기술 및 문제점 발생 시 해결해가는 과정과 해결책을 제시하고자 특히 노력하였습니다. 앞으로 자동차 화공재료 분야 플라스틱 재료기술에 더 나은 기술 향상을 기대하며 이 책의 출판에 직 · 간접적으로 많은 도움을 주신 선 · 후배 모든 분께 진심으로 감사의 마음을 전합니다. 고맙습니다.

2019년 5월

저자 강 원 구

Contents

제3장 플라스틱 제조 TECHNICAL MANUAL

제 4 장 플라스틱 설계 TECHNICAL MANUAL

제6장 미래형 자동차의 요구사항 및 개발방향

부록

참고문헌

자동차 기술은 …

최고를 지향하지 않고 **최적(to optimize)을 추구하는 기술**입니다.

자동차 기술은 …

경험의 기술입니다.

제1장 개요

최근의 자동차산업은 더 강화된 연비규제, 환경규제 등이 요구되고 있으며 친환경 문제, 미래형 자동차(전기차, 수소연료전지차, 자율주행차, 커넥티드카) 개발 등이 이슈화되고 있다.

이러한 자동차의 시대적 요구사항에 대응하기 위해 화공재료를 바탕으로 하는 플라스틱 재료기술 분야도 많은 기대와 관심이 집중되고 있으며 변화에 대응하는 기술 개발이 필요하다. 하지만 아직 자동차 사용환경, 요구사항 등의 여러 인자를 고려한 플라스틱 재료/제조/설계/품질 TECHNICAL MANUAL이 마련되지 않아 많은 어려움을 느껴왔다.

이 책은 자동차 사용환경, 요구사항에 만족하는 최적의 플라스틱 재료/제조/설계/품질 기준을 마련함으로써 기존 내연기관 자동차뿐만아니라 향후 개발될 미래형 자동차 등에도 많은 도움이 될 것이다.

본 TECHNICAL MANUAL은 크게 6개의 CHAPTER로 구성되있으며 각 장의 구성을 살펴보면 다음과 같다.

제1장 개요에서는 본 TECHNICAL MANUA의 필요성 및 기대 효과에 관하여 기술하였다.

제2장 플라스틱 재료 TECHNICAL MANUAL에서는 플라스틱 재료의 분류방법, 플라스틱 재료별 특성 및 BASE 재료에 첨가되는 첨가제의 특징과 종류에 대하여 기술하였다. 더불어 플라스틱 재료 선정 시 고려되는 플라스틱 재료의 물성을 확인하는 시험방법에 대해서도 기술하였다.

제3장 플라스틱 제조 TECHNICAL MANUAL에서는 사출성형기의 일반적인 사항 및 성형기의 주요 요소, 운전 원리, 공정조건 등의 설명과 더불어 플라스틱의 성형 공법 및 성형 시 발생되는 불량 원인의 대책에 대하여 기술하였다.

제4장 플라스틱 설계 TECHNICAL MANUAL에서는 플라스틱 설계 시 고려되어야 하는 러너(Runner)의 형상, 캐비티(Cavity)의 수와 게이트 종류(Gate type)의 설계지침 및 플라스틱 제품설계 시 고려되어야 하는 설계 특성 인자 및 일반적 설계기법에 대하여 기술하였다.

제5장 플라스틱 품질 TECHNICAL MANUAL에서는 플라스틱 영향인자별(Chemicals, Thermal, Weathering, etc.), 재료별 사례를 중심으로 CAE 해석 사례, 자동차 품질문제 사례에 대하여 기술하였다.

제6장 미래형 자동차의 요구사항 및 개발방향에서는 전기자동차의 개요, 부품 요구사항 및 현황을 설명하였고 더불어 미래형 자동차의 플라스틱 재료 개발방향 및 시장 전망을 기술하였다.

부록에서는 자동차(General Motors)에 사용되는 Acronym/Definition List, TNR Tables Standard(Solar Timing/온도별), 재료별 Solar Pull Chart 및 차량(부품)의 개발 절차 및 재료승인절차 Flow Chart Activity에 대하여 첨부하였다.

자동차 기술은 …

최고를 지향하지 않고 **최적(to optimize)을 추구하는 기술**입니다.

제 2 장

자동차 기술은 …

경험의 기술입니다.

제 2 장 플라스틱 재료 TECHNICAL MANUAL

플라스틱 재료 TECHNICAL MANUAL은 플라스틱 재료 선정 시 재료에 대한 여러 정보를 제공함으로써 재료 개발과 플라스틱 부품에 적용되는 최적의 재료를 선정할 수 있게 하는 데 목적이 있다.

2.1 플라스틱의 정의

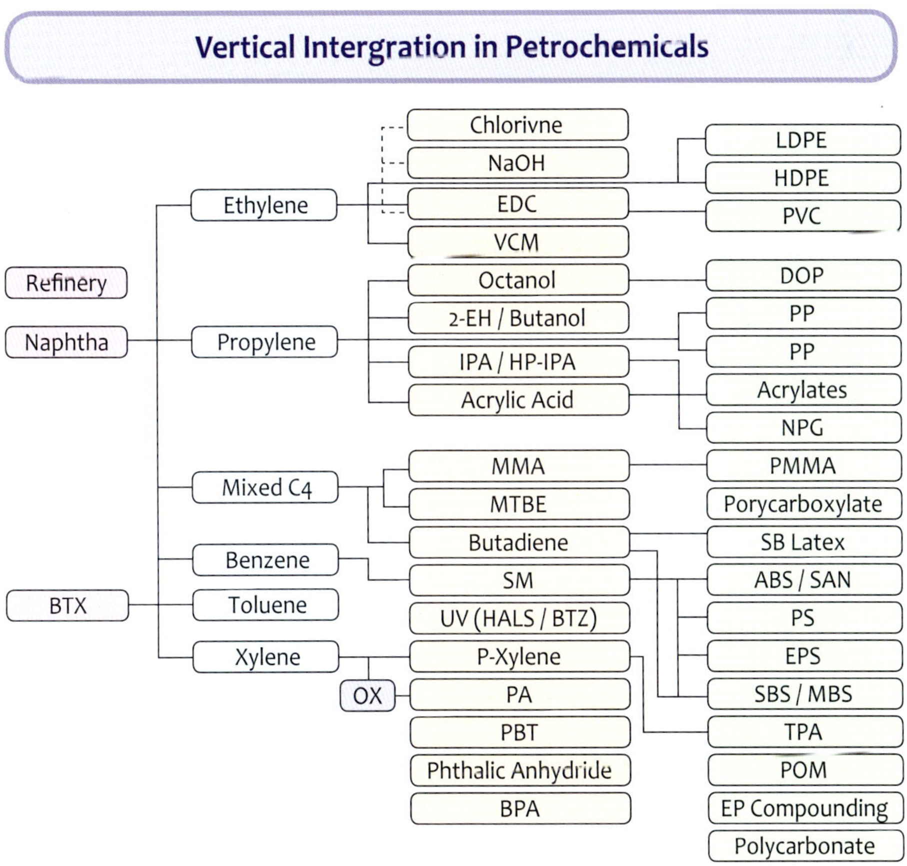

플라스틱이란 탄소, 수소, 질소 및 유기 또는 무기 원소로 구성된 거대 분자량 물질 즉, 고분자 물질을 말하며 최종 사용상태는 고체지만 제조공정 중 열과 압력을 받아 유동을 일으킬 수 있는 상태로 변하여 원하는 형태로 단독 혹은 복합으로 성형할 수 있는 물질이다. 이러한 고분자를 이해하는 한 가지 방법은 주어진 어떤 저분자가 그 분자량이 커질 때 그 상태가 어떻게 되는지를 관찰하는 것이다. 한 예로 탄화수소는 메탄이나 에탄처럼 탄소와 수소의 수가 적을 때 즉, 분자량이 작을 때는 기체 상태지만 탄소 수가 증가할수록 액체 상태, 더욱 증가하면 고체 상태로 점차 변한다. 탄소 수가 그 이상 증가하면 차츰 플라스틱 성질을 띠게 되는데 실생활에 사용될 수 있는 플라스틱의 성질이 시작되는 탄소의 수(n)는 약 1,000 정도다.

- **Monomer** : any substance that can be converted into a polymer.
- **Oligomer** : low-molecular weight polymerization products, for example, dimers, trimers, tetramers, and so on-cyclic or linear
- **Polymers** : high molecular weight substance
  - **Low polymer** : molecular weight < 10,000 to 20,000/repeating units < 1,000 to 2,000
  - **High polymer** : molecular weight > 10,000 to 20,000/repeating units > 1,000 to 2,000

- 분자량 :
  - 수 평균 분자량(M_n) : 분자의 수분포를 나타내는 평균 분자량

$$\overline{M_n}=\sum_i X_i M_i=\frac{\sum_i N_i M_i}{\sum_i N_i}$$

  - 중량 평균 분자량(M_w) : 분자의 중량분포에 관계되는 평균 분자량

$$\overline{M_w}=\sum_i W_i M_i=\frac{\sum_i W_i M_i}{\sum_i W_i}=\frac{\sum_i N_i M_i^2}{\sum_i N_i M_i}$$

- 분자량 분포 지수(PDI : M_w/M_n) : PDI 값이 클수록 분자량 분포가 큼

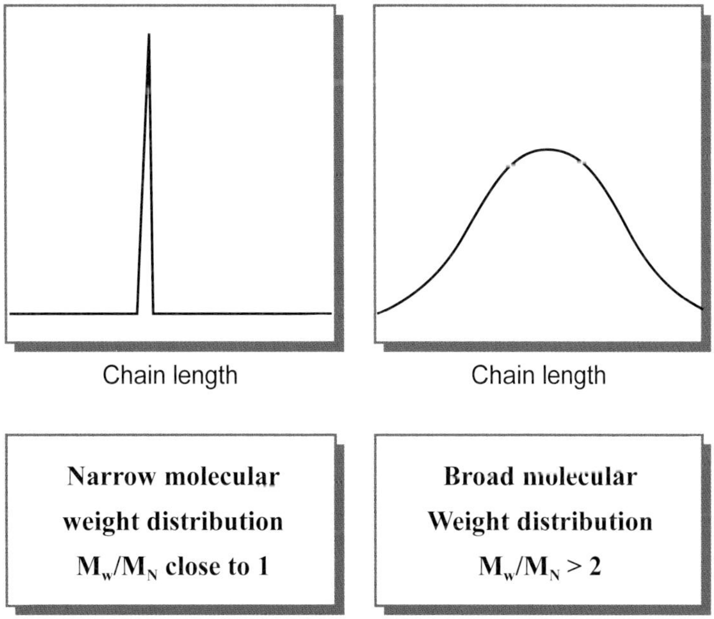

[Molecular weight distribution]

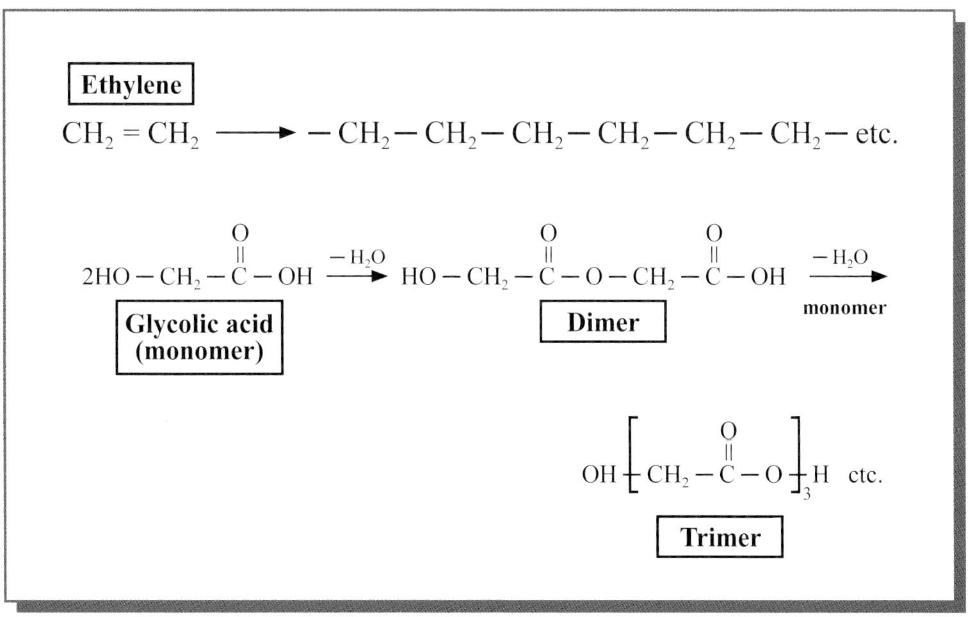

M_n ~2,000 g/mol

M_w ~500,000 g/mol

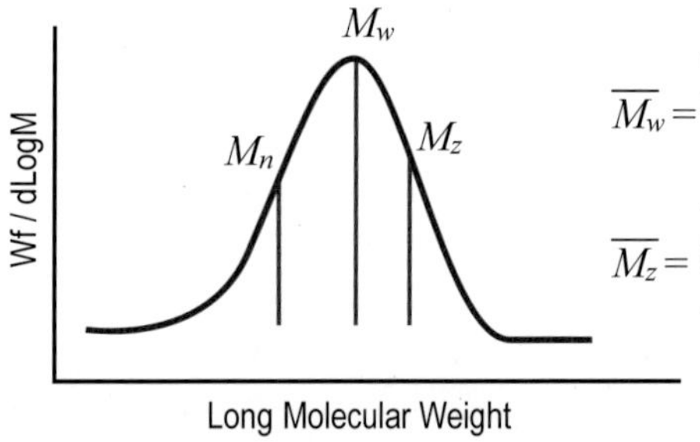

$$\overline{M_n} = \frac{\sum c_i}{\sum c_i / M_i} = \frac{\sum N_i M_i}{\sum N_i}$$

$$\overline{M_w} = \frac{\sum c_i M_i}{\sum c_i} = \frac{\sum N_i M_i^2}{\sum N_i M_i}$$

$$\overline{M_z} = \frac{\sum c_i M_i^2}{\sum c_i M_i} = \frac{\sum N_i M_i^3}{\sum N_i M_i^2}$$

- **Linear Polymers** : linear polymer consists of a long chain of skeletal atoms to which are attached the substituent groups.

→ **Branched Polymers**

linear polymers with branches

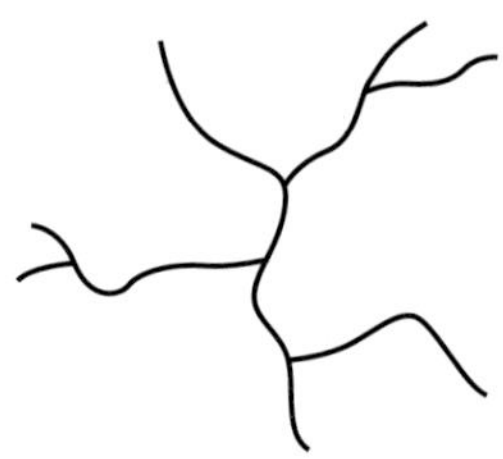

→ **Cross linked Polymers**

in which chemical linkages exist between the chains

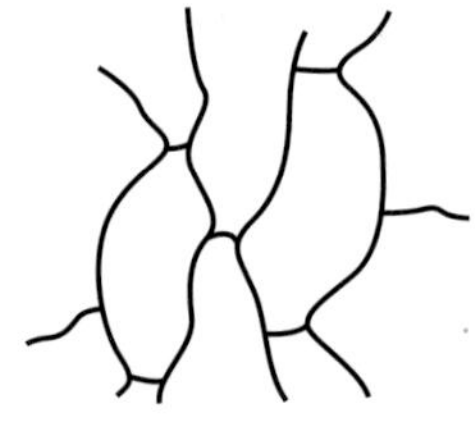

2.2 플라스틱 재료의 일반적 성질

가볍고 강하며, 전기절연성이 우수하고, 성형성이 좋아 가공비가 저렴하다. BASE 수지에 첨가제 또는 다른 수지를 혼합하여 여러 가지 다른 성질이 것을 만들 수 있는데, 염화비닐 수지는 가소제를 첨가하여 연질, 경질의 재료가 만들어지고, 에폭시 수지에 유리섬유를 첨가하여 초강성의 FRP가 만들어지며, 폴리프로필렌 수지에 EPDM 수지를 혼합하여 충격성이 우수한 재료가 만들어진다. 가격이 저렴하지만 열에 약하다는 단점이 있다. 일반적으로 폴리스티렌, 폴리에틸렌 등의 일반용 수지는 표면 경도가 낮아서 흠이 나기 쉬우나 멜라민 수지와 같은 표면 경도가 강한 수지도 존재한다.

폴리사불화에틸렌과 같이 화학약품에 극히 강한 것도 있으나, 폴리스티렌과 같이 용제에 용해되기 쉬운 것도 있다. 용제에는 용해되지 않지만, 용제에 의하여 제품에 균열이 생기기도 하고 크리프(Creep; 일정 하중을 가했을 때 시간의 경화에 의한 영구변형)가 일어나기 쉽다.

플라스틱은 일반적으로 내유성이 약하다. 연료에 용해되지 않는 것이라도 연료에 침직시키면 크래킹이 생기는 경우가 있다. 그러나 나일론과 같이 내유성이 강한 수지도 있다.

폴리머는 분자량이 클 경우 강도 등 기계적 성질이 강해지고 용액 및 용융점도가 높아진다. 또한 융점이 높아지고 성형성과 용해성이 떨어진다. 폴리머는 거대 분자이며 분자골격에 고유의 분자사슬을 가지고 있기 때문에, 이러한 분자운동에 바탕을 둔 융점, 결정화 온도, 유리전이온도 등이 존재한다.

2.2.1 유리전이온도

유리전이온도(주분산 또는 α 분산이라고 함)는 분자 주쇄의 운동이 정지하는 온도이며, 분자운동에 대응하는 비열, 굴절률, 비용적 등의 변곡점으로 나타난다. DTA(Differential Thermal Analysis) 또는 DSC(Differential Scanning Calorimetry)에 의한 측정을 통해 중간점 유리전이온도(T_{mg}), 보외 전이개시온도(T_{ig}), 보외 전이종료온도(T_{eg}) 등으로 정의하고 있다. T_g 이하의 온도에서는 분자들이 비평형으로 배열된다.

2.2.2 유리와 고무

유리는 실험이 가능한 시간범위 내에서 분자의 재배열이 일어날 수 있는 온도보다 낮은 온도에 놓여져 있는 재료이고, 고무는 분자의 재배열이 실험적으로 가능한 시간범위 내에서 일어날 수 있는 재료이다.

유리와 고무 상태를 구분하는 임계온도가 유리전이온도(glass transition temperature)이다.

▶ 비정질 재료의 특징

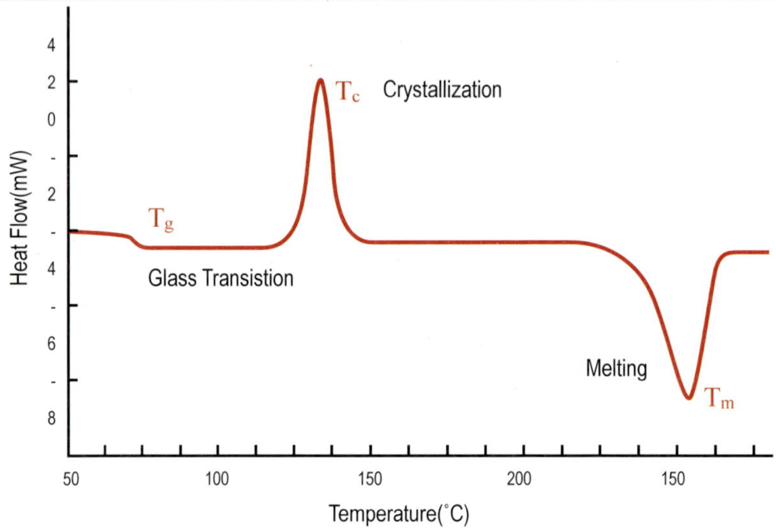

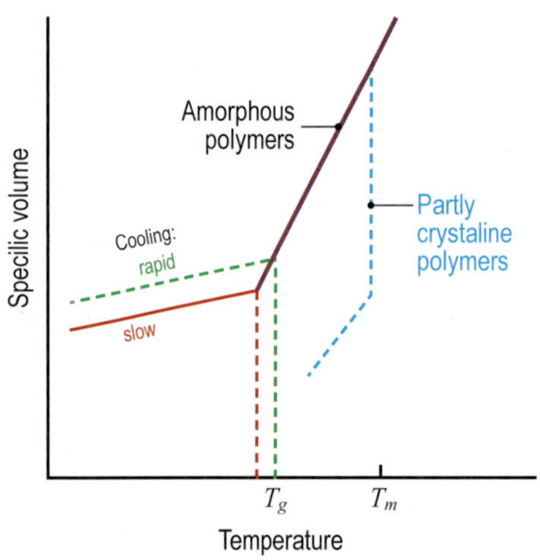

Material	T_g(˚C)	T_m(˚C)
Nylon 6,6	57	265
Polycarbonate	150	265
Polyester	73	265
Polyethylene		
High density	-90	137
Low density	-110	115
Polymethylmethacrylate	105	–
Polypropylene	-14	176
Polystyrene	100	239
Polytetrafluoroethylene(Teflon)	-90	327
Polyvinyl chloride	87	212
Rubber	-73	–

▶ **결정화도(crystallinity) :** 결정영역 부피/전체 부피, 강성, 경도, 밀도, 용제 및 열저항에 영향

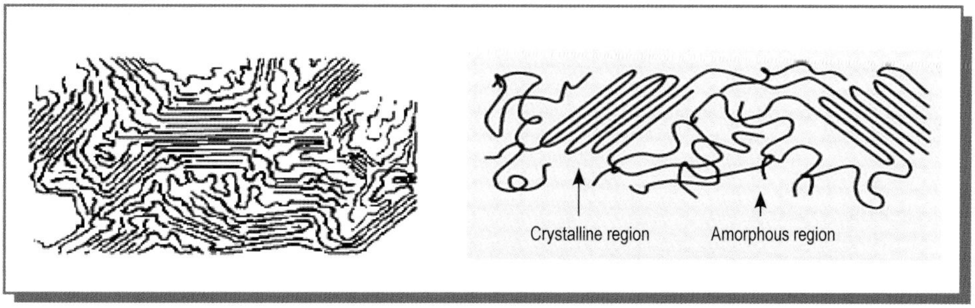

▶ **냉각 시 부피 변화 :** 수축

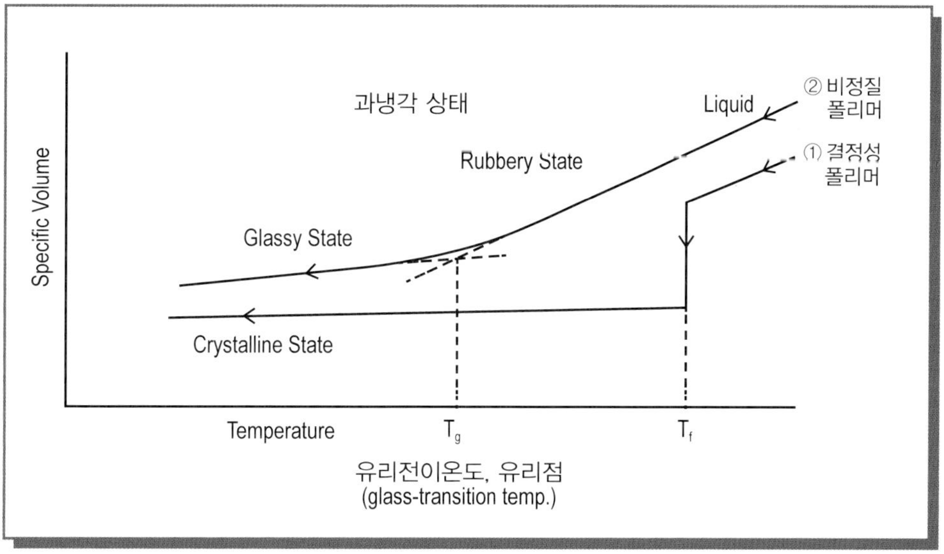

▶ 고체상태에서의 고분자 변형

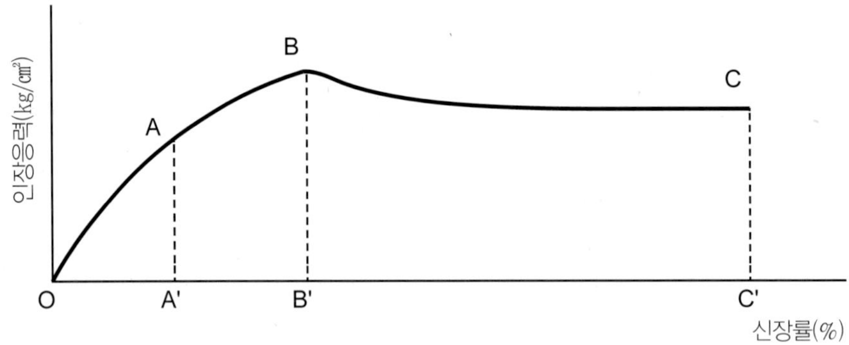

OA : 훅크의 탄성변형(기울기 : 탄성율) BB : 항복점 인장강도
B : 항복점 CC' : 파단점 인장강도
C : 파단점 CB : 항복점 신장률

S–S 곡선의 일반형

▶ 플라스틱의 거동

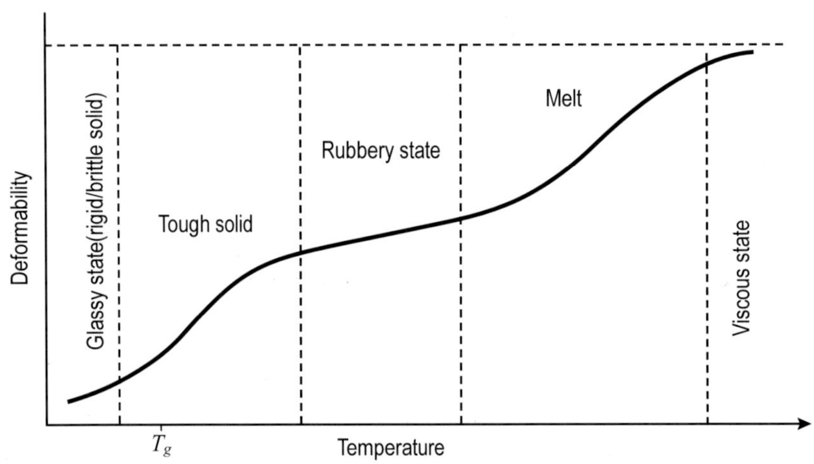

▶ Deformation of Polymers

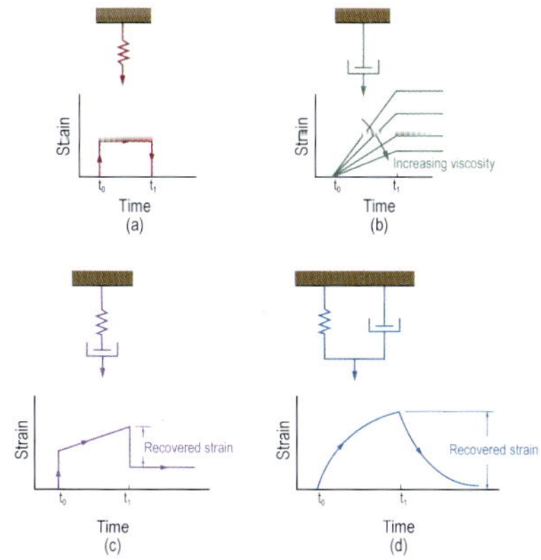

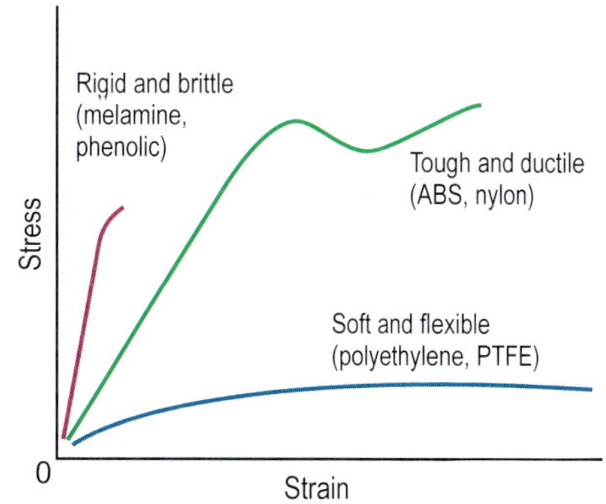

(a) elastic

(b) viscous

(c) viscoelastic(Maxwell model)

(d) viscoelastic(Voigt or Kelvin model)

▶ Craze and Crack

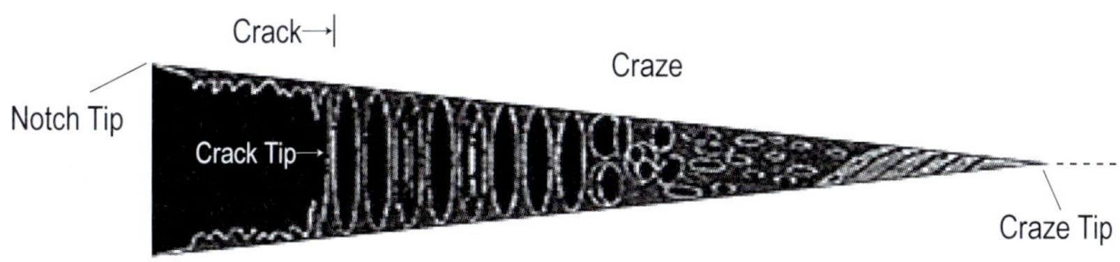

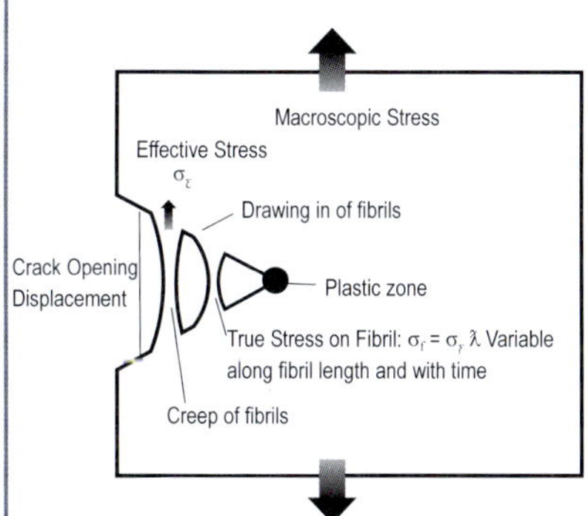

Crack Propagation

Cracks propagate due to sharpness of crack tip

- A plastic material deforms at the tip, "blunting" the crack.

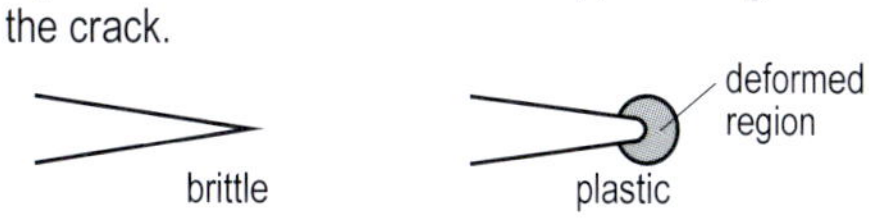

Energy balance on the crack

- Elastic strain energy
  - energy stored in material as it is elastically deformed
  - this energy is released when the crack propagates
  - creation of new surfaces requires energy

▶ 변형률의 속도 의존성과 이방성

$$\sigma = C\dot{\varepsilon}^n$$

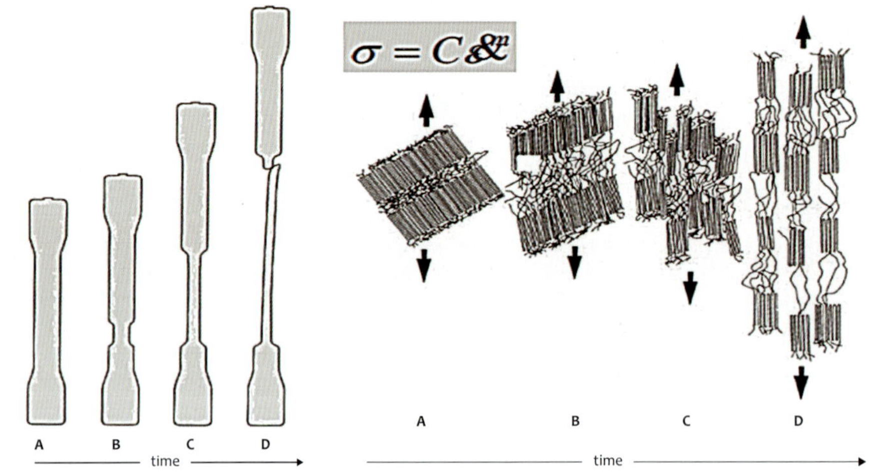

▶ 복합재료에서의 변형

■ Composite = reinforcement(강화재) + matrix(모재)

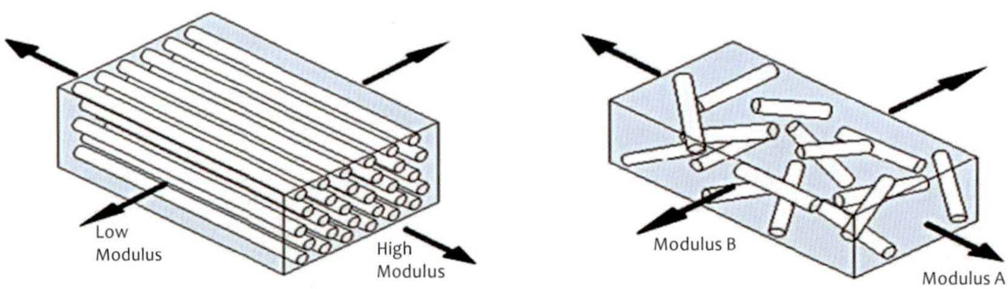

■ 연속섬유의 경우

$$P_c = P_f + P_m \qquad A_c = A_f + A_m$$

$$\sigma_c A_c = \sigma_f A_f + \sigma_m A_m \longrightarrow \sigma_c = x\sigma_f + (1-x)\sigma_m$$

$$x = A_f / A_c = V_f / V_c \qquad E_c = xE_f + (1-x)E_m$$

▶ Strength and Fracture of Composites

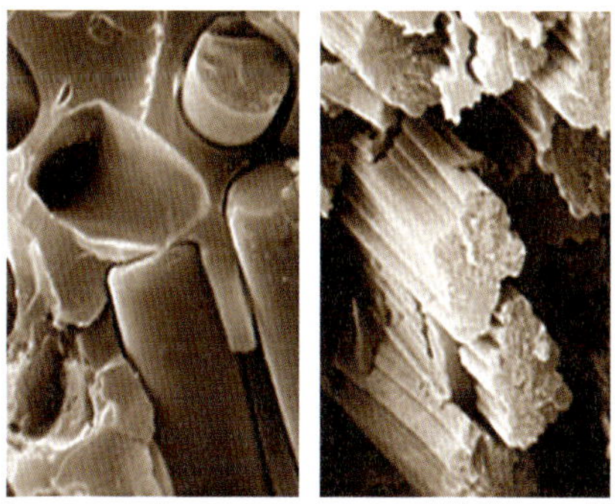

(a) (b)

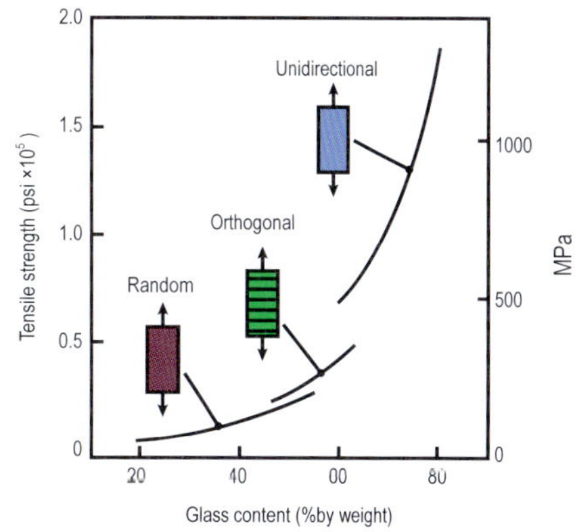

▶ Laminar Flow, Shear Rate and Shear Stress

- Laminar flow(층류)
  — At low velocities fluids tend to flow without lateral mixing, cross-current and eddies

- Velocity gradient : 속도 기울기 전단속도

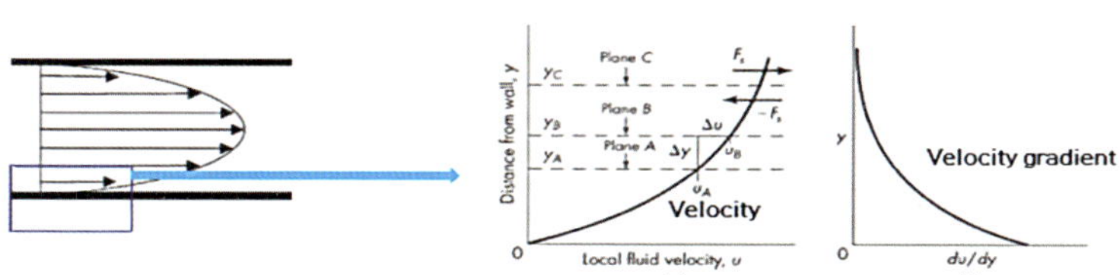

(a) (b)

- Shear stress(전단 응력)
  — This force is exerted by the fluid above plane C on the fluid between plane C and the wall

$$\tau = \frac{F_s}{A_s}[Pa = N \times m^{-2}]$$

▶ Rheological Properties of Fluids

■ Newtonian and non-newtonian fluids

— The relationships between the shear stress and shear rate in a real fluid are part of the science of rheology

$$\tau = \mu \frac{du}{dy}$$

I μ is constant (Newtonian)
I μ os function of shear rate (Non-newtonian)

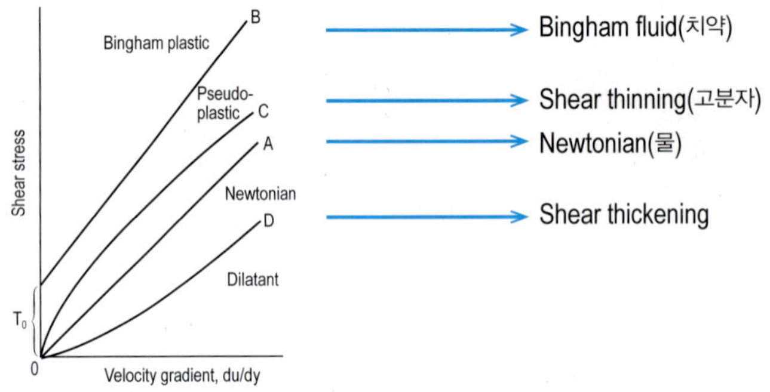

▶ Viscoelastic Fluids

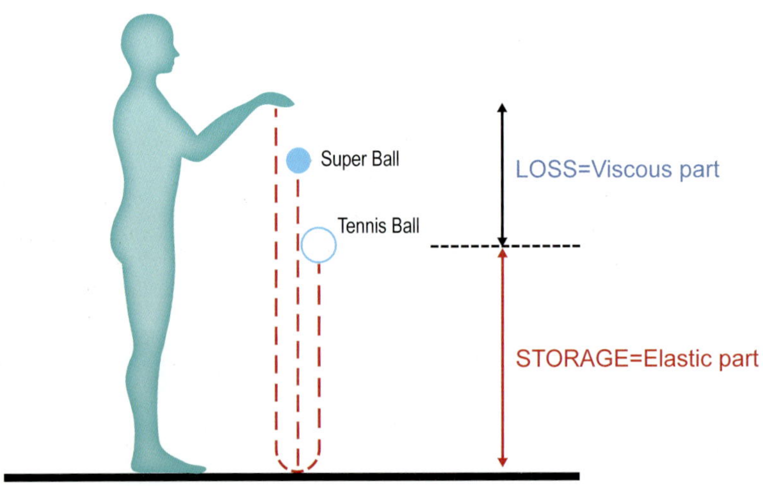

대부분의 유체는 점탄성을 가지고 있다. 하지만 점성과 탄성은 한꺼번에 나타나지 않는다. 점탄성에서 가장 중요한 개념은 "시간"이다.

▶ Rheological Properties of Fluids

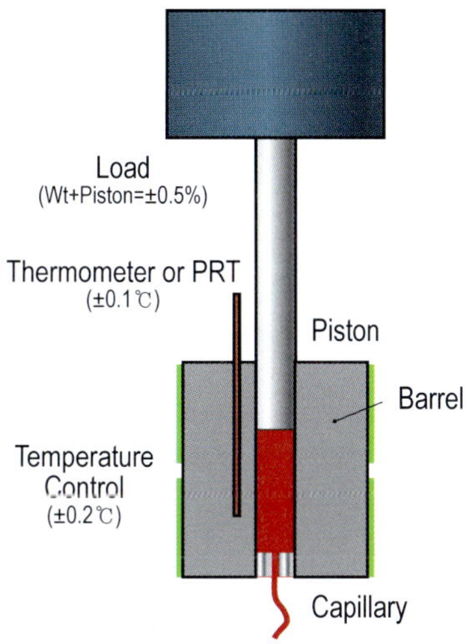

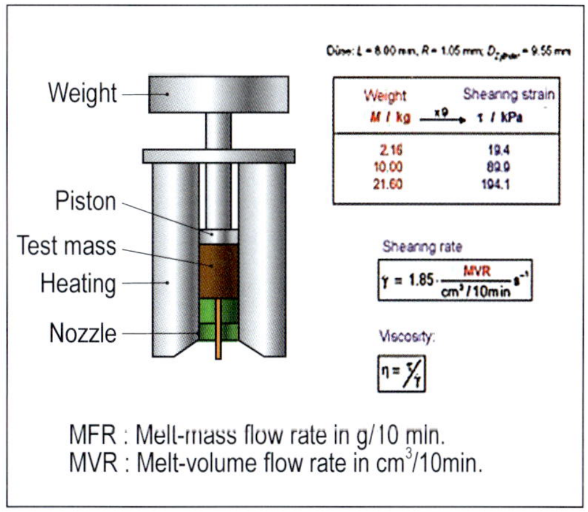

Film9 : Melt flow rate(MFR) Test according to DIN EN ISO 1133(02/2000)

2.3 플라스틱의 분류

2.3.1 열가소성 플라스틱과 열경화성 플라스틱

열가소성 수지는 수지별로 특정 온도 범위 내에서 반복적으로 가열에 의해 연화되고 냉각에 의해 경화되는 수지다. 이들 분자사슬은 가열되면 미끄러져 플라스틱의 흐름을 일으키고 냉각되면 다시 고정된다(예 : PS, PE, PP, PVC, ABS, PMMS).

반면에 열경화성 수지는 가열에 의해 경화되는 수지다. 즉, 열경화성 수지는 성형 전에는 분자들은 선형구조를 하고 있으나 경화되면 부근 선형구조의 분자사슬들 간에 교차결합(Cross linking)이 일어나서 서로 복잡하게 얽힌 망상구조가 된다(예 : 페놀, 요소, 멜라민, 불포화 폴리에스테르, 에폭시, 우레탄 수지).

좀 더 상세히 살펴보면 열경화성 수지는 포르말린 축합반응을 일으키는 페놀 수지, 요소 수지, 멜라민 수지 등이 있고 아민계 촉매에 의해 부가중합하는 에폭시 수지, 또한 스티렌 가교제가 되어 가교하여 중합하는 폴리에스테르 등이 있다.

페놀 수지는 촉매에 따라 2종류의 유형이 만들어지는데 산성 촉매에서는 용제에 용해되고 가열에 의해 용융되는 노블락형 수지가 되고, 알칼리성 촉매에서는 불용불융성 레졸형 수지가 만들어진다.

2.3.2 결정성 플라스틱과 비결정성 플라스틱

플라스틱은 긴 사슬구조를 가진 분자량이 매우 큰 고분자 물질로, 25,000g/㏖ 이상의 분자량을 가진다. 또한 플라스틱은 저분자의 단량체(Monomer)로부터 열이나 빛에 의하여 촉매 존재 하에서 중합되어 고분자가 되며, 이러한 과정 중에 다음 그림과 같이 분자사슬들 간의 얽힘 현상(Entanglements)이 일어난다.

▶ 결정 영역과 무정형

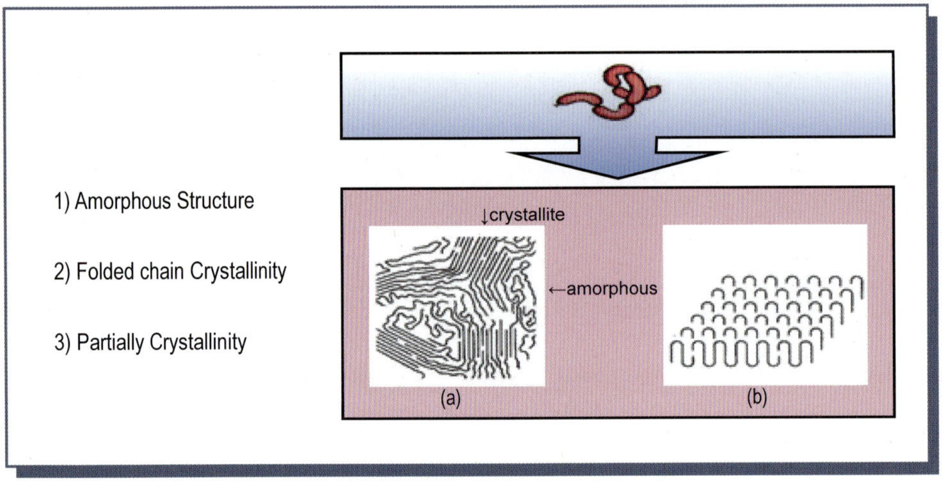

플라스틱은 이와 같이 규칙적인 배열을 함으로써 결정체를 형성시키는 결정성 영역과 분자사슬 간에 서로 얽혀서 불규칙적인 배열을 하는 비결정성 영역의 두 가지 영역으로 구분될 수 있다. 반결정성 수지는 이와 같이 결정성 영역과 비결정성 영역의 두 영역을 가지는 구조로 되어 있고, 결정성 영역이 차지하는 비율에 따라 그 수지의 결정화도(Crystallinity)가 달라지며 물성에 영향을 미친다. 비결정성 수지는 결정성 영역이 없는 수지로, 대개 반결정성 수지에 비해 강성이 약하나 충격강도가 큰 성질이 있다. 결정성 수지에는 PA, PBT, PP, PE 등이 있으며, 비결정성 수지에는 PS, ABS, PC, PVC 등이 있다. 다음은 결정성 수지와 비결정성 수지의 특성을 나타낸 것이다.

▶ 결정성 수지와 비결정성 수지의 특징

구　　분	결정성 수지	비결정성 수지
Polymer	PBT, PE, PP, Nylon, POM	ABS, PS, PC, PMMA, SAN
Mold shrinkage	0.012 + 0.025, Large	0.004 + 0.012, Small
Strength	Stiff	Tough
Transparency	No	Yes
Flowability	Yes	No
Dimension control	Difficult	Easier
Heat content	More	Less
Chemical resistance	Yes	No
Wear resistance	Yes	No
Temperature change on strength	Less	More

2.4 플라스틱의 재료별 특성

2.4.1 PE(Polyethylene)

내수성, 내약품성, 전기절연성이 우수하며, 저밀도 폴리에틸렌(LDPE)의 경우는 고밀도 폴리에틸렌(HDPE)보다 경도가 작으며 신장률이 크고 내한 충격성이 우수하다. 또한 폴리에틸렌은 고분자의 포화 탄화수소(CH)이므로 화학적 성질이 우수하며 산, 알칼리, 염류에 안정적이다. 내광성(Color fastness) 및 내후성(Weatherability)에 취약하고 특수한 경우를 제외하고 첨가제를 사용하지 않으므로 가공성이 우수하여 모든 성형가공이 가능하다.

2.4.2 PP(Polypropylene)

폴리프로필렌은 폴리에틸렌과 비슷한 성질을 가지고 있으나 인장강도, 굴곡강도 등의 기계적 특성, 용융점, 열변형 온도 등의 열적 특성이 우수하며 비중이 0.90~0.92로 플라스틱 중에서 가장 가볍다. 이러한 특성 때문에 강화제, 충진제 및 충격보강제 등과 BLEND하여 자동차 재료로 널리 사용된다.

단점으로는 BASE의 PP가 PE보다 저온 충격강도가 낮으며 빛(자외선)이나 열에 의해 서서히 산화 분해되므로 열 안정제 및 산화 방지제 등을 첨가하여 열화를 방지한다.

(1) Addition Polymers

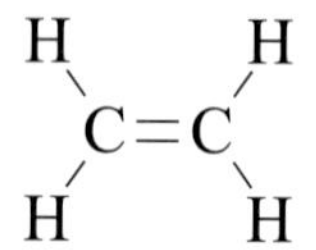

- reaction by opening double bonds
- all atoms from reactants end up in the product
- n CH_2=CHX reacts to become [- CH_2-CHX-]n

if X = H, the polymer is polyethylene(PE)

if X = CH_3, the polymer is polypropylene(PP)

if X = Cl, the polymer is polyvinylchloride(PVC)

if X = C_6H_5, the polymer is polystyrene(PS)

... this list is not exhaustive

if monomer is CF2 = CF2,

(2) PP Synthesis

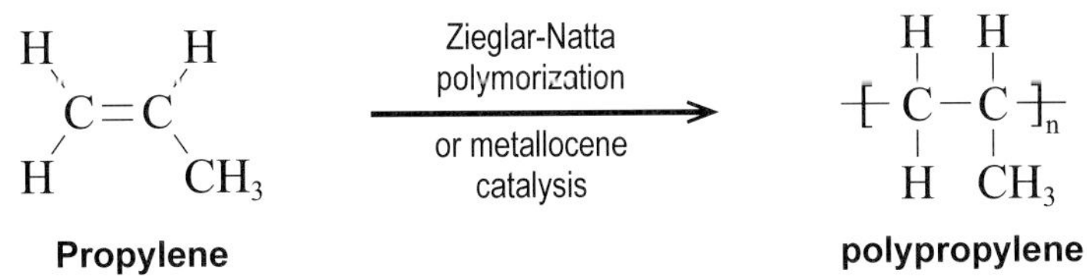

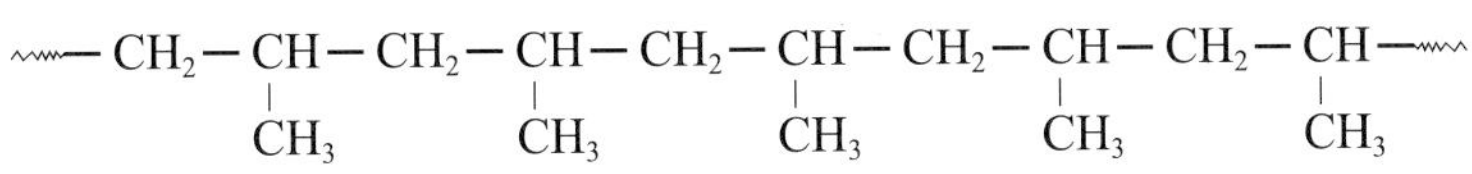

isotactic polypropylene

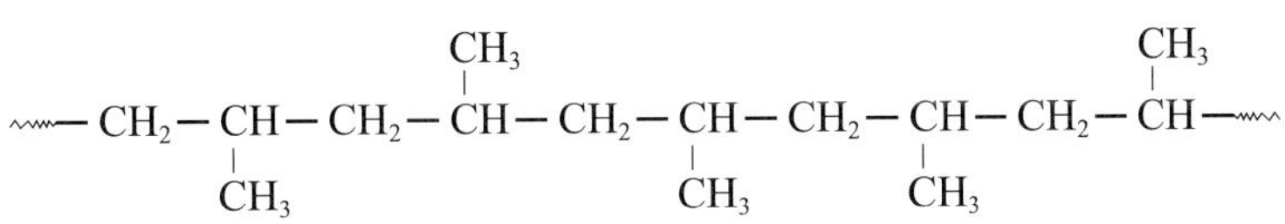

atactic polypropylene

- Zieglar-Natta polymerization

  : $TiCl_3 + Al(C_2H_5)_2Cl$, or $TiCl_4 + Al(C_2H_5)_3$

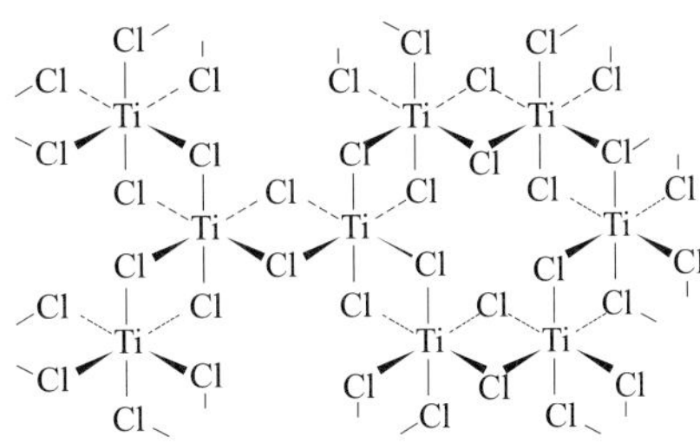

a crystal of α-$TiCl_3$

- Kaminsky Catalysts : *Metallocene*

  : A metallocene is a positively charged metal ion sandwiched between two negatively charged cyclopentadienyl anions.

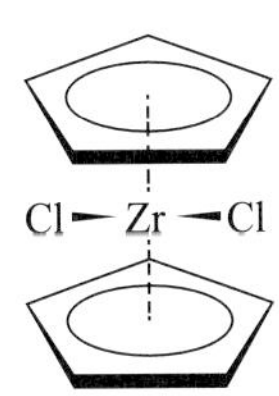

bis-chlorozirconocene

(3) Stereoregularity of PP

- Stereoregularity of PP governs the degree of crystallinity
- Sotactic : characteristic groups all on the same side of the polymer chain
- Syndiotactic : characteristic groups on alternate sides along polymer chain
- Atactic : characteristic groups located at random along the polymer chain

(4) PP의 특징

- Polypropylene is a crystalline polymer.

crystalline polymers molecules pack more closely leading to: higher density better mechanical properties(more bonds/m3), better resistance to environmental degradation

(5) PP의 기본물성

ISO or UL Test	Property	HPP*	HPP-filled	CPP**	CPP-filled
ISO1183	Specific gravity	0.90-0.91	0.97-1.27	0.89-0.91	0.98-1.24
ISO62	Water absorption(%)	0.01-0.03	0.01-0.09	0.03	0.01-0.02
ISO527	Tensile strength(MPa)	31.03-41.37	24.13-110.32	27.58-37.92	17.24-68.95
ISO527	Elongation at break(%)	100-600	1.5-80	200-500	2.2-50
ISO527	Tensile modulus(MPa)	113.7-155.1	258.5-689.5	89.6-124.1	34.4-241.3
ISO178	Flexural modulus(MPa)	117.2-172.3	144.8-689.5	89.6-137.9	144.8-661.9
ISO180	Notched Izod impact strength(J/m)	21-75	32-641	59-747	32-214
ASTM D785	Hardness, Rockwell R	80-102	75-117	65-96	81-105
ISO8302	Thermal conductivity (W/(mK))	0.22	0.25-0.51	0.22	0.25-0.51
ISO11359	Coefficient of thermal expansion(10^{-4}m/m·℃)	1.4-1.8	0.27-0.90	1.08-1.80	0.36-1.08
ISO75	Deflection temperature(℃) At 1.80MPa	49-60	54-166	49-60	47-138
	At 0.45MPa	107-121	104-149	85-104	77-152
UL 94	UL flammability rating***	HB	HB	HB	HB

*Homopolymer polypropylene. **Copolymer polypropylene. ***V-2, V-1, V-0, V-5 grades available.

2.4.3 ABS(Acrylonitrile–Butadiene–Styrene Copolymer)

ABS 수지는 아크릴로니트릴과 부타디엔 및 스티렌을 공중합시켜 제조하며, 스티렌의 광택, 전기 특성, 가공성과 아크릴로니트릴의 내열성, 강성, 내유성 그리고 부타디엔의 충격강도 등 각 물성의 균형이 조화된 수지로서 다른 수지와의 상용성이 우수하여 BLEND용으로도 사용된다.

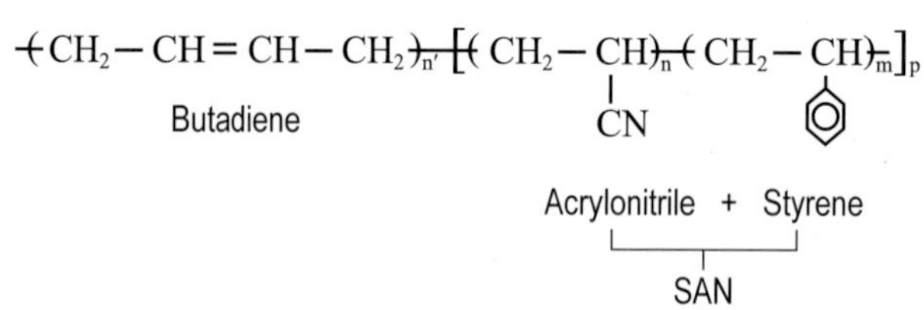

Styrene : 가공성, 강성

Acrylonitrile : 내화학성, 내열성

Butadiene : 내충격성

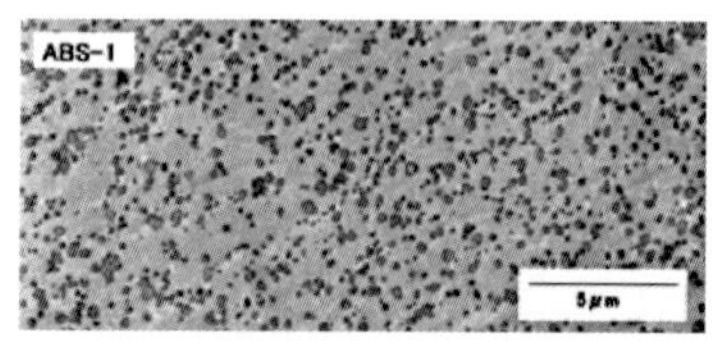

Major Uses	Processes
Appliance Housings Canoes Typewriter Keys Pipes & Pipe Fittings Telephone Housings	Injection Molding Extrusion Blow Molding Thermoforming
Why would tou want to use it?	**Long Term Service Temperature**
Low to Medium Cost Good Impact Strength Good Chemical Resistance High Gloss Surface Finish Good Flexural Properies	Max = 60~75℃

(1) ABS의 기본물성

Properties	Unit	Value
Specific gravity	-	1.03 ~ 1.06
Tensile Strength	MPa	30 ~ 52
Tensile modulus	MPa	2,070 ~ 2,760
Flexural modulus	MPa	2,200 ~ 3,030
Elongation at break	%	2.3 ~ 3.5
Impact Strength(Izod)	J/m	134 ~ 320
Hardness	-	R 105 ~ 112
HDT(under 1.82 MPa load)	℃	93 ~ 104
Glass transition temperature	℃	105 ~ 115
Dielectric Strength	KV/mm	16 ~ 31

2.4.4 PMMA(Polymethylmethacrylate)

내후성 및 광학적 성질, 특히 투명성이 대단히 우수하고 비중이 매우 작다. 그리고 전기절연성이 우수하며 흡습성이 매우 작고 내약품성은 무기 약품에 대해 실온에서 강한 저항성을 갖고 있으나, 제조가격이 비싸고 무기 유리에 비하여 표면 경도가 낮은 단점이 있다.

2.4.5 PA(Polyamide)

대표적인 엔지니어링 플라스틱으로 기계적 성질, 특히 내충격성이 우수한 결정성 고분자다. 내마찰성, 내마모성, 내약품성, 내유성 등이 우수하고 융점이 높으며, 흡습성이 큰 것도 특징이다. 흡습하면 치수변화가 크고 기계적 강도는 저하되나 유연성, 내충격성은 증가한다. 기계적 강도 및 내열성이 우수하여 자동차 엔진, 새시 부품에 널리 사용된다.

나일론 수지는 모노머의 다양성부터 나일론6, 나일론66, 나일론11, 나일론12, 나일론46, 반방향성 나일론, 공중합 나일론 등의 폴리머가 중합되고, 그리고 compound에 의해 여러 가지 특징이 있는 등급이 개발되어 왔다. 이러한 특징 있는 등급을 이용하여 자동차부품, 전기전자부품, OA기기, 기구건축재료, 스포츠레저용품, 완구, 포장용 필름, mono filament 등의 다양한 용도로 사용되고 있다. 또한 이러한 나일론 수지가 성장해왔던 것은 나일론의 우수한 특징과 가공성을 활용하고 각 분야의 사용자가 여러 가지 가공기술을 개발하여 받아들였기 때문이다. 앞으로도 특징 있는 새로운 등급의 개발과 가공기술의 진보에 따라 발전해 나갈 것으로 생각한다.

2.4.6 PC(Polycarbonate)

기계적 강도 및 내수성이 우수하고, 융점이 230℃로서 내열성이 특히 우수한 엔지니어링 플라스틱이다. 내약품성은 산에는 강하나 알칼리에 약하고 고급 알코올, 유지 등에는 안정적이지만, 그 외의 유기용매에는 녹는다. 특히 내충격성, 내광성이 우수하며 전기절연성, 강도, 내열성, 투명성, 치수 안정성 등이 요구되는 각종 용도에 널리 사용된다.

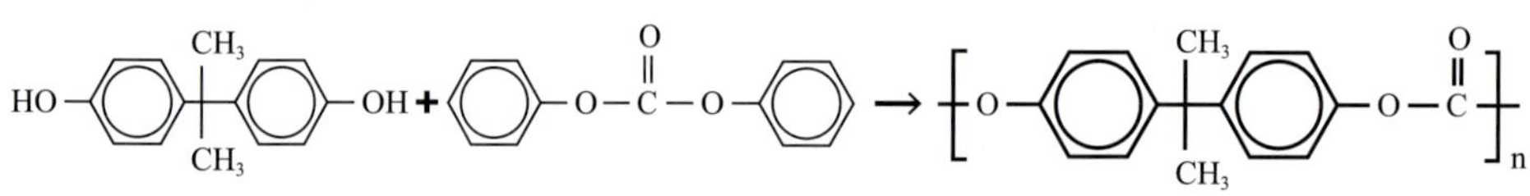

BPA DPC Polycarbonate(PC)

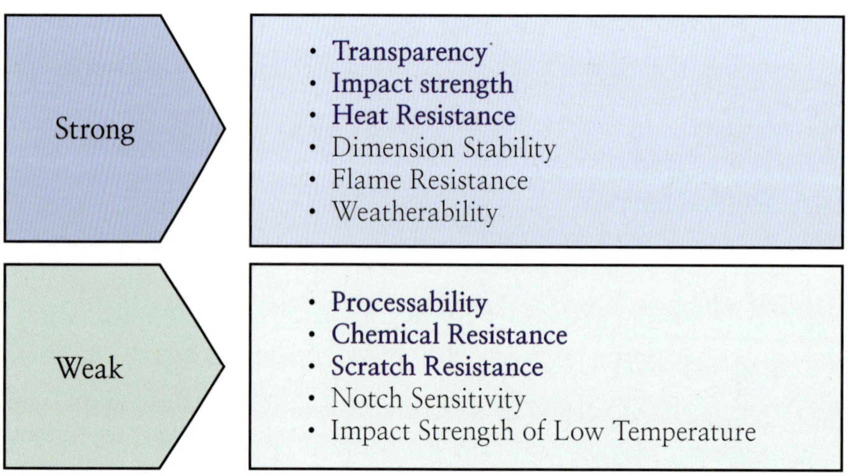

Mechanical Properties :

Very good to excellent mechanical prorperties, especially impact.

Chemical Resistance :

Poor to moderate, being an amorphous material, it is more susceptible to chemical attach, especially solvents.

Optical Properties :

Excellent, very clear material. Safety glasses and CD's.

Flammability :

Typically self-extinguishes due to a buildup of charat the flame front.

Processability :

Can be difficult to process due to its high viscosity. A lot will depend on the wall thickness of the component and the required length of flow.

(1) PC/ABS Alloy

Polycarbonate와 ABS를 혼합하여 제조하는 합성수지다. 압출 및 사출 가공성이 우수하고 내화학성이 뛰어나다. 우수한 난연 특성으로 전기 전자 제품, OA 하우징 및 자동차 내 · 외장재용으로 사용이 가능하다.

(2) PC/ABS의 특징

Polycarbonate(기계적 물성, 내열성) + ABS(가공성, 내화학성 경제성)

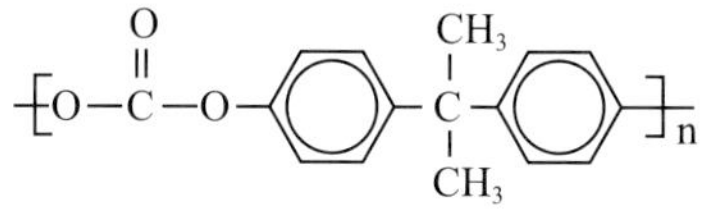

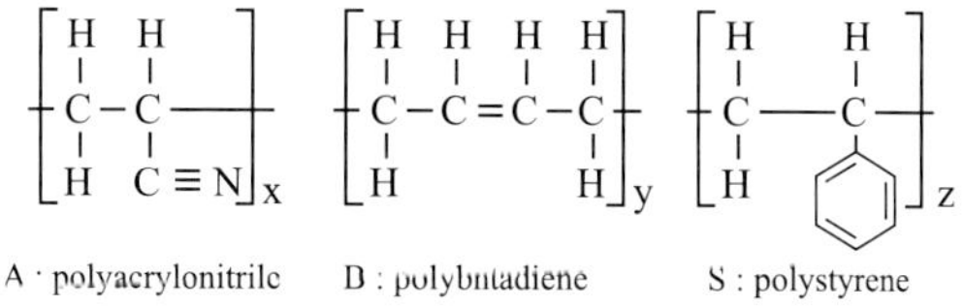

PC/ABS : 우수한 충격강도, 치수 안정성, 내열성, 사출성, 광택

	PC	ABS	PC/ABS
기계적 물성	매우 우수	우수	우수
내열성	매우 우수	열세	우수
사출성형성	열세	매우 우수	우수
내화학성	열세	우수	다소 취약
내후성	매우 우수	열세	우수

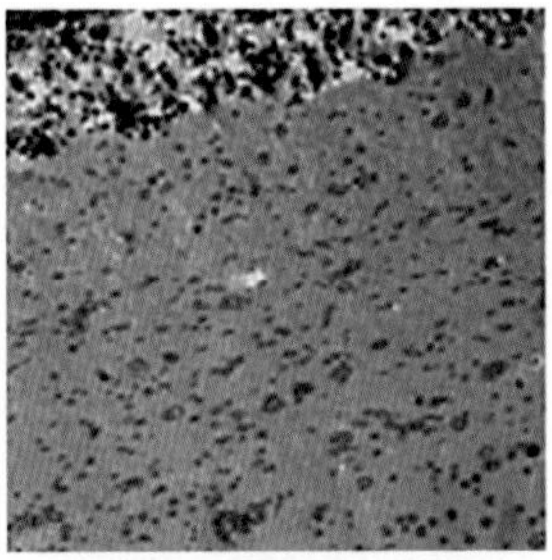

TEM

소재	PC 함량	HDT(℃)	용도
PC/ABS	70	110	Spoiler, Center console
	50	90	Spoiler
도금 PC/ABS	40~60	100	도어핸들, Radiator grill
저광 PC/ABS	60~70	110	핸들커버 등
PC/ASA	60~70	110	Overhead console, Roof rack

2.4.7 POM(Polyoxymethylene; Polyacetal)

POM 수지는 높은 결정성을 가지는 고분자로서 기계적 강도가 크고 내마모성이 우수하다. 기계적 성질은 PA, PC와 함께 열가소성 플라스틱 중 최고 수준에 있으며 고온 다습 하에서 흡습성이 적어 치수 안정성이 우수하다. 또한 내용매성이 우수하여 상온에서는 모든 유기용매에 용해되지 않지만, 고온에서 염소화 페놀류에 용해되며 산에는 약한 단점을 갖는다. POM 수지는 PA와 같은 엔지니어링 플라스틱으로 강인성, 내피로성, 내크리프성, 내마모성이 특히 우수하여 금속재료와 경합하는 분야에 사용된다.

2.4.8 MPPO(Modified-Polyphenylene Oxide)

PPO(PPE)는 엔지니어링 플라스틱으로서 180℃의 매우 높은 열변형 온도 외에 많은 우수한 성질을 가지고 있으나 연화점 및 용융온도가 높고 용융점도 크기 때문에 성형온도가 높이 가공성이 나쁘다는 난점이 있다. 내열성이 우수하고 경도와 인장강도가 크고 내충격성도 좋으며 흡수율이 작고 전기절연성이 우수하다. 또한 고온에서도 하중에 견디며 높은 강성을 나타낸다.

2.4.9 PBT(Polybutylene Terephthalate)

강성이 크고 내열성, 내열노화성 등이 우수한 열가소성 폴리에스터 수지로, 흡습성이 작고 내후성, 내약품성도 우수한 엔지니어링 플라스틱이다. 또한 PBT는 유리섬유와의 친화력이 비교적 우수하며, PA와 거의 동일한 강화 효과를 얻을 수 있지만, 결정성 고분자로서 성형 수축률이 크다는 단점을 갖는다.

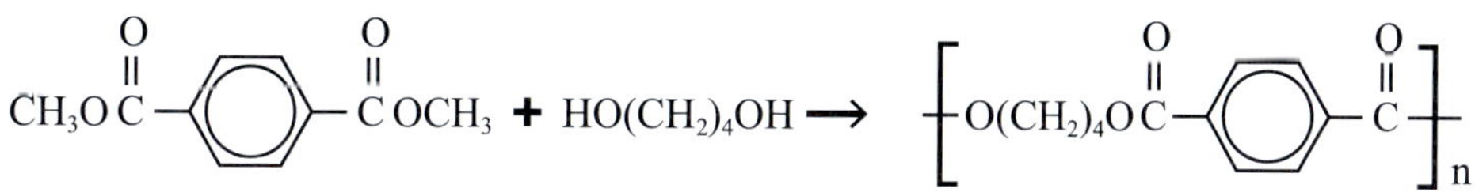

DMT   1,4-BD   Polybutylene Terephthalate(PBT)

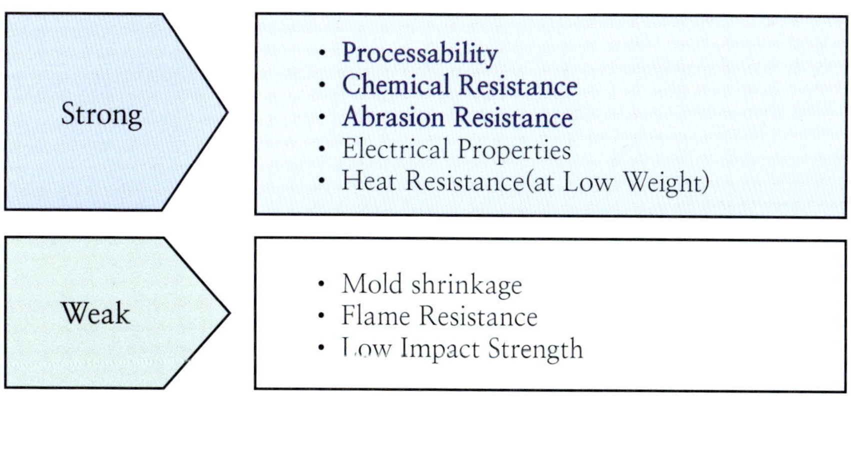

(1) PC/PBT

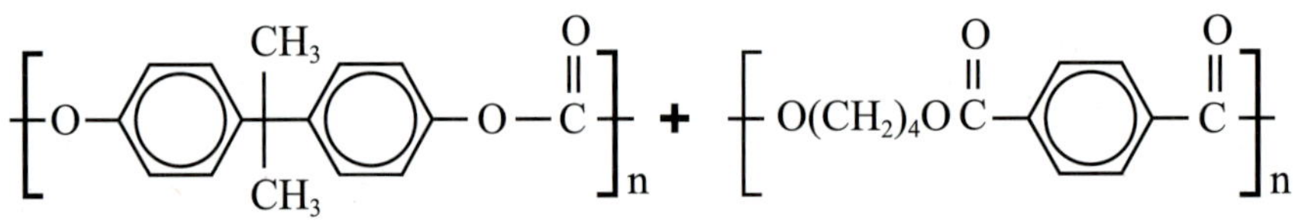

Polycarbonate(PC) Polybutylene Terephthalate(PBT)

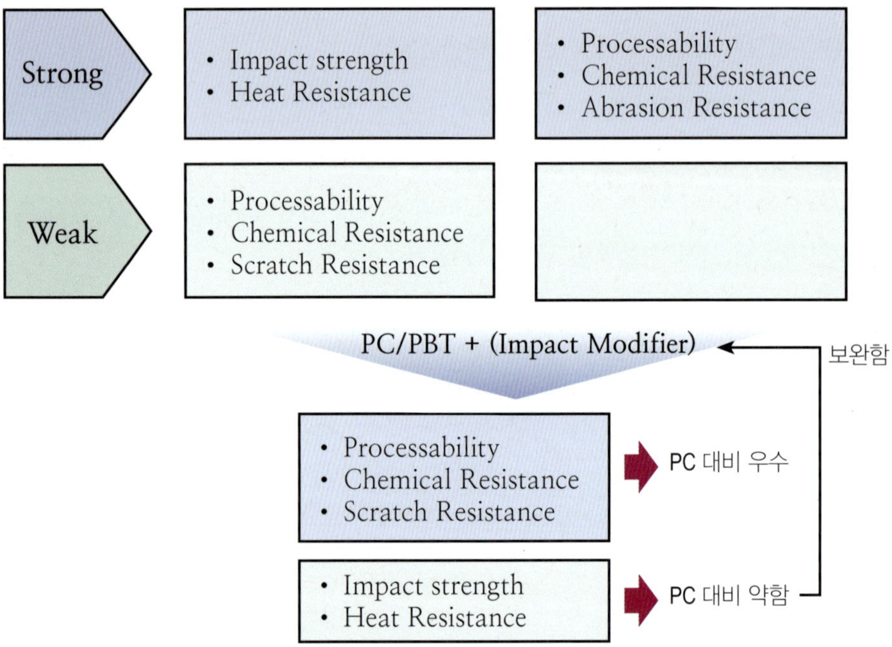

2.4.10 GMT(Glass Mat Reinforced Thermoplastics)

Polymer에 직조된 Glass Fiber Mat로 강화하여 Sheet 상태로 압출하여 제조한다 (Glass Mat로 강화된 Sheet를 적층 후 Press로 Thermoforming하여 가공).

▶ GMT의 제조방법

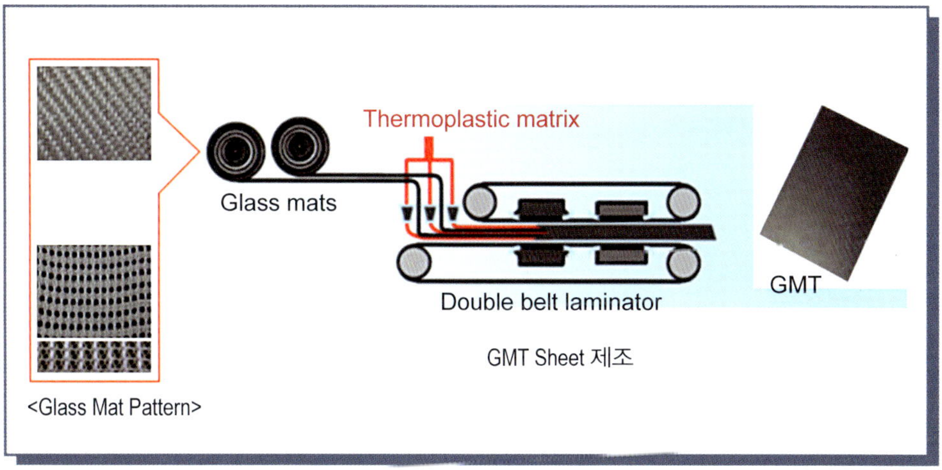

2.5 첨가제의 종류와 특징

첨가제(Additives), 필러(Fillers), 보강제(Reinforcement)는 수지의 물리적 및 기계적 물성을 변화시키고 향상시키기 위해 사용된다. 일반적으로 강화 섬유(Reinforcing fibers)는 고분자 복합 재료의 기계적 물성을 향상시키는 반면, 다양한 종류의 특정 필러는 기울기(Modules)를 증가시킨다. 다음의 표는 다양한 첨가제, 필러, 보강제 및 그들의 고분자 물성에 대한 효과를 설명한다.

▶ **첨가제, 필러 및 보강제가 고분자 물성에 미치는 효과**

첨가제, 필러 및 보강제	흔히 사용되는 재료	고분자 물성에 미치는 효과
Reinforcing Fibers	Baron, Carbon, Fibrous Minerals, Glass, Kevlar	인장강도 증가 Flexural Modulus 증가 Heat-Deflection 온도(HDT) 증가 수축 및 휨에 대한 저항 증가
Conductive Fillers	Aluminum Powders, Carbon Fiber, Graphite	전기전도도 및 열전도도 향상
Coupling Agents	Silanes, Titanates	고분자 모재와 섬유 상이의 결합 향상
Flame Retardants	Chlorine,Bromine, Phosphorous, Metallic Salts	연소의 발생 및 퍼짐 감소
Extender Fillers	Calcium carbonate, Silica, Clay	재료 가격 감소
Plasticizers	Monomeric Liquids, Low-Molecular-Weight Materials	용융 수지 흐름 특성 향상 Flexibility 향상
Colorants (pigments & dyes)	Metal Oxides, Chromates, Carbon Blacks	색이 바래지 않게 함 열과 자외선으로부터 보호
Blowing Agents	Gas, Azo compounds, Hydrazine Derivatives	저밀도 재료를 얻기 위해 Cellular Form을 생성

전기적인 특성 또한 많은 필러에 의해 영향을 받는다. 예를 들어, 전도성 필러(Conductive fillers)를 첨가함으로써 일반적으로 나쁜 전기전도성을 지닌 플라스틱에 전자기 차폐 특성이 더해질 수 있다. 반정전기 작용제는 수분을 끌어들이기 위해 사용될 수 있는데, 이는 정전기가 형성되는 것을 줄여준다.

결합 작용제(Coupling agents)는 고분자 모재(Plastic matrix)와 강화 섬유의 결합을 향상시키기 위해 첨가된다. 다른 필러(Fillers)는 재료의 가격을 줄이기 위해 사용된다. 다른 첨가제는 연소성(Likelihood of combustion)을 줄이기 위해 난연 작용제(Flame retardants), 용융 수지의 점도를 낮추기 위해 윤활제(Lubricants), 재료의 자유도(Flexibility)를 증가시키기 위한 가소제(Plasticizers) 그리고 색을 입히기(Colorfastness) 위해 색소(Colorants) 등이 사용된다.

2.5.1 가소제(Plasticizers)

가소제는 밀가루를 반죽할 때 물과 같은 역할을 하는 PVC의 주요 첨가제로, 수지에 유연성을 부여하여 가공성을 향상하는 데 사용된다. 또한 고분자 물질의 용융온도 및 점도를 저하시켜 가공을 용이하게 한다. Polymer의 유연온도(T_g)를 저하시켜 사용 온도에서 제품의 유연성 및 점착성 등을 부여한다.

(1) 요구 특성

- 가소제는 수지와의 상용성이 우수하고, 내한성 등의 기능성을 가지며 경제적이어야 한다.
- 수지와의 상용성(Compatibility)이 우수해야 한다.
- 가소제로서의 기능(가소화 효율, 내한성 등)이 효과적이어야 한다.
- 가공 조건(비휘발성, 열/광/화학약품 등)에서 안정적이어야 한다.
- 이행(Bleeding 또는 Blooming)이 되지 않아야 한다.
- 무독성(친환경성)이어야 한다(무색, 무미, 무취 등).

(2) 작용 단계

가소제는 PVC 분자상에 침투하여 분자사슬의 운동이 용이하게 하여 유연성을 부여한다.

- 1단계 : PVC 분자 간에 전기적 힘에 의해 서로 끌어당기고 있다(분극현상).
- 2단계 : PVC에 열을 가하면 분사사슬의 열 운동에 의해 분자간격이 넓어진다.
- 3단계 : 가소제 분자가 PVC 분자상에 침투(분자사슬의 분극부와 가소제 극성부 작용)
- 4단계 : 냉각 후 가소제가 남아서 분자사슬의 운동이 쉽고 유연한 제품을 만든다.

▶ 가소제의 작용 단계

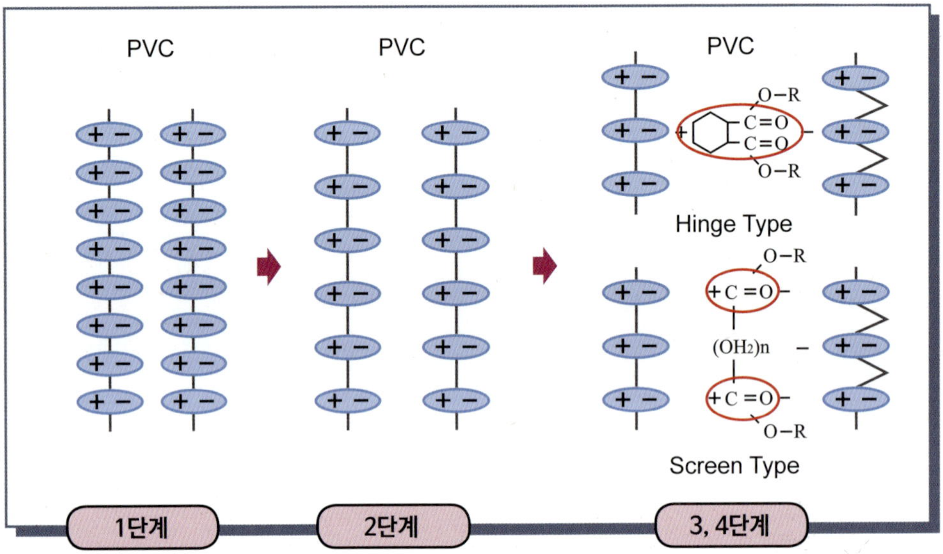

(3) 가소제의 종류

가소제는 산(Acid)과 알코올(Alcohol)의 에스테르반응으로 생산된다.

산(ACID)	알코올(Alcohol)	Product	
Pa (Phthalic Anhydride) $C_6H_4(CO)_2O$	2-EH (2-Ethylhexyle alcohol) $C_8H_{17}OH$	DOP($C_6H_4(COOC_8H_{17})_2$) (Dioctyl phthalate) ($COOC_8H_{17}$, $COOC_8H_{17}$) DINP($C_6H_4(COOC_9H_{19})_2$) (Diisonoyl phthalate) ($COOC_9H_{19}$, $COOC_9H_{19}$) DIDP($C_6H_4(COOC_{10}H_{21})_2$) (Diisonoyl phthalate) ($COOC_{10}H_{21}$, $COOC_{10}H_{21}$)	Phthalate계
AA (Adipic Acid) $(CH_2)_4(COOH)_2$	INA (Isononyl alcohol) $C_9H_{19}OH$	DOA($(CH_2)_4(COOC_8H_{17})_3$) (Dioctyl adipate) (CH2)4 ($COOC_{10}H_{21}$, $COOC_{10}H_{21}$)	Adlpate계
TMA (Trimellitate Anhydride) $C_6H_3(CO_2)OCOOH$	IDA (Isodecyl alcohol) $C_{10}H_{21}OH$	TOTM($C_6H_3(COOC_8H_{17})_3$) (Trioctyl trimellitate) ($COOC_8H_{17}$, $COOC_8H_{17}$, $COOC_8$H17) TINTM($C_6H_3(COOC_9H_{19})_3$) (Triisonoyl trimellitate) ($COOC_9H_{19}$, $COOC_9H_{19}$, $COOC_9H_{19}$)	Trimellitate계
Etc. PTA(Pure terephthalte)		GL300 GL100 BET EBN	Non-Phthalte계

▶ 가소제의 종류

Productions	Uses	Properties
GL 300	Sheet, Gloves, Wallpater, Toy	점도 안정성 우수
GL 100	Cables, Leather	저휘발성
DOP(Di Octyl Phthalate)	PVC Calaenderings/Leathers, Sheets, Gloves, Hoses, Footwears, Wallpapers	범용 (평균 각종성질 우수)
DINP(Di Isononyl Phthalate)	Power Cable, PVC Calenderings/Leathers, Casting Leather	전기절연성 점도안정성 우수
DIDP(Di Isodecyl Phtalate)	Sheet Pwer Cables	저휘발성, 전기절연성 내열성
DOA(Di Octyl Adipate)	PVC Calenderings/Leathers, Sheets, Hoses	내한성, 상용성
TOTM(Tri Octyl Trimellitate)	Cables (High Temp)	내열성, 저휘발성 진기질연성, 내이행성
TINTM(Triisononyl Trimellitate)	Cables, Wire	내노화성 우수, 내유성 내이행성
EBN.W	Wrap/Food Package Wrap	점착성, 투명성 식품포장재 규격인증
BET	Car sheet, Leather, Toy	냄새 우수, 내유성 내이행성

(4) 물성 및 특성

가소제의 가공 물성은 일반적으로 분자량 및 분자 구조에 의해 좌우된다.

(5) 상용성

가소제로서 가장 필요로 하는 성질로, Polymer와 잘 섞이는 성질(Solubility Parameter)이 비슷할수록 상용성이 우수하다. 상용성은 가공성과 밀접한 관계가 있으며, 일반적으로 상용성이 좋은 가소제는 가공성이 양호하다.

(6) 환경 규제 및 동향

국내, 해외(EU, 미국, 일본 등)에서는 Phthalate 가소제를 다양한 형태로 규제하고 있으며 향후 지속적으로 사용 범위가 제한될 것으로 예상된다. 내분비계의 정상적인 기능을 방해하는 물질(Endocrine Disruptors)로서 '환경으로 배출된 물질이 체내에 유입되어 마치 호르몬처럼 작용한다'하여 환경호르몬이라 불린다. 환경호르몬(내분비 장애물질)은 체내에서 호르몬처럼 작용하여 정상적인 대사를 방해 또는 혼란시키는 것으로 추정된다.

2.5.2 난연제(Flame Retardant)

최근 플라스틱의 용도가 건축, 자동차, 전기제품, 선박, 항공기 등으로 광범위하게 확대됨에 따라 화재 발생 시의 안전을 고려한 난연화의 필요성이 지속적으로 증가되었다. 플라스틱은 대부분 탄소, 수소, 산소로 구성된 유기물질로 연소되기 쉬운 성질을 가지고 있어서, 이와 같은 성질을 물리적, 화학적으로 개선해 잘 타지 못하도록 첨가하는 물질을 난연제라 한다. 이러한 난연제는 원재료, 첨가물과의 혼합성이 좋아야 하고, 최종 제품의 물성에 영향을 주지 않아야 하며, 연소 시 발연 및 독성가스의 발생이 적어야 한다.

(1) 난연제의 종류

<table>
<tr><th colspan="2">사용법에 의한 분류</th><th colspan="2">구성 성분에 의한 구분</th><th>비고</th></tr>
<tr><td rowspan="4">첨가형</td><td rowspan="2">유기계</td><td rowspan="4">유기계</td><td>인계</td><td rowspan="2">비할로겐계</td></tr>
<tr><td>질소계(멜라민계)</td></tr>
<tr><td rowspan="2">무기계</td><td>인계 + 할로겐계</td><td rowspan="2">할로겐계</td></tr>
<tr><td>할로겐계 + 브롬화합물,
염소화합물</td></tr>
<tr><td rowspan="3">반응형</td><td>비닐기를 갖는 것</td><td rowspan="3">무기계</td><td>금속수산화물계-수산화알루미늄
-수산화마그네슘</td><td rowspan="3">비할로겐계</td></tr>
<tr><td>수산기를 갖는 것</td><td>안티몬계</td></tr>
<tr><td>에폭시기를 갖는 것</td><td>기타(Molybden계, Zinc Borate계)</td></tr>
</table>

(2) 난연 수지 및 관련 응용 분야

업종	응용 분야
전기/전자	전자제품 : LCD, TV 휴대폰, PC와이어 및 케이블, 전기 장비 등
자동차	씨트, 전선류, 내장재
조선	선박 바닥재, 방화문 등
건설, 섬유	건축자재, 카페트, 커튼 등

(3) 난연제의 개발

범용 난연제 제품으로 멜라민 시아누레이트를 양산한다.

친환경, 무독성 난연을 요구하는 제품을 생산하기 위해 다양한 수지에 난연 합성을 통하여 맞춤형 난연제를 개발한다.

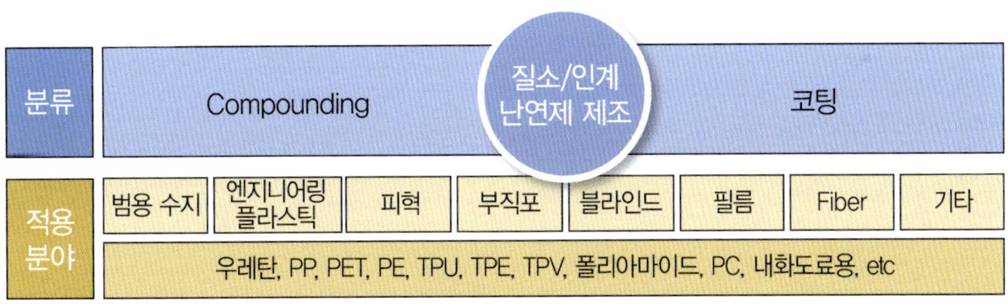

난연제		특징
할로겐 난연제		– 탁월한 난연성 – 소각 시 맹독성 다이옥신 배출 – 화재 시 다량의 유독가스 배출(질식사 유발) – RoHS 등 각종 단체로부터 퇴출압력
비할로겐 난연제	무기계 난연제	– 무독성 – 난연성 부족(고함량 처방 요함) : 물성변화 유발
	인계 난연제	– 양호한 난연성 – 다양한 종류 – 최근 Phosphinate 난연제가 시장 선도
	기타 난연제	– 주로 난연 보조제로 사용

2.6 플라스틱의 물성시험

플라스틱 시험편의 대표적인 시험항목(인장강도, 신율, 굴곡강도, 굴곡탄성률, Izod 충격강도, 열변형 온도, VICAT 연화점 온도, 난연성 시험)을 중심으로 원재료의 물성시험에 대한 시험 목적에 대하여 간단하게 기술하였으며, 시험방법, 시험편의 규격 등도 가능한 기술하였다.

▶ **플라스틱 시험편의 대표적인 시험항목**

Mechanical Properties - Density - Filler Contents - Rockwell Hardness - Tensile Strength/Modulus/ Strain - Flexural Strength/Modulus - IZOD/Charpy/Multi-axial Impact Strength [at RM, -30/40℃, [Non]-Notched] Thermal Properties - HDT/Vicat Softening Temperature - Heat Aging	Test Method -ASTM -ASTM / ISO -ISO	Flow Properties - Melt Index(MFR, MVR) - Spiral Flow Processabilities - Mold Shrinkage - Possion Rate - CLTE Soft/Long Term tests - Flammability - Heat Aging - Weathering

2.6.1 인장강도/신율 시험의 목적

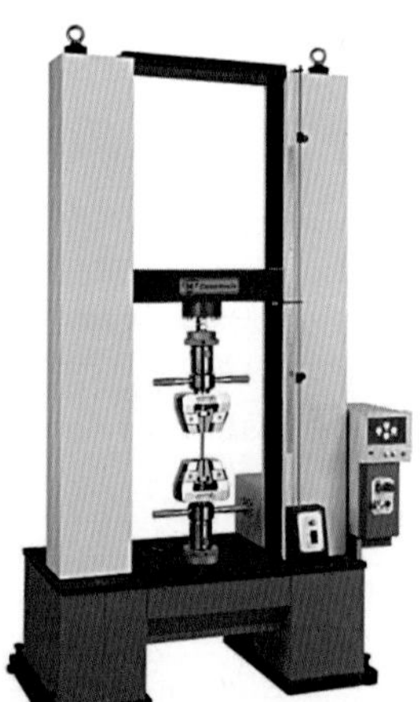

플라스틱 원재료에 대하여 인장하중을 가했을 때, 그 재료가 견딜 수 있는 최대의 힘 및 시험 전 초기 상태에 대해 시험 후 변형량을 측정한다. 최솟값을 규제함으로써 그 플라스틱 재질로 성형된 제품에 대하여 인장하중이 가해질 때, 제품이 응력 및 변형에 의하여 일어날 수 있는 사용상 유해한 변화를 원재료 측면에서 미리 예측하고 방지하려는 데 목적이 있다.

▶ Tensile Testing of Material at Angles to Fiber Orientation

fitting coefficients of real measurements

x3		160859.8		292144.8	544545	
x2		-88002.2		-111116	-90944	
x1	E and E/Eparallel	3973.187	55.95%	7101.083	4396.497	61.91%

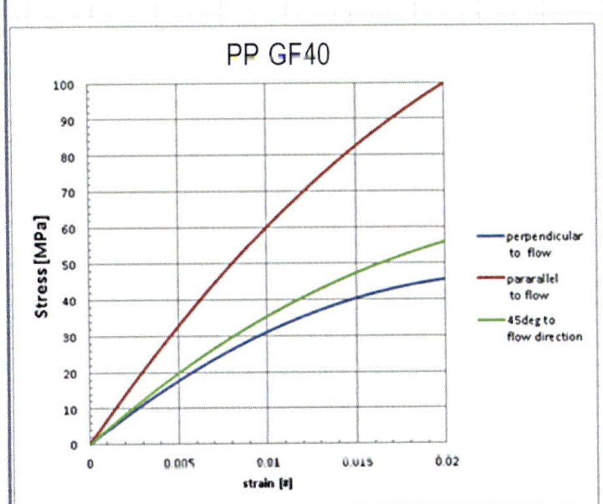

perpendicular to flow		pararallel to flow		45deg to flow direction		Ave. vs. parallel to flow
0	0	0	0	0	0	
0.001	3.885346	0.001	6.990259	0.001	4.306098	
0.002	7.595653	0.002	13.76004	0.002	8.433574	
0.003	11.13189	0.003	20.3111	0.003	12.3857	
0.004	14.49501	0.004	26.64518	0.004	16.16573	
0.005	17.68599	0.005	32.76404	0.005	19.77695	71%
0.006	20.70579	0.006	38.66944	0.006	23.22262	
0.007	23.55538	0.007	44.36312	0.007	26.506	
0.008	26.23572	0.008	49.84684	0.008	29.63037	
0.009	28.74778	0.009	55.12235	0.009	32.59898	
0.01	31.09252	0.01	60.1914	0.01	35.41511	70%
0.011	33.2709	0.011	65.05576	0.011	38.08203	
0.012	35.2839	0.012	69.71716	0.012	40.603	
0.013	37.13248	0.013	74.17737	0.013	42.98129	
0.014	38.8176	0.014	78.43813	0.014	45.22016	
0.015	40.34023	0.015	82.5012	0.015	47.32289	69%
0.016	41.70133	0.016	86.36833	0.016	49.29274	
0.017	42.90107	0.017	90.04128	0.017	51.13298	
0.018	43.94281	0.018	93.52179	0.018	52.84687	
0.019	44.82512	0.019	96.81163	0.019	54.43769	
0.02	45.54976	0.02	99.91253	0.02	55.90869	67%

Tensile samples of a glass-filled material were tested parallel, at 45 degrees, and at 90 degrees to fiber orientation. An average of the observed stress values is taken to represent the stress value for random orientation. Taken at various strain values shows the range from approximately 67 to 72%, with 67% at max allowable strain. From this, 67.5% of Young's Modulus parallel to fiber orientation is used for CAE analysis.

Properties	Test Method	Test Condition	Unit	Specification	Value
Melt Index	ISO 1133	230℃, 2.16kg	g/10min	Report	7
Density	ISO 1183	–	g/㎤	1.12~1.18	1.15
Tensile Moulus	ISO 527	Speed 1mm/min	MPa	5,200~7,200	5,800

2.6.2 굴곡강도/굴곡탄성률 시험의 목적

플라스틱 원재료에 대하여 굴곡하중을 가했을 때 그 재료가 견딜 수 있는 최대의 힘 및 강성(Stiffness)의 척도가 되는 굴곡탄성률을 측정한다. 최솟값을 규제함으로써 그 플라스틱 재질로 성형된 제품에 대하여 굴곡하중이 가해질 때, 제품이 응력 및 변형에 의하여 일어날 수 있는 사용상 유해한 변화를 원재료 측면에서 미리 예측하고 방지하려는 데 목적이 있다. 재료의 강성(stiffness)을 평가하는 중요한 재료물성이다.

2.6.3 Izod by ASTM(Charpy by ISO) 충격강도 시험의 목적

플라스틱 원재료에 대하여 충격을 가했을 때 그 재료가 흡수한 충격에너지를 측정한다. 최솟값을 규제함으로써 그 플라스틱 재질로 성형된 제품에 대하여 충격이 가해질 때, 제품이 충격에 의하여 일어날 수 있는 사용상 유해한 변화를 원재료 측면에서 미리 예측하고 방지하려는 데 목적이 있다.

충격강도는 재료가 파괴할 때까지 흡수되는 에너지의 크기를 나타내는 것이며, 정적 강도나 장시간 강도와는 다른 거동을 나타낸다.

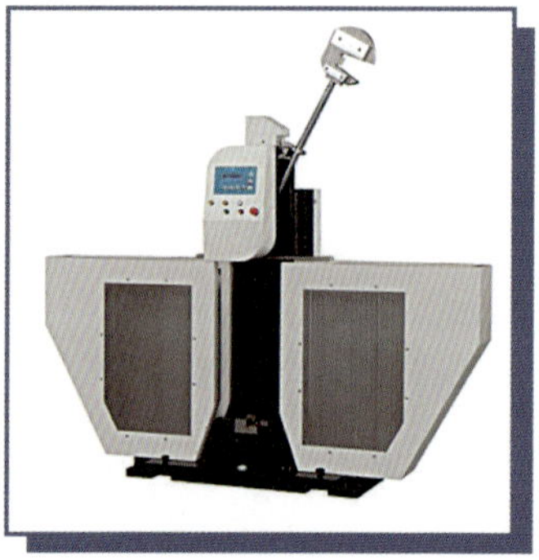

Tested by ASTM

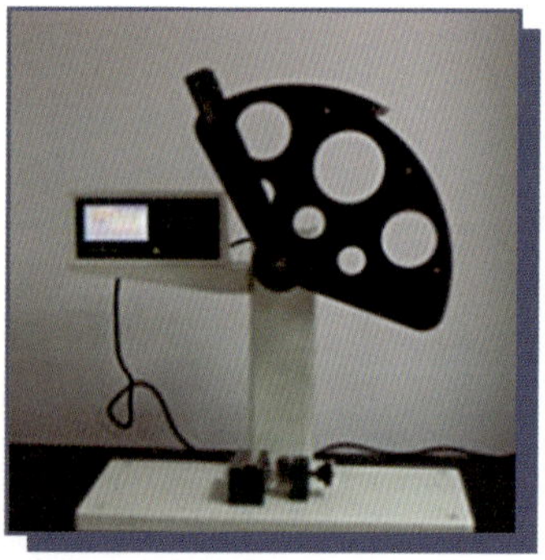

Tested by ISO

GM(General Motors)에서는 Natural Color 재료에 대비한 Integrally Colored 재료의 물성저하율을 다음과 같이 제시하고 있다.

For grades where other additive systems(e.g, stabilizer) are used, the impact values shall not decrease more than 10% from the specified minimum value.

2.6.4 열변형 온도/VICAT 연화점 온도 시험의 목적

플라스틱 원재료에 대하여 특정 하중을 가한 상태에서 열을 가할 때 그 재료가 어느 일정한 변위만큼 변형될 때의 온도를 측정한다. 최솟값을 규제함으로써 그 플라스틱 재질로 성형된 제품이 고온 및 응력 존재하에 있을 때 제품에 일어날 수 있는 사용상 유해한 변화를 원재료 측면에서 미리 예측하고 방지하려는 데 목적이 있다.

열가소성 플라스틱 원재료에 대하여 고온하에서의 연화성을 측정한다. 최솟값을 규제함으로써 그 플라스틱 재질로 성형된 제품이 고온 및 응력 존재하에 있을 때 제품에 일어날 수 있는 사용상 유해한 변화를 원재료 측면에서 미리 예측하고 방지하려는 데 목적이 있다.

2.6.5 난연성 시험의 목적

'자동차안전기준시행세칙 38. 차실 내장재 연소성 시험'이 플라스틱 재료와 관련한 유일한 법규시험이다.

자동차 내장제품에 사용되는 플라스틱 재료에 대하여 그 재료의 연소되는 속도를 측정함으로써 Field에서 발생될 수 있는 차량 화재 발생 시 탑승자의 안전한 대피를 위한 최소한의 연소속도를 규정하고 있다.

(1) FMVSS 302 난연성 평가방법

- 평가 목적 : determine the horizontal burn rate of materials used in the passenger compartment of motor vehicles after exposure to a small flame.
- 시험편 크기 : 355±2 × 100±2mm
- 시험편 두께 : 재질이나 Composite의 두께가 13mm를 초과하지 않아야 한다. (Compartment air space로부터) 표면의 굴곡으로 인해 평편한 시험편을 획득하지 못할 경우 가능한 한 동일한 두께의 시험편을 확보해야 하며, 시험편 두께는 어느 지점에서나 13mm 이하여야 한다.

  최소한의 시험편 크기는 유용 길이 및 너비가 350mm×100mm 이하인 경우 최대 유용한 치수를 사용해야 한다(별도의 유용한 치수를 명기하지 않음).

  연소속도는 아래의 식에 따라 구한다.

$$B = 60 \times \frac{S}{T}$$

B : 연소속도(mm/min)

S : 연소길이(mm)

T : 불꽃이 Smm 타 들어가는 데 걸린 시간

▶ **U자형 틀의 구간**

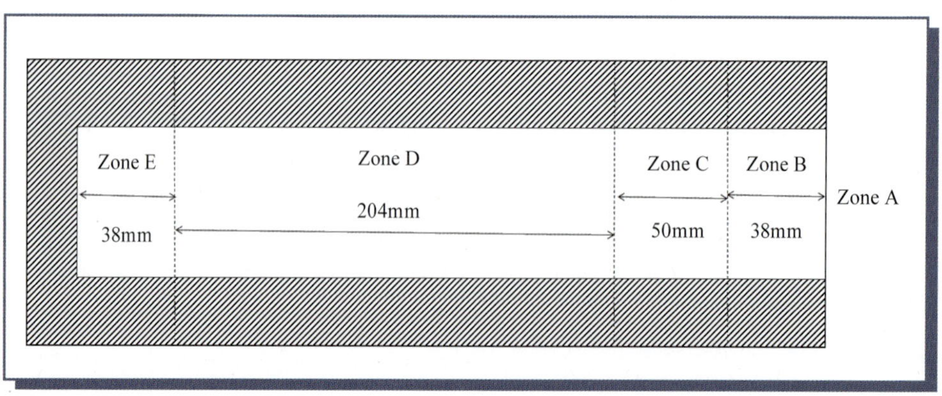

▶ **연소속도의 표시방법**

구간	정의	내용	표시방법
A 구간	DNI (Does Not Ignite)	불착화	DNI
B 구간	SE (Self-Extinguishing)	자소(自消)	SE
C 구간	SENBR (Self-Extinguishing No Burn Rate)	첫 번째 표시선으로부터 60초 이내, 50mm이내 불꽃이 꺼짐	SENBR
D 구간	SEB (Self-Extinguishing Burn rate B)	불꽃이 두번 째 표시선에 도달히기 전에 꺼짐. 연소속도(B)는 위의 식으로 구한다.	SEB (mm/min)
E 구간	B (Burn rate B)	불꽃이 시험편을 끝까지 태움. 연소속도(B)는 위의 식으로 구한다.	B (mm/min)

- General Motors의 난연성 시험의 경우 기존 방법(FMVSS 302)에서 평가조건/방법 개선

① 전처리 추가

– 상온에서 24시간 방치 후

– 상온에서 24시간 방치 → (48±1) h at (+40±3) C and (93±5) % RH → (168±1) h at (+90±3) C → 상온에서 24시간 방치

② 시험조건 강화

– 시험샘플 수 : 방향당 3개 → 방향당 5개

– 방향당 5개 샘플의 시험결과 3개 이상의 DNI, SE, SENBR과 75mm/min. 결과로 편자 발생 시 추가시험(5개 채취)

③ 평가방법 개선

– Requirement : 100mm/min 이하(each test sample, Bstat values)

$$B_{Stat} = X_m + 3 \cdot \sigma$$

σ = Standard deviation of test results from the same material direction and aging condition

Xm = Arithmetical mean value of test results from the same material direction and aging condition

(2) UL94 난연성 평가방법

UL94는 난연성을 평가하는 항목으로 난연성을 시험하는 방법은 크게 2가지로 나누어지는데, 그중 하나는 시편을 수평으로 놓고 불을 붙여 측정하는 방법으로 UL 94HB(Horizontal Burning Test)라고 한다. 다른 하나는 시편을 수직으로 세워놓고 시험하는 방법으로 UL94VB(Vertical Burning Test)라고 하며 난연 정도에 따라 V-2, V-1, V-0, 5V로 구분된다.

난연 정도에 따라 UL94HB(Horizontal Burning Test) : DNI(불착화) → SE(자소) → SENBR → SEB → B로 구분되며 앞쪽이 난연성이 우수함을 나타낸다.

UL94VB(Verital Burning Test) : 5V → V0 → V1 → V2로 구분되며 앞쪽이 난연성이 우수함을 나타낸다.

① UL94HB

시험시편을 수평으로 설치해 놓고 버너시편에 불을 붙여 1분 동안 타들어간 길이로 평가하는 것인데, 수직 시험보다는 규격 자체가 까다롭지 않기 때문에 대부분의 플라스틱이 이 수준을 충족하고 있다.

- 시편 : 길이 5in(127mm), 폭 0.5in(12.7mm), 두께 0.12~0.5in(3.05~12.7mm)
- 사전처리 : 23±2℃, 상대습도 50±5 RH 상태에서 48Hr 방치 후 시험

- 기타 : 시험에 필요한 시편 수는 최소 3개이면 3개가 1set이다.
- 시험장치 : Hood가 설치된 시험조, Bunsen이나 Tirrill Burner(Tube Length : 80~100mm, 내경 : 9.5mm), Wire Gauge(철망, 20Mesh), Ring Stand, 시계, Gas(메탄, 부나, 프론판 Gas)
- 시험방법 : 45° 각도로 황색 Tip이 없는 불꽃이 나오게 조정된 버너로 30초간 불꽃을 댄 후 시편이 1inch까지 타들어간 후부터 측정하여 3inch 구간 내에서 1분간 시편이 타들어간 길이를 잰다. 이때 시편의 두께가 3.05~12.7mm인 경우 분당 연소 길이가 38.1mm를 초과해서는 안 된다.

  또한 시편의 두께가 3.05mm인 경우에는 분당 연소 길이가 76.2mm를 초과해서는 안 된다. 위와 같은 방법으로 시편 3개/1set를 시험히여 1개라도 만속하지 못할 경우 또 다른 시편 3개/1set를 시험하여 이에 만족해야 한다.

② UL94V

UL94V는 시편을 수직으로 세워놓고 버너로 시편에 불을 붙여 일정 시간 내에 저절로 시편에 붙은 불이 꺼져주어야 한다. 여기서 시편의 불이 꺼지는 정도에 따라서 V-2, V-1, V-0, 5V 등으로 나누어진다.

- 시편 : 길이 5in(127mm), 폭 0.5in(12.7mm), 두께 1/2, 1/4, 1/8, 1/16, 1/32in 등
- 사전처리: 23±2℃, 상대습도 50±5 RH 상태에서 48Hr 방치 후 시험
- 기타 : 시험에 필요한 시편 수는 최소 5개이면 5개가 1set이다.
- 시험장치 : Hood가 설치된 시험조, Bunsen이나 Tirrill Burner, 외과용 탈지면, Ring Stand, 시계, Gas(메탄, 부나, 프론판 Gas)

③ UL94V-0

시편을 장치하고 10초간 버너로 불을 붙인 후 버너를 제거하고 시편에 붙은 불이 꺼지기까지의 시간, 즉 시편이 타는 시간이 10초를 초과해서는 안 되며, 시편 5개를 1set로 한 것에 10회간에 걸쳐 동일 시험을 하여 합계 연소 시간이 50초를 초과해서는 안 된다. 이때 연소 시 녹아 떨어지는 불똥에 의해 약 30cm 아래에 놓여 있는 탈지면에 불이 발화되어서는 안 된다.

이때 만일 5개 시편 중 하나라도 요구 조건을 만족시키지 못할 경우 또 다른

5개의 시편으로 동일 시험을 해야 하며, 이 경우 합계 연소 시간은 51~55초 이내에 들어가야 한다.

④ UL94V-1

기본적으로 시험법은 V-0과 동일하고 V-1의 경우 버너의 불을 제거한 후 시편에 붙은 불이 타는 시간이 30초를 초과해서는 안 되며, 동일 시험을 10회 실시하여 합계 연소 시간이 250초 이내에 들어가야 한다.

이때 시편 아래에 설치해 놓은 탈지면에 연소 시 녹아 떨어지는 불똥에 의해 불이 발화되어서는 안 된다. 또한 5개의 시편 중 하나라도 요구 조건을 충족하지 못할 경우 또 다른 5개의 시편에 동일 시험을 실시해야 하고 이 경우 합계 연소 시간은 251~225초 이내에 들어가야 한다.

⑤ UL94V-2

V-2는 버너의 불을 제거한 후 시편에 붙은 불이 타는 시간이 30초 이내에 들어가야 하며, V-1의 경우와 마찬가지로 10회 실시한 연소 시간의 합계가 250초 이내에 들어가야 하고, V-1과는 달리 불똥에 의한 솜의 발화가 일어나도 된다. 그리고 5개/1set의 시편에 난연성 시험을 하는 동안 하나라도 만족시키지 못할 경우 또 다른 5개 시편의 합계 연소 시간은 251~255초 이내에 들어야 한다.

⑥ UL94 5V

5개/1set 시편에 5회 동안 위와 같은 방법으로 연소 시험을 하여 합계 연소 시간이 60초 이내에 들어가야 한다. 단 5V의 경우 버너 장착을 20° 각도로 설치하고 연소 시 녹아 떨어지는 불똥이 있어서는 안 된다. 그리고 5개의 시편 중 어느 하나라도 요구 조건에 부합되지 않을 경우 또 다른 5개의 시편에 동일 시험을 하여 요구 조건에 충족되어야 한다.

2.6.6 흐름성 시험의 목적

정해진 일정 조건에서 용융물을 피스톤에서 압출하였을 때의 유량으로, 용융물 흐름의 용이성을 나타내는 용융지수(Melt Index, MI)라고 하며 MFI과 MVR이 있다.

MFI : Tester Melt Flow Index

MVI : Melt Volume Index

또한, 부품상태에서의 흐름성을 평가하기 위해 길이로 평가하는 Spiral flowablity도 있다.

• Flowablity

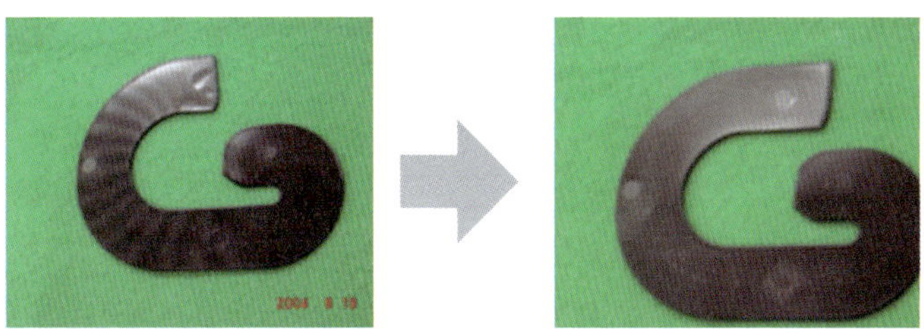

• Neck-in

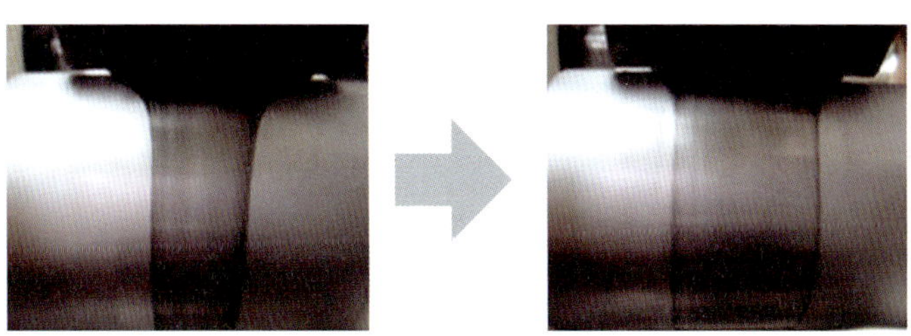

2.6.7 선팽창계수(CLTE) 시험의 목적

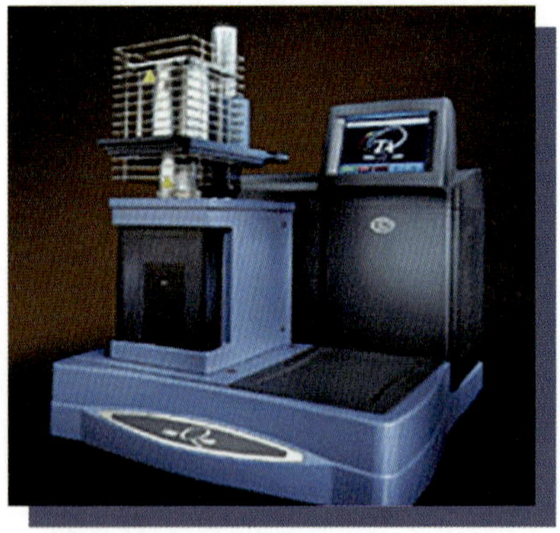

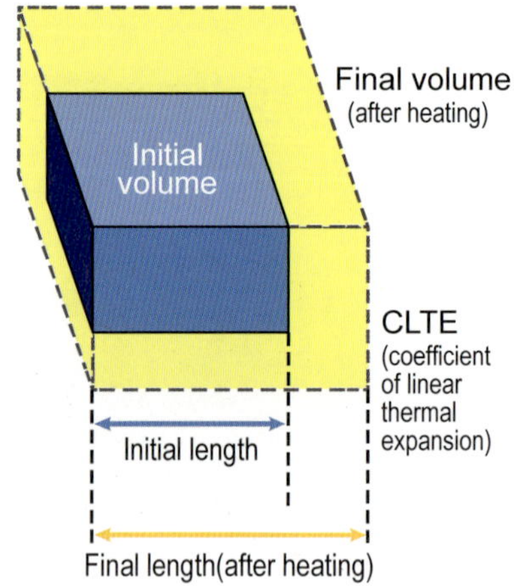

(1) Thermomechanical Analysis(TMA)

Factors Affecting Thermal Expansion Coefficient Measurements of Plastics.

Fibers and other fillers significantly reduce thermal expansion. The degree of anisotropy of the filler and the filler orientation pose great impact on the linear coefficient of thermal expansion.

W.r.t the temperature, the magnitude of the CTE increases with rising temperature.

Molecular orientation also affects the thermal expansion of plastics. The thermal expansion is often affected by the cooling time during processing. This is especially true with semi-crystalline polymers whose crystallization process requires time inear.

The Coefficient of Linear Thermal Expansion(Or Linear Coefficient of Thermal Expansion) lies between (in the service temperature range for each case):

Polymer Name	Min Value (10^{-5}/℃)	Max Value (10^{-5}/℃)
ABS - Acrylonitrile Butadiene Styrene	7.00	15.00
ABS Flame Retardant	6.00	9.00
ABS High Heat	6.00	10.00
ABS High Impact	6.00	13.00
ABS/PC Blend - Acrylonitrile Butadiene Styrene/ Polycarbonate Blend	4.00	5.00
ABS/PC Blend 20% Glass Fiber	1.80	2.00
ABS/PC Flame Retardant	3.00	4.00
ASA - Acrylonitrile Styrene Acrylate	6.00	11.00
ASA/PC Blend - Acrylonitrile Styrene Acrylate/ Polycarbonate Blend	7.00	9.00
ASA/PC Flame Retardant	7.00	8.00
ASA/PVC Blend - Acrylonitrile Styrene Acrylate/ Polyvinyl Chloride Blend	0.00	9.00

2.6.8 Polymer Identification / 열적성능저하 Thermal Degradation 시험의 목적

FTIR/TGA

Each chemical substance has its own infrared signature, just like a finger print. Therefore, infrared(IR) spectroscopy is a widely used analytical technique both for identification and quantification of a vast range of materials.

Composition: Chemical Structure, Contents

Failure Analysis(Differential Scanning Calorimeter: DSC)

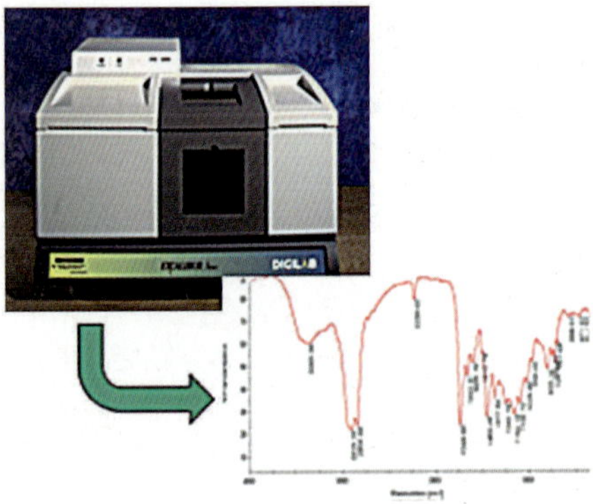

FTIR(Fourier Transform InfraRed Spectrometer)

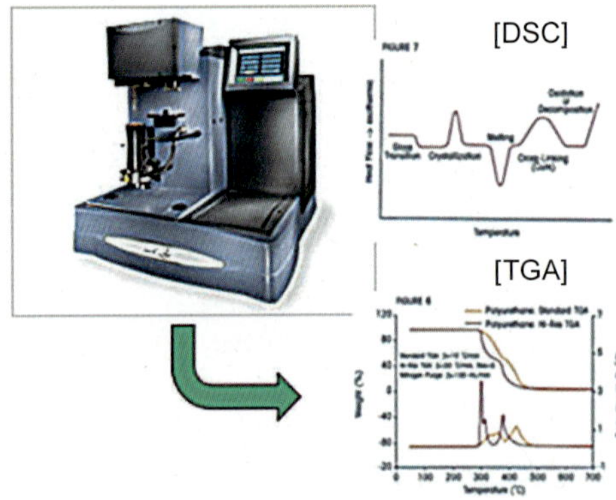

TA(Thermal Analysis)

2.7 플라스틱(고무) 재료 선정 시 고려사항

자동차 플라스틱 부품을 제작함에 있어 고려해야 할 사항은 다음과 같다.

첫째, 부품의 요구 특성을 고려하여 적합한 물성을 갖는 재료를 선정한다.

둘째, 부품의 원가절감을 고려하여 저가의 유사한 품질을 갖는 재료를 선정한다.

셋째, 부품의 크기 및 두께를 고려하여 원재료의 성형 수축률 및 성형성이 좋은 재료를 선정한다.

넷째, 재료의 상용성을 고려하여 재질을 선정한다.

아울러 가능한 Plastic/Metal 구조의 복합을 피하고, Natural reinforcement material을 선정해야 하며, 가능한 Painting 등 표면 2차 가공을 피할 수 있는 재료를 선택해야 한다. 그리고, 재료 단순화 및 재활용성 측면도 또한 고려하는 것이 필수이다.

최적 재료의 선정을 위한 고려사항은 다음의 표와 같다.

▶ 플라스틱 재료의 상용성

구 분	ABS	ASA	PA	PBT	PBT+PC	PC	ABS+PC	PC+PBT	PE	PET	PMMA	POM	PP	PPO	PPO+PS	PS	PVC	SAN	TPU
ABS	●	●	◐	●	●	●	●	●	◐	◐	●	◐	◐	◐	◐	◐	●	●	●
ASA	●	●	◐	●	●	●	●	●	◐	◐	●	◐	◐	◐	◐	◐	●	●	●
PA	◐	◐	●	◐	◐	○	○	○	◐	◐	◐	◐	◐	○	◐	◐	○	◐	●
PBT	●	●	◐	●	●	●	●	●	◐	◐	◐	◐	◐	◐	◐	◐	○	●	◐
PBT+PC	●	●	◐	●	●	●	●	●	◐	◐	◐	◐	◐	◐	◐	◐	○	●	●
PC	●	●	○	●	●	●	●	●	◐	●	●		◐	◐	◐	◐	○	●	◐
ABS+PC	●	●	◐	●	●	●	●	●	◐	●	●	◐	◐	◐	◐	◐	○	●	●
PC+PBT	●	●	○	●	●	●	●	●	◐	●	●	◐	◐	◐	◐	◐	○	●	●
PE	○	○	◐	○	○	○	○	○	●	○	○	○	●	○	◐	○	◐	○	◐
PET	●	●	◐	●	●	●	●	●	◐	●	◐	◐	◐	◐	◐	◐	○	●	◐
PMMA	●	●	◐	◐	◐	●	●	●	◐	◐	●	○	◐	◐	◐	◐	◐	●	◐
POM	◐	◐	◐	◐	◐	○	○	○	◐	◐	○	◐	◐	◐	◐	◐	◐	◐	◐
PP	○	○	◐	○	○	○	○	○	◐	○	○	○	●	○	◐	○	◐	○	◐
PPO	◐	◐	◐	◐	◐	◐	◐	◐	◐	◐	◐	◐	◐	●	●	●	○	◐	◐
PPO+PS	◐	◐	●	◐	◐	◐	◐	◐	◐	◐	◐	◐	◐	●	●	●	○	◐	◐
PS	◐	◐	◐	◐	◐	◐	◐	◐	◐	◐	◐	◐	◐	●	●	●	◐	◐	◐
PVC	●	●	○	○	○	○	○	○	◐	○	●	●	◐	○	◐	◐	●	●	●
SAN	●	●	◐	●	●	●	●	●	◐	◐	●	◐	◐	◐	◐	◐	●	●	◐
TPU	○	●	●	◐	●	●	●	●	◐	●	●	●	◐	◐	◐	◐	●	●	●

● Good Compatibility ◐ Limited Compatibility ○ Incompatibility

▶ 원재료의 기계적 물성

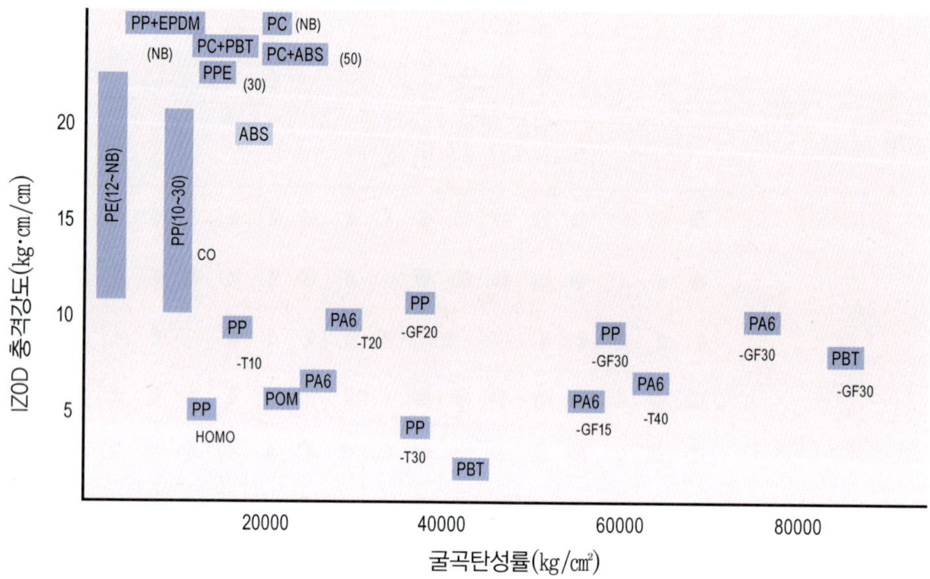

▶ 원재료의 열적 물성

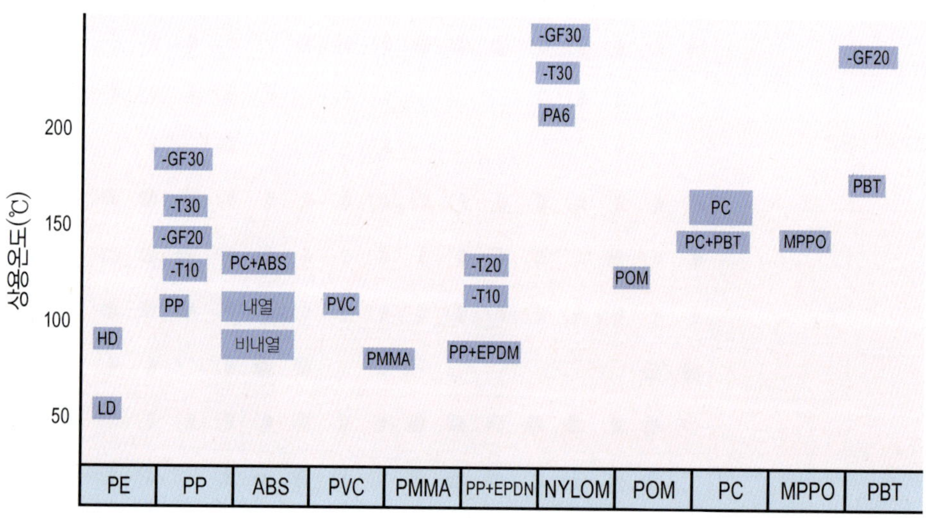

▶ 원재료의 성형성

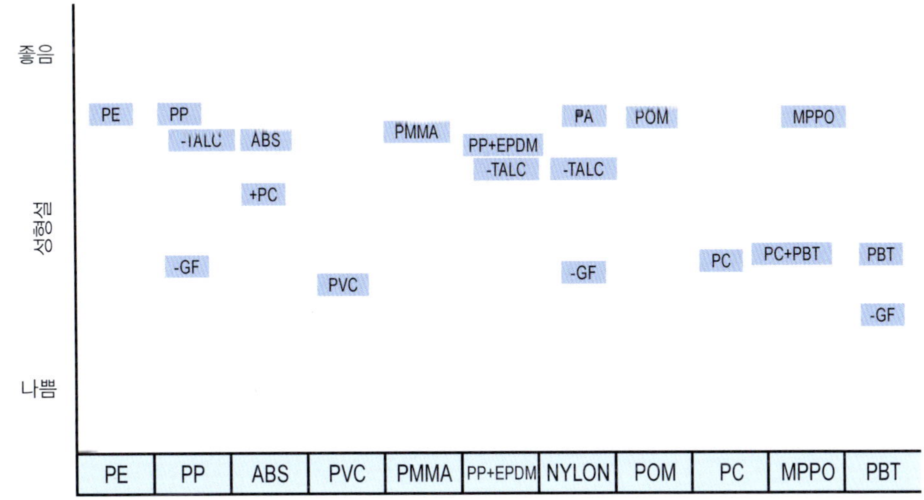

▶ 원재료의 성형수축률

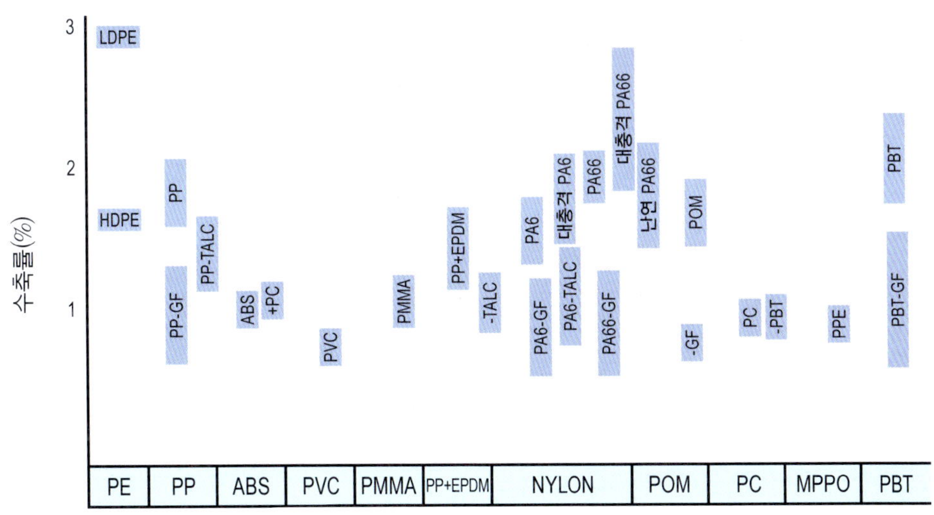

▶ 플라스틱 재료 선정 시 고려사항(계속)

Selection Criteria	Question To Be Asked
Mechanical Property	
Tensile Strength	• Will the polymer withstand either before breaking or before yielding unacceptably?
Tensile Modulus	• Will the polymer stretch under load?
Elongation At Break	• Will the polymer deform before breaking or fail
Flexural Strength	• Will the polymer bend out of shade under load?
Flexural Modulus	• How much will the polymer bend under load?
Notched Izod Strength	• Is the polymer brittle or tough particularly after a surface defect occurs?
Hardness	• Will the polymer wear out after rubbing against other components?
Thermal	
Melting Point	• What temperature is necessary is necessary to process the polymer?
Heat Deflection Temperature	• What temperature will the polymer withstand for a short time?
Long Term Service Temperature	• What is the polymer's service temperature with or without impact?
Flammability	• Will the polymer burn or can it be made nonflammable easily? • Will it generate much smoke or toxic combustion products?
Electrical	
Dielectric Strength	• Is the polymer a good insulator?
Arc Resistance	• Does the polymer withstand tracking under high voltage?

▶ 플라스틱 재료 선정 시 고려사항

Selection Criteria	Question To Be Asked
Physical	
Specific Gravity	• Need to convert volume to weight for costing?
Water Absorption	• How much is absorbed by polymer and what does it do to the properties?
Coefficient Of Linear Thermal Expansion	• Since the thermal expansion of a polymer is usually more than that of metals, will the expansion be sufficiently low to allow the fit of components over the operating temperature range?
Thermal Conductivety	• Can the polymer conduct heat away from a hot spot or prevent a heat source or overheating somewhere else
Transparency	• Can the polymer compete with glass?
Processability	• Can the polymer be injection molded or extruded easily?
Chemical	
Resistance To Fluids Such As Gasoline, Acids Alkalies	• Is the polymer resistance to the range of fluids that it is likely to contact during the products life and over what temperature range?
Ultra Violet Light Resistance	• Can the polymer be used outdoors without protection?
Other	
Colorability	• Can the polymer be easily colored?
Compatibility	• Can the polymer be readily alloyed or blended with other polymers? • Is a compatibilizing agents required? • Does the resultant alloy or blend exhibit synergistic property enhancement or only cost reduction?

▶ Bond strength of various material combinations(계속)

Legend			
Good bond(Cohesive fracture)	No bond	M Bond modification	P Peroxide crosslinkage
Poor bond(Adhesive fracture)	No test results	S Sulphur crosslinkage	

		Material Combinations	Thermoplastics																	
			ABS	ASA	CA	EVE	PA 6	PA 6.6	PBT	PC	PE	PETP	PMMA	POM	PP	PPO mod.	PS	PSU	PV-W	SAN
Preform / Insert	Thermoplastics	ABS	Good	Good	Good				Good	Good		Good	Good			Poor	Poor		No bond	Good
		ABS/PC																		
		ASA	Good	Good	Good	Good				Poor			Poor			Poor	Poor			Good
		CA	Good	Good	Good	No bond										Poor	Poor			Good
		EVA		Good	No bond	Good					Good				Good		Good			
		PA 6					Good	Good			No bond			No bond						
		PA 6 mod.+25%GF																		
		PA 6.6					Poor	Good	Good		No bond			No bond			Poor			
		PA 6.6 mod.+25%GF																		
		PA 6.12																		
		PA 12 mod.+25%GF																		
		PBT						Good	Good	Good							No bond			
		PC	Poor	Poor				No bond	Poor	Good		Poor					No bond	Poor		Good
		PC/PBT																		
		PE	Poor	Poor	Poor	Good	No bond	No bond		Poor	Poor		No bond	No bond	Poor		Poor			Poor
		PETP	Good							Good		Poor		Poor						Good
		PMMA	Poor	Poor							No bond		Good				No bond		Good	Poor
		POM	Poor	Poor			No bond	No bond			No bond	Poor		Good	No bond		Poor			Poor
		PP	Poor	Poor	Poor	Good	No bond	No bond		Poor	Poor				Poor	No bond	Poor			Poor
		PPO mod.	Poor	Poor	Poor										No bond	Good	Good			Poor
		PPE mod.																		
		PS	Poor	Poor	Poor	Good	Poor	Poor		Poor			Poor	Poor		Good	Good			Poor
		PSU								Good								Good		
		PVC-Hart																		
		SAN	Good	Good	Good				Good	Good		Good	Good	Poor		Poor	Poor		Good	Good
	TPE	TPE-E								Good										
		TPE-U	Good	Good	Good		Good	Good		Good						Poor	Poor			Good
	D	BMC																		
	Elastomers	EPDM					No bond	No bond	P (Good)											
		NR					No bond	No bond	No bond											
		SBR					No bond	No bond	No bond	No bond										
		LSR					M (Good)	M (Good)	M (Good)	M (Poor)				M (Poor)						

▶ Bond strength of various material combinations

Material Combinations			Rigid / flexible composites TPE Elastomers								
			TPE-A	TPE-E	TPE-S	TPE-U	TPZ	EPDM	NR/SBR	SBR	LSR
Preform / Insert	Thermoplastics	ABS			M						
		ABS/PC			M						
		ASA									
		CA									
		EVA									
		PA 6			M						M
		PA 6 mod.+25%GF			M						
		PA 6.6			M						M
		PA 6.6 mod.+25%GF			M						
		PA 6.12									
		PA 12 mod.+25%GF			M						
		PBT			M			P			M
		PC			M						M
		PC/PBT			M						M
		PE			M						
		PETP			M						
		PMMA			M						
		POM									
		PP									M
		PPO mod.			M						
		PPE mod.						P	S	S	
		PS			M						
		PSU									
		PVC-Hart									
		SAN			M						
	TPE	TPE-E									
		TPE-U									
	D	BMC									
	Elastomers	EPDM									
		NR									
		SBR									
		LSR									

▶ 고무 재료 선정 시 고려사항(계속)

고무 종류 (ASTM 약호)		천연고무 (NR)	합성천연고무 (IR)	스테린고무 (SBR)	부타디엔고무 (BR)
화학구조		Polysoprene	Polysoprene	Styrene-Butadiene Copolymer	Polybutadiene
특징		소위 가장 고무다운 강성을 가진 것, 내마모성 등 기계적 성질이 좋다.	천연고무와 거의 같은 성질을 가지며 안정적이다.	천연고무보다 내마모성, 내노화성이 좋다. 값이 NR보다 싸다.	천연고무보다 강성이 좋고 내마모성도 좋다.
순 고무의 성질	비중	0.92	0.92~0.93	0.93~0.94	0.91~0.94
	무우니점도 ML+4(100℃)	90~150	55~90	30~60	35~55
배합 고무의 물리적 성질 및 내성	가능한 KS 경, 도 범책	10~100	20~100	30~100	30~100
	인장강도	30~300	50~200	50~200	20~200
	신장률(%)	1,000~100	1,000~100	800~100	800~100
	반발강성	◎	◎	○	◎
	인장강도	◎	○	△	○
	내마모성	◎	◎	◎	◎
	내출곡구제성	◎	◎	○	△
	내한성 최고사용온도	120	120	120	120
	내성(산화온도℃)	-50~-70	-50~-70	-30~-60	-73
	내노화성	○	○	○	○
	내광성	○	○	○	○
	내오존성	×	×	×	×
	내염성	×	×	×	×
	전기절연성	10^{10}~10^{14}	10^{10}~10^{11}	10^{10}~10^{13}	10^{11}~10^{16}
	내가스투과성	○	○	△	○
	내방사선성	△~○	△~○	○	×
배합 고무의 내유 내용제성	가솔린, 경유	×	×	×	×
	벤젠톨루엔	×	×	×	×
	트리클로로에틸렌	×	×	×	×
	알로올	◎	◎	◎	◎
	에테르	×	×	×	×
	케톤(MEK)	△~○	△~○	△~○	△~○
	에틸아세테이트	×~△	×~△	×~△	×~△
배합 고무의 내산성 내알칼리성	수	◎	◎	◎	◎
	유기산	×	×	×	×
	고농도무기산	×	×	×	×
	저농도무기산	○	○	○	○
	고농도알칼리	○	○	○	○
	저농도알칼리	○	○	○	○
주용도		자동차(특히 대형자동차) 및 트랙터용 타이어, 신발, 호스, 벨트, 공기스프링 등 일반 및 공업용 고무제품	자동차 및 항공기용 타이어를 비롯하여 천연고무가 쓰이는 곳에는 거의 대용할 수 있다.	경용차 타이어, 신발, 고무 도포 운동용품, 바닥타일, 배터리케이스, 밸드 등 공업용 및 일반용 고무제품	자동차 및 항공기용 타이어, 신발, 방진고무, 정미용 고무롤, 벨트, 호스 등 공업 및 일반용 고무제품, 플라스틱 개질제

▶ 고무 재료 선정 시 고려사항(계속)

고무 종류 (ASTM 약호)		클로프렌고무 (CR)	부틸고무 (IIR)	니트릴고무 (NBR)	에틸렌프로필렌 (EPM, EPDM)
화학구조		Polychloroprene	Isobutylene-Iisopene Copolymer	Acrylonitrile Butadiene Copolymer	Ethylene-Propylene(-diene) Co(ter)-polymer
특징		내구성, 내오존성, 내열성, 내약품성 등 평균된 성질이 있다.	내구성, 내오존성, 내가스투과성이 극성 용제에 견딘다.	내유성, 내마모성, 내노화성이 좋다.	내노화성, 내오존성, 극성액체에 대한 저항성, 전기적 성질이 좋다.
순 고무의 성질	비중	1.15~1.25	0.91~0.93	1.00~1.20	0.86~0.87
	무우니점도 ML+4(100℃)	45~120	45~75	30~100	50~150
배합 고무의 물리적 성질 및 내성	가능한 KS 경, 도 범책	10~90	20~90	15~100	30~90
	인장강도	50~250	50~150	50~250	50~200
	신장률(%)	1,000~100	800~100	800~100	800~100
	반발강성	◎	△	○	○
	인장강도	○	○	○	△
	내마모성	○~◎	○	◎	○
	내출곡구제성	○	◎	○	○
	내한성 최고사용온도	130	120	130	150
	내성(산화온도℃)	−35~−55	−35~−55	−10~−20	−40~−60
	내노화성	◎	◎	◎	◎
	내광성	○	◎	○	◎
	내오존성	◎	◎	×	◎
	내염성	○	×	×~△	×
	전기절연성	10^{16}~10^{19}	10^{16}~10^{19}	10^{2}~10^{10}	10^{12}~10^{14}
	내가스투과성	○	◎	○	○
	내방사선성	△~○	×	△~○	△~○
배합 고무의 내유 내용제성	가솔린, 경유	○	×	◎	×
	벤젠톨루엔	×	△~○	×~△	△
	트리클로로에틸렌	×	×	×	×
	알로올	◎	◎	◎	◎
	에테르	~△	△~○	×~△	○
	케톤(MEK)	△~○	◎	×	◎
	에틸아세테이트	×	◎	×~△	◎
배합 고무의 내산성 내알칼리성	수	◎	◎	◎	◎
	유기산	×~△	×~○	×~△	×
	고농도무기산	○	◎	△	○
	저농도무기산	◎	◎	○	◎
	고농도알칼리	◎	◎	○	◎
	저농도알칼리	◎	◎	○	◎
주용도		전선피복, 콘베이어벨트, 방진고무, 창고무, 접착제, 고무 도포 및 기타 일반 공업용 고무제품	자동차튜브, 타이어 가황백(블래더), 루핑재, 전선피복, 창고무, 스팀호스, 내열콘베이어벨트 등	오일실, 가스킷, 내열호스, 콘베이어벨트, 인쇄용 고무롤, 방적용 톱롤 등의 각종 공업용 내유제품	전선피복, 자동차용 웨더스트립, 창고무, 스팀호스, 콘베이어벨트 등

▶ 고무 재료 선정 시 고려사항(계속)

고무 종류 (ASTM 약호)		하이팔론고무 (CSM)	아크릴고무 (ACM, ANM)	우레탄고무 (U)
화학구조		Chlorosu Ifonated Polyetylene	Polya-criate	Polyurethane diisocyanate
특징		내노화성, 내오존성, 내숙성, 내약품성, 내마모성	고온내유성이 좋다.	기계적 강도가 특히 우수하다.
순 고무의 성질	비중	1.11~1.18	1.09~1.10	1.00~1.30
	무우니점도 ML+4(100℃)	30~55	45~60	25~60 또는 액장
배합 고무의 물리적 성질 및 내성	가능한 KS 경, 도 범책	50~90	40~90	60~100
	인장강도	70~200	70~120	200~450
	신장률(%)	500~100	600~100	800~300
	반발강성	○	△	◎
	인장강도	○	△	◎
	내마모성	◎	○	◎
	내출곡구제성	○	○	◎
	내한성 최고사용온도	150	180	80
	내성(산화온도℃)	-20~-60	-0~-30	-30~-60
	내노화성	◎	◎	◎
	내광성	◎	◎	◎
	내오존성	◎	◎	◎
	내염성	○	×~△	×~△
	전기절연성	10^{14}	10^{9}~10^{10}	10^{11}~10^{16}
	내가스투과성	◎	○	○
	내방사선성	×	×~○	○
배합 고무의 내유 내용제성	가솔린, 경유	○	◎	◎
	벤젠톨루엔	×~△	×	×~△
	트리클로로에틸렌	×~△	×	△~○
	알로올	◎	○	×
	에테르	×	×	×
	케톤(MEK)	△~○	×	×
	에틸아세테이트	×	×	△~○
배합 고무의 내산성 내알칼리성	수	◎	△	△
	유기산	△	×	×
	고농도무기산	◎	△	×
	저농도무기산	◎	○	△
	고농도알칼리	◎	△	×
	저농도알칼리	◎	○	×
주용도		내숙성, 내충성 여과, 탱크라이닝, 옥외용 고무도포, 내식성 패킹, 내열내식성 고무롤 등	자동차 트랜스미션, 크랭크샤프트 관계의 패킹이나 실, 밸브축 오일 디플레터 등	공업용롤, 소리드타이어벨트, 고압패킹, 가프링, 다이패등 등의 강력한 힘이 걸리는 용품

▶ 고무 재료 선정 시 고려사항

고무 종류 (ASTM 약호)		실리콘고무 (Si)	불소고무 (FPM)	다황화 (T)
화학구조		Isobutylene-Iisoprene Copolymer	Fluorinated hydrocarbon	Polysurfide
특징		고도의 내열성과 내한성을 가지고 있다. 내유성도 좋다.	최고의 내열성과 내약품성을 가지고 있다.	고도의 내유성이 있으며 내오존성, 전기적 성질도 좋다.
순 고무의 성질	비중	0.95~0.98	1.80~1.82	1.34~1.41
	무우니점도 ML+4(100℃)	액장	65~180	25~50 또는 액장
배헙 고무의 물리적 성질 및 내성	가능한 KS 경, 도 범책	30~90	50~90	30~90
	인장강도	40~100	70~200	30~150
	신장률(%)	500~50	500~100	700~100
	반발강성	◎	△	△
	인장강도	×~△	○	×~△
	내마모성	×~△	◎	×~△
	내출곡구제성	×~○	○	×
	내한성 최고사용온도	280	300	80
	내성(산화온도℃)	-70~-120	-10~-50	-10~-40
	내노화성	◎	◎	◎
	내광성	◎	◎	◎
	네오존성	◎	◎	◎
	내염성	×~○	◎	×
	전기절연성	10^{9}~10^{12}	10^{11}~10^{12}	10^{12}
	내가스투과성	△	◎	◎
	내방사선성	△~◎	△~○	△~○
배합 고무의 내유 내용제 성	가솔린, 경유	×~△	◎	◎
	벤젠톨루엔	×~△	◎	◎
	트리클로로에틸렌	△~○	○	△~○
	알로올	△	◎	◎
	에테르	×~△	×~△	×~△
	케톤(MEK)	○	×	◎
	에틸아세테이트	△	×	△~○
배합 고무의 내산성 내알 칼리성	수	○	◎	○
	유기산	○	×	×
	고농도무기산	△	◎	×
	저농도무기산	○	◎	△
	고농도알칼리	◎	×	△
	저농도알칼리	◎	△	△
주용도		패킹가스킷, 오일실, 공업용 롤, 방진고무 등 내열, 내한 용도의 제품 및 전기절연용, 의료용 등의 실란드, 포팅	내열, 내유, 화학 제품성을 필요로 하는 미사일, 로켓 등의 패킹, 화학공장의 내충패킹, 가스킷, 다이어프람, 탱크라이닝	고도의 내유성을 요구하는 호스, 패킹, 롤 등 (이상 드라이리버) 실란드, 코킹재, 접착제, 형취재(이상 L.P)

자동차 기술은 …

최고를 지향하지 않고 **최적(to optimize)을 추구하는 기술**입니다.

자동차 기술은 …

경험의 기술입니다.

제 3 장 플라스틱 제조 TECHNICAL MANUAL

3.1 플라스틱 재료 컴파운딩

(1) 일반적 컴파운딩(Compounding) 사례

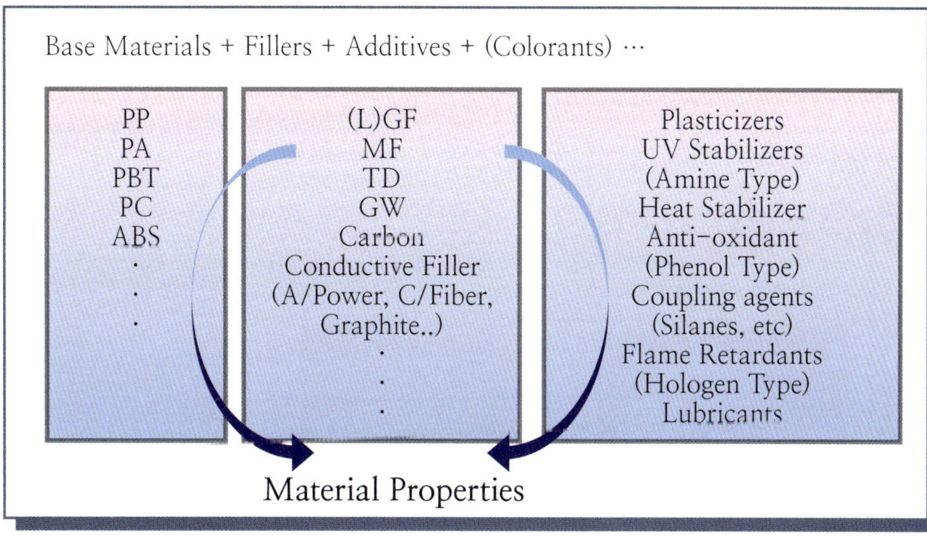

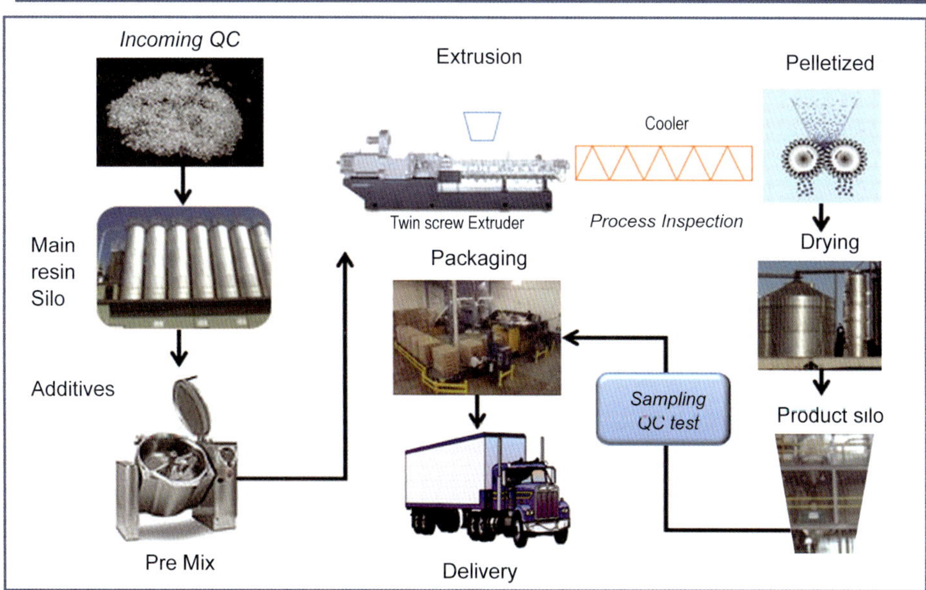

Line	Size Capa. / H	Auto Feeder	L/D	Mixer	Main Product
Line (300KW, 1750rpm)	75mm/ 650rpm 1,000kg	Belt Feeder 1 Side Screw 2	44/1	Ribbon (750kg)	PP Talc Grade

(2) 특정 컴파운딩(Specific Compounding) 사례

– Glass Wool Materials Compounding

▶ Glass Wool as a Filler

Glass Wool(short fiber) Reinforced Plastic

Glass Wool

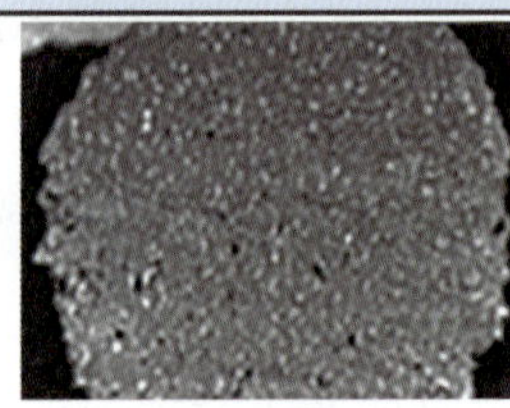
Pellet's cross section(Uniformly disperced)

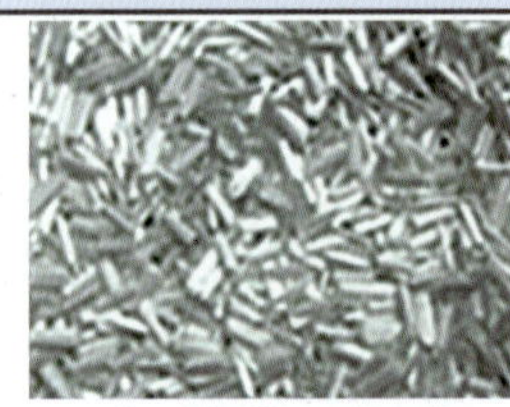
Glass Fiber(Chopped Strand)

G-MAG has good mobility and provides excellent moldability.

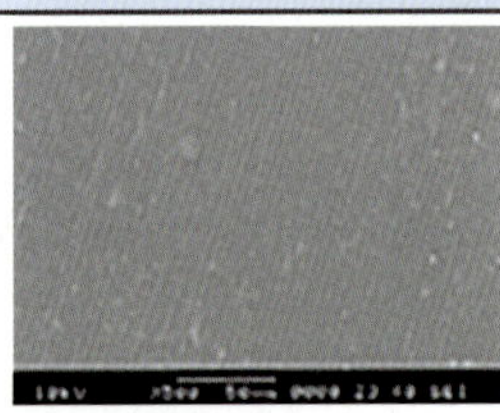
Glass Wool

Superiority of Glass wool

- Sultable for thin or precise parts molding.
- Very smooth molded surface
- Ablation of molding nozzle is reduced dramatically.
- Material mobility in forming machine will be improved.

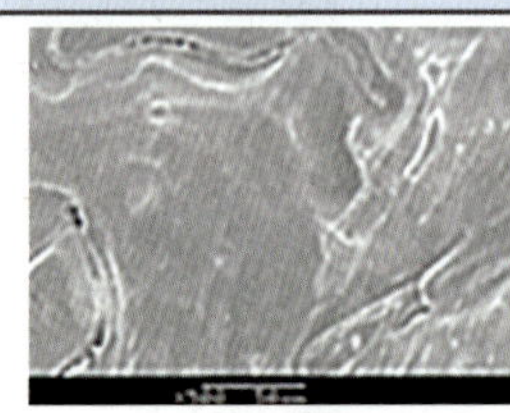
Glass Fiber

Glass Wool is 3 to 7 micron in length Surface of glass wool is treated with calixarene-based phenol agent(1μm : 1mm의 1/1,000을 나타냄).

▶ Glass Wool Compounding Process

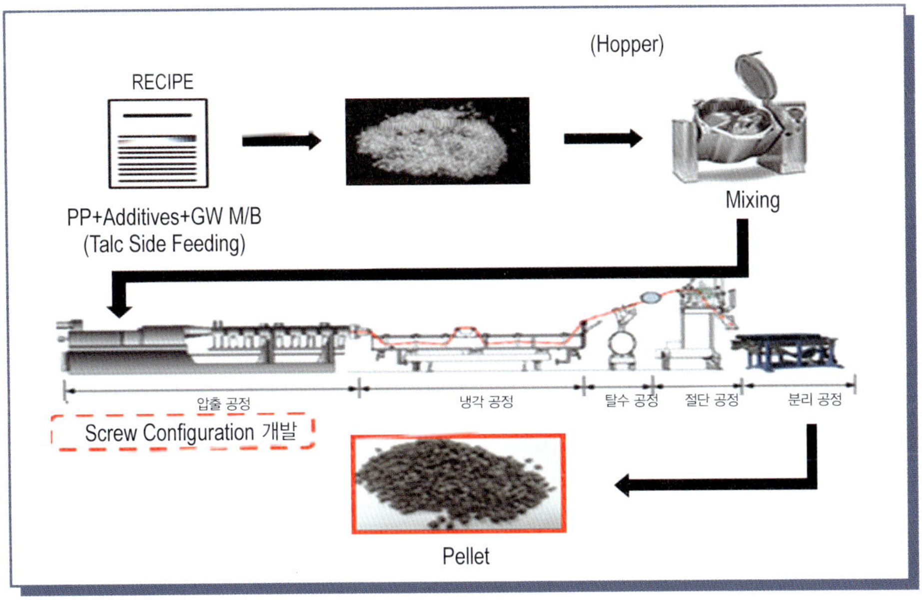

▶ Glass Wool의 중요 물성 비교

Material	Density (g/cm^3)	Scratch Resistance $(\triangle L)$	VOCs/Odor (Rating)
PP + EPDM + Talc + Glass Wool	0.97	0.42	6~7
PP + EPDM + Talc	1.04	4.5	4~5
PP + EPDM + Glass Bubble	0.99	1.4	6

[Surface]

PP + EPDM + Talc + Glass Wool

PP + EPDM + Talc

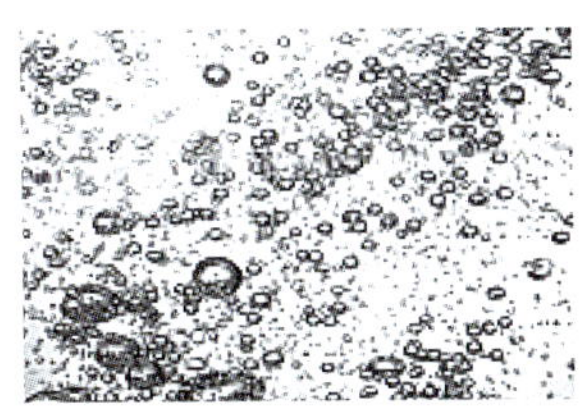
PP + EPDM + Glass Bubble

▶ SEM(Scanning Electron Microscope) Images of Reinforced PP

	Glass Fiber Reinforced PP	Glass Wool Reinforced PP	Mineral Filler Reinforced PP
Surface(30x)	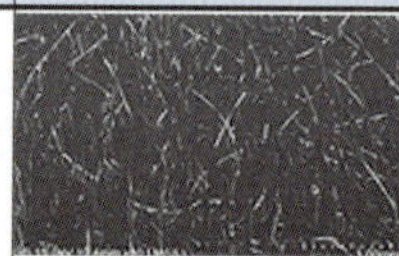		
Cross-Section(30x)	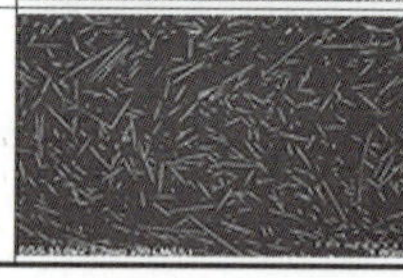		

Surface Smoothness : MF filled PP > GW filled PP > GF filled PP/ 미립자 형태가 아닌 실 형태의 형상을 가진 Type이다.

3.2 사출성형의 개요

플라스틱 제조방법에는 여러 가지가 있으나 여기서는 사출성형에 대하여 상세하게 다루고, 다른 제조방법에 대해서는 개략적으로 설명하기로 한다. 고분자 수지(resin)를 고온으로 용융시켜 폐쇄된 금형에 고압, 고속으로 주입한 후 냉각시켜 여러 가지 형상의 제품을 생산하는 플라스틱 가공방법이다.

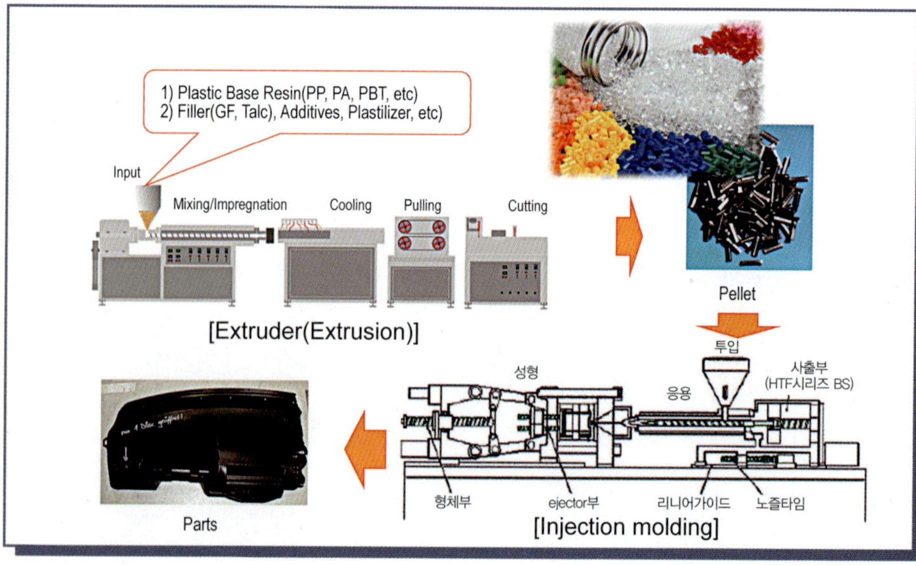

3.2.1 사출성형기(Injection Molding Machine)

열가소성 수지에 대하여 사출성형기는 알갱이로 되어 있는 원래의 고분자 재료(Granular or Pelleted raw plastic)를 용융, 사출, 패킹 및 냉각 사이클을 통하여 마지막 성형 제품으로 바꾼다. 전형적인 사출성형기는 다음의 주요 요소로 구성되어 있다.

① 사출 시스템(Injection system)

② 유압 시스템(Hydraulic system)

③ 금형 시스템(Mold system)

④ 체결 시스템(Clamping system)

⑤ 제어 시스템(Control system)

▶ Single screw injection molding machine

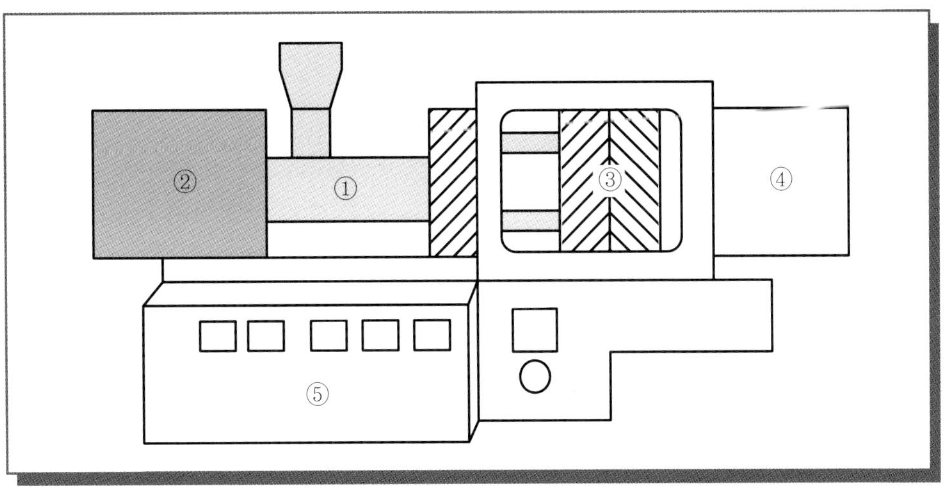

(1) 성형기의 규격

열가소성 수지용 사출성형기의 크기를 규정하는 데는 체결 톤수(Clamping tonnage)와 사출 크기(Shot size)가 흔히 사용된다. 다른 변수로는 사출 속도, 사출 압력, 스크류 설계, 금형 두께 및 타이 바(Tie bar) 사이의 거리 등을 사용한다.

(2) 성형기의 기능

사출성형기는 일반적으로 성형기의 기능에 따라 세 가지로 분류할 수 있다.

- 일반 목적의 성형기(General-purpose machine)
- 정밀 성형기(Precision, Tight-tolerance machine)
- 고속 성형기(High-speed, Thin-wall machine)

(3) 보조장치

사출성형기에 대한 주요 보조장치에는 수지 건조기(Resin dryer), 재료 처리장치(Material-handling equipment), 분쇄기(Granulator), 금형 온도제어기(Mold-temperature controller) 및 냉각장치(Chiller), 제품 제거 로봇(Part-removal robot), 그리고 제품 처리장치(Part-handling equipment) 등이 있다.

3.3 주요 성형기의 요소(Major Machine Components)

3.3.1 사출 시스템(The Injection System)

사출 시스템은 호퍼(Hopper), 왕복 스크류(Reciprocating screw) 및 배럴(Barrel), 배럴을 가열하기 위한 밴드 히터(Band heater), 고정판(Stationary platen) 및 이동판(Movable platen)로 구성되어 있다. 이 시스템은 이송(Feeding), 압축(Compression), 가스 제거(Degassing), 용융(Melting) 및 사출 과정 등을 거치면서 플라스틱을 제한하고 전달한다.

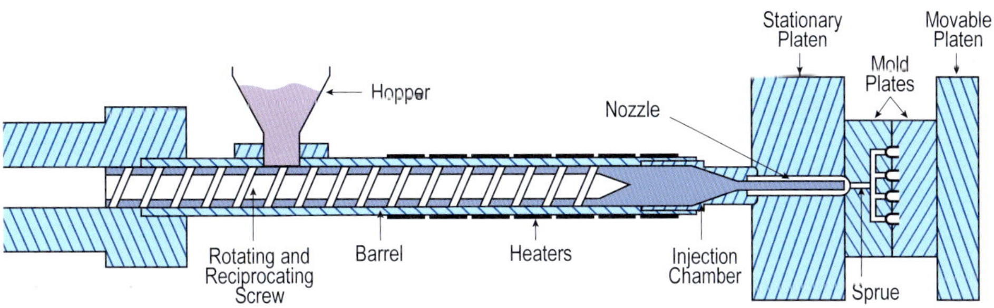

(1) 호퍼(Hopper)

열가소성 재료는 작은 펠렛 형태로 성형자에게 제공된다. 사출성형기의 호퍼는 이 펠렛을 담고 있다. 펠렛은 호퍼로부터 호퍼 목(Hopper throat)을 통해 배럴과 스크류 조합(Screw assembly)으로 중력에 의해 이송(Gravity-fed)된다.

(2) 배럴(Barrel)

사출성형기의 배럴은 왕복 가소화 스크류를 지지하고 있다. 이는 전기 히터 밴드(Electric heater band)에 의해 가열된다.

(3) 왕복 스크류(Reciprocating Screw)

왕복 스크류는 재료를 압축하고, 녹이며, 이송하는 데 사용된다. 왕복 스크류는 고체 이송영역(Feeding zone), 압축영역(Compression or Transition zone) 및 유체 이송영역(Metering zone)의 세 가지 영역으로 구성된다.

스크류의 바깥지름은 일정하게 유지되지만 왕복 스크류에 있는 날개(Flight)의 깊이가 고체 이송영역에서 유체 이송영역의 시작점까지 감소한다. 이 날개가 재료를 배럴의 안쪽지름 쪽으로 압축하는데, 이는 마찰열(Viscous or Shear heat)을 발생시킨다. 이 마찰열은 주로 재료를 녹이는 데 사용된다. 배럴 바깥쪽의 히터 밴드는 재료가 용융 상태로 유지되는 것을 도와준다. 전형적으로 성형기는 서로 다른 온도로 고정 가능한 세 개 이상의 히터 밴드를 가지고 있다.

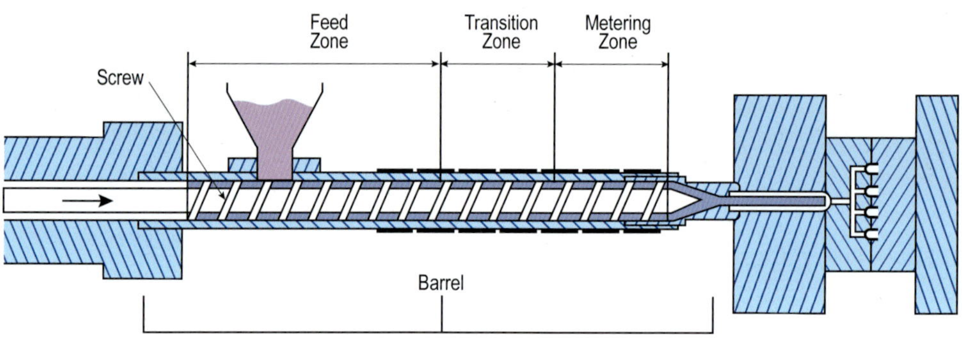

(4) 노즐(Nozzle)

노즐은 배럴을 금형의 스프루 부싱(Sprue bushing)에 연결하며 배럴과 금형 사이의 밀폐(Seal)를 형성한다. 노즐의 온도는 재료 공급자의 추천 값에 좌우되는 재료의 용융온도(Melt temperature) 또는 조금 낮은 온도로 고정되어야 한다. 배럴이 완전히 앞쪽의 공정 위치(Full forward processing position)에 있을 때, (a)에서 보는 바와 같이 노즐의 반경은 로케이팅 링(Locating ring)과 함께 스프루 부싱에 있는 오목 반경(Concave radius)과 포개져서 밀폐되어야 한다. (b)에서 보는 바와 배럴의 퍼징(Purging) 동안 배럴은 스프루로부터 뒤로 빠져나와, 퍼징 혼합물(Purging compound)이 노즐로부터 자유롭게 떨어져 나오게 한다.

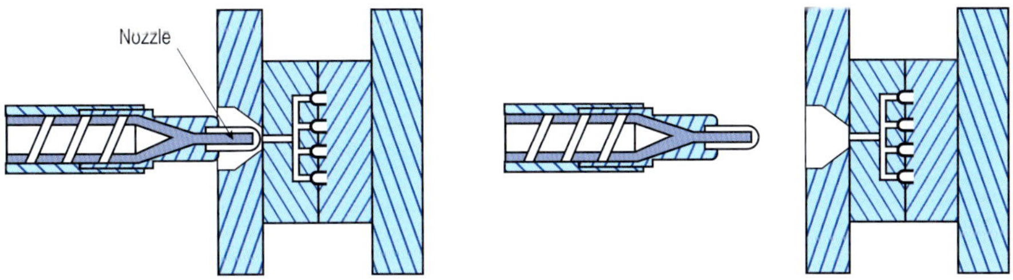

(a) 공정 위치에서의 배럴과 노즐　　(b) 퍼징을 위하여 뒤로 빠져나온 배럴과 노즐

3.3.2 금형 시스템(Mold System)

사출금형 시스템은 캐비티, 스프루 및 러너 시스템을 지지하는 성형판(Molding plate or base), 취출핀(Ejector pin), 그리고 냉각수로(Cooling channel)뿐만 아니라 타이 바, 이동판 및 고정판으로 이루어져 있다. 사출금형은 기본적으로 용융된 열가소성 수지를 원하는 캐비티에 의해 설계된 형태와 상세 치수(Dimensional detail)로 고화시키는 열교환기다(Heat exchanger).

사출금형 시스템은 일반적으로 공구강(Tool steel)으로 만들어진 평판(Platen)과 금형판의 조립체다. 금형 시스템은 금형 캐비티 내 또는 캐비티의 조합에서 플라스틱에 형태를 부여하여 성형하고 성형된 제품을 취출한다. 고정판은 성형기의 배럴 측면에 붙어 있으며 타이 바에 의해 이동판과 연결되어 있다. 캐비티판(Cavity plate)은 일반적으로 고정판에 붙어 있어 사출 노즐을 지지한다. 코어판(Core plate)은 타이 바에 의해 이동판에 연결되어 있다. 종종 캐비티판이 이동판에 붙어 있고 코어판과 유압 취출 시스템(Hydraulic knock-out/ejector system)이 고정판에 붙어 있는 예외도 있다.

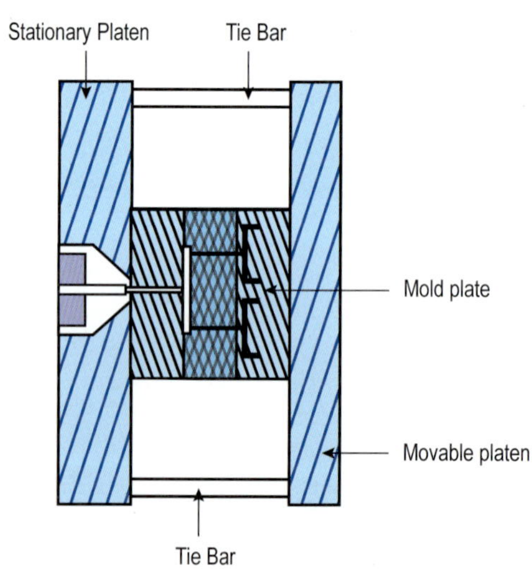

(1) 이단 금형(Two-Plate Mold)

대부분의 금형이 기본적으로는 두 개의 판으로 이루어져 있다. 이러한 유형의 금형은 전형적으로 캐비티와 같은 금형판에 러너를 가지고 제품의 테두리나 그 주위에 게이트가 있는 제품에 사용된다.

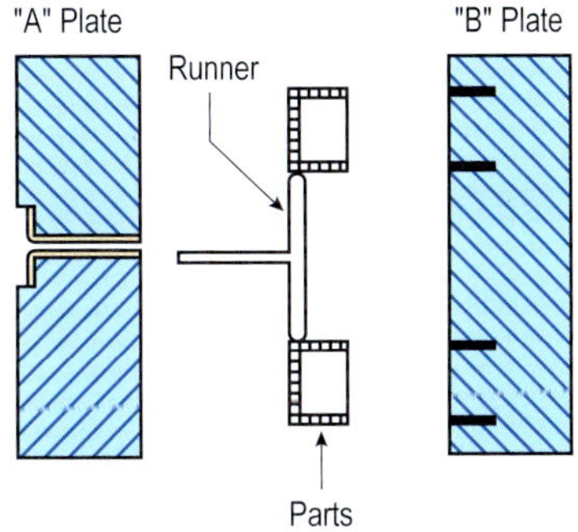

(2) 삼단 금형(Three-Plate Mold)

삼단 금형은 전형적으로 제품의 테두리를 벗어난 곳에 게이트가 있는 제품에 대하여 사용된다. 러너는 두 판 사이에 있는데 캐비티와 코어로부터 분리된다.

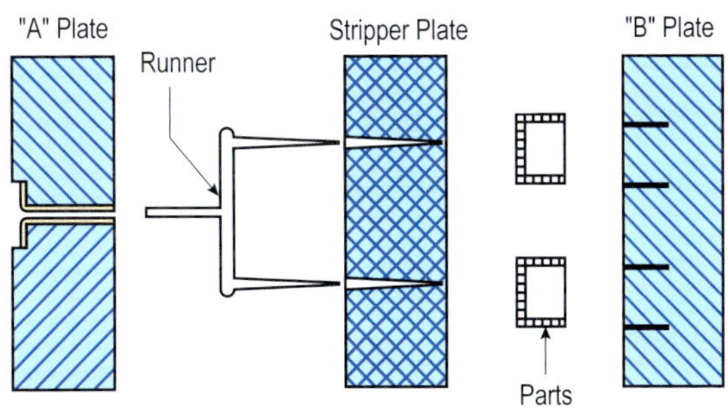

(3) 냉각 수로 또는 회로(Cooling Channel or Circuit)

냉각 수로는 금형 내부에 위치하는 통로로, 이를 통해 냉매[일반적으로 물, 증기(Steam) 또는 기름]가 순환된다. 그들의 기능은 금형 표면의 온도를 조정하는 것이다. 냉각 수로는 필요에 따라 배플(Baffle), 버블러(Bubbler) 및 열핀(Thermal pin) 또는 히트 파이프(Heat pipe)와 같은 다른 온도 제어장치와 연결되어 있다.

3.3.3 유압 시스템(Hydraulic System)

사출성형기의 유압 시스템은 금형을 여닫고 체결력을 유지하며, 이어 왕복 스크류를 회전시키고 취출핀을 움직이며, 금형 코어를 이동할 수 있게 한다. 많은 유압 요소들은 이러한 힘을 제공하는 데 필요한데, 펌프(Pump), 밸브(Valve), 유압 모터(Hydraulic motor), 유압 부속품(Hydraulic fitting), 유압 배관(Hydraulic tube) 및 유압 저장소(Hydraulic reservoir)를 포함한다.

3.3.4 제어 시스템(Control System)

제어 시스템은 성형기 운전에서 일관성(Consistency)과 반복성(Repeatability)을 제공한다. 이는 온도, 압력, 사출 속도, 스크류의 속도 및 위치, 그리고 유압 위치(Hydraulic position) 등을 포함하는 공정 변수를 감시하고 제어한다. 공정제어는 마지막 제품의 품질과 공정의 경제성에 직접적인 영향을 미친다. 공정제어 시스템은 간단한 연계 온/오프 제어(Relay on/off control)에서부터 매우 복잡한 마이크로프로세서를 이용한 폐회로 제어(Microprocessor-based closed-loop control)에 이르는 영역을 다룬다.

3.3.5 체결 시스템(Clamping System)

체결 시스템은 금형을 여닫고 금형의 구성 부품을 지지하여 작동시키며, 금형이 열리지 않도록 충분한 힘을 제공한다. 체결력은 기계적인 잠금(Mechanical/toggle lock), 유압 잠금(Hydraulic lock) 또는 이 두 기본적인 형태의 조합에 의해 발생된다.

3.3.6 사출성형 시스템(Injection Molding System)

전형적인 사출성형 시스템은 딜리버리 시스템(Delivery system)과 성형품으로 이루어져 있다. 용융 수지를 성형기 노즐로부터 제품 캐비티로의 이동 통로를 제공하는 딜리버리 시스템은 스프루, 콜드 슬러그 웰(Cold slug well), 주된 러너, 자기 러너 및 게이트를 포함한다.

딜리버리 시스템의 설계는 충전 패턴에 많은 영향을 미치므로 성형품의 품질에도 영향을 미친다. 성형 후 딜리버리 시스템은 제거되어 재사용된다. 그러므로 딜리버리 시스템은 일반적으로 최소한의 재료를 소비하도록 설계되어야 하면서 동시에 바람직한 패턴으로 용융 수지를 캐비티에 전달하는 기능을 유지하여야 한다.

'핫 러너(Hot runner)'[또는 '러너 없는(Runnerless)']의 성형 공정은 플라스틱을 항상 용융 상태로 유지하기 위하여 러너를 뜨겁게 유지한다. 핫 러너 시스템은 성형품과 함께 금형으로부터 제거되지 않기 때문에 재료의 소비를 줄이거나 이어지는 제거 공정(Secondary trimming process)이 필요 없다.

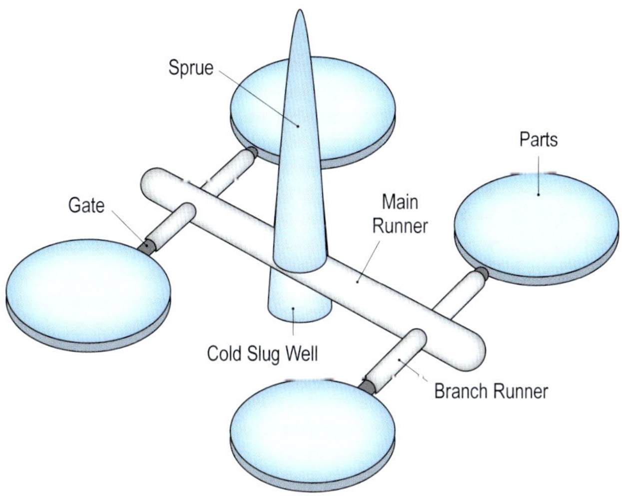

3.4 운전 원리

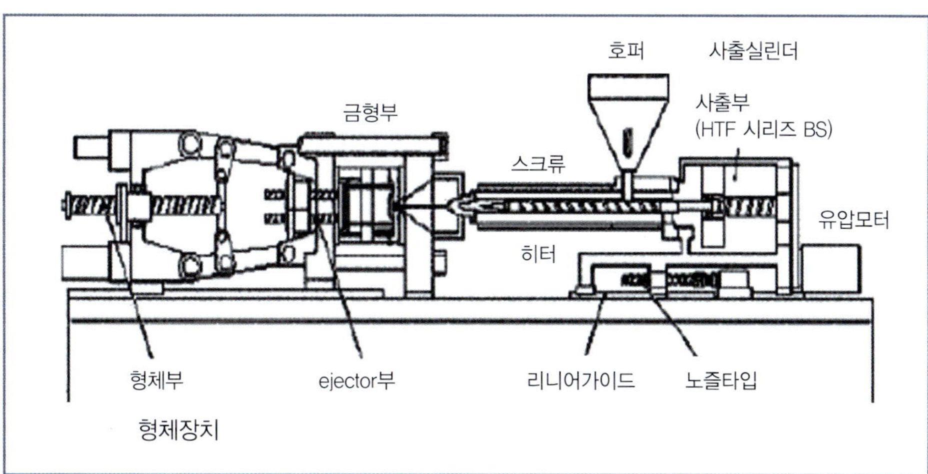

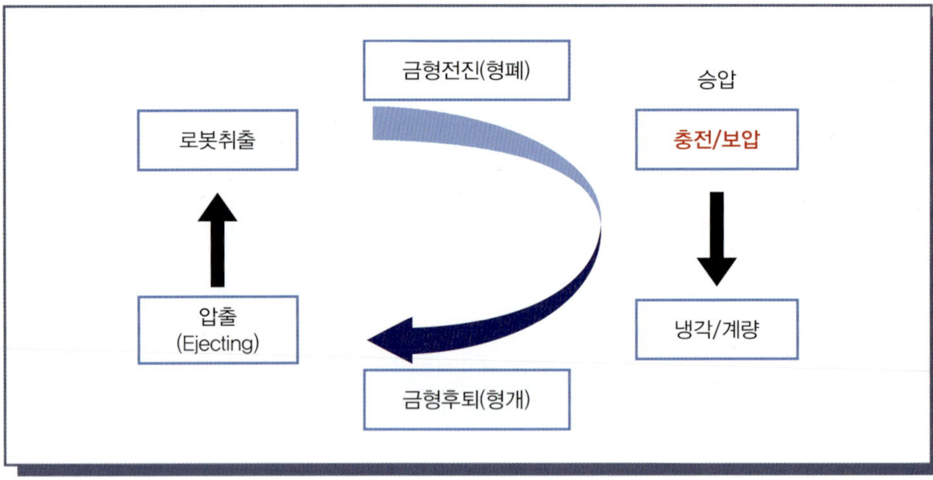

3.4.1 공정 사이클(Process Cycle)

사출성형은 순환적인 공정(Cyclic process)이다. 사출성형 공정 동안 성형기는 순환적인 양식으로 일련의 운전을 수행한다. 기본적인 사출성형 공정은 다음과 같이 운전된다.

① 플런저로써 왕복 스크류가 앞으로 움직이면서 캐비티를 충전한다.

② 스크류가 계속하여 앞으로 움직이면서 캐비티를 패킹한다.

③ 게이트가 고화되면서 캐비티를 냉각시키고, 스크류는 다음 사출을 위하여 재료를 가소화하기 위해 뒤로 움직인다.

④ 제품의 취출을 위하여 금형을 연다.

⑤ 금형을 닫고 다음 사이클을 시작한다.

공정 사이클은 사출성형기가 완전히 한 번 운전되는 과정이다. 이는 금형 닫힘, 충전, 패킹, 냉각, 금형 열기 및 취출 과정을 포함한다. 기본적인 공정 사이클의 시간은 제품 무게, 제품 두께, 재료 물성 및 주어진 공정에 대한 구체적인 성형기의 조정 등에 따라 수초에서부터 수십 초 사이로 변할 수 있다. 공정 사이클 안에서 사출성형기의 운전을 더 자세히 설명하기 위하여 유압 실린더 및 캐비티 압력의 자취, 스크류 위치, 그리고 금형면의 분리위치 등을 보여준다.

1.

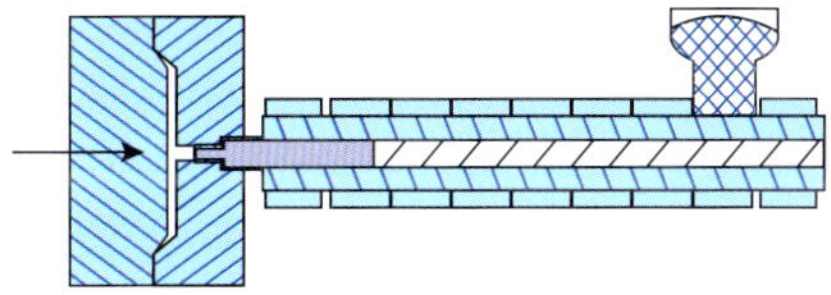

Mold closes.
Screw begins moving forward for injection.

2.

Filling completes.
Screw continues moving forward for packing

3.

Screw in full forward position.
Packing completes when gate freezes off.

4.

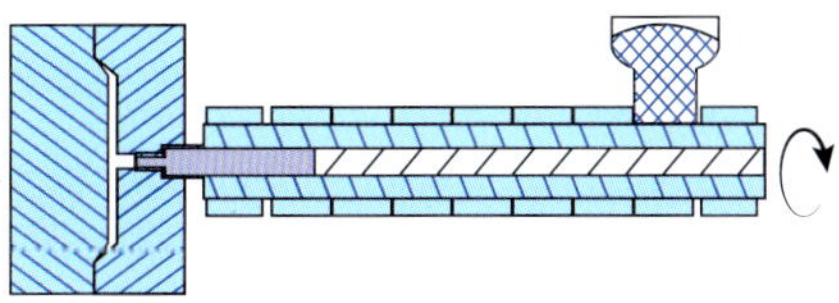

Cooling continues.
Screwback begins to accumulate melt a head of screw tip for next shot.

5.

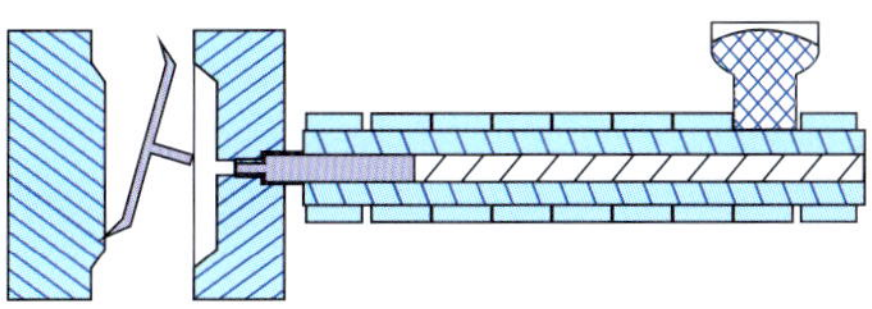

Cooling completes.
Mold opens for part ejection.

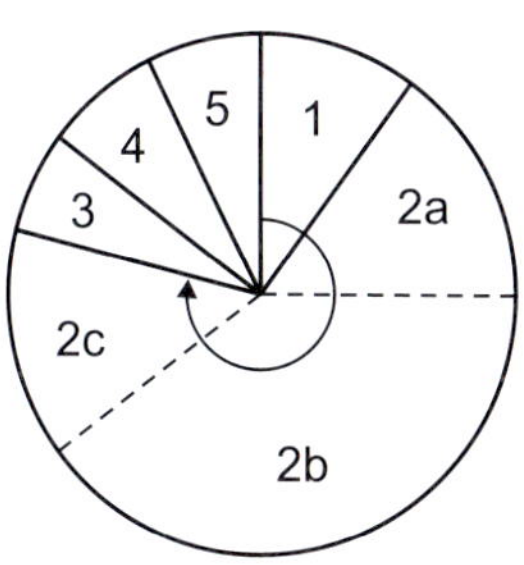

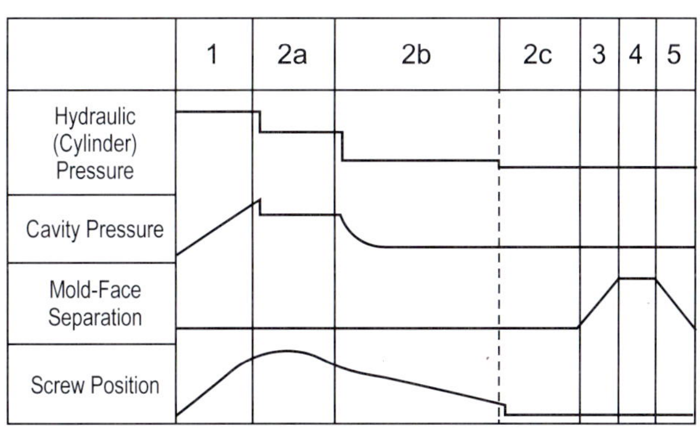

3.4.2 배압(Back Pressure)

왕복 스크류가 회전하면서 용융 수지는 스크류 앞쪽으로 밀려간다. 일단 용융 수지에 가해지는 압력(즉, 배압)이 미리 정해진 수준까지 형성되면, 스크류 앞쪽에 재료의 부피가 커지고 스크류를 뒤로 밀기 시작한다. 다른 말로 하면, 배압이란 다음 사출을 위해 준비된 상태에서 스크류가 뒤로 밀리면서 스크류 앞쪽의 재료 부피에 가해지는 압력의 양이다. 전형적으로 보든 성형기는 최대 배압을 조정할 수 있다. 이 '스크류 후진(Screw-back)' 과정은 스크류가 미리 정해진 위치에 도달했을 때 정지한다. 정지 위치는 금형 캐비티 및 러너 시스템을 충전하기 위해 요구되는 재료의 양에 바탕을 두고 수동적으로 조정한다. 성형기가 사출 준비가 되었을 때, 스크류가 재료를 스크류 앞쪽으로 밀어 금형 안으로 사출시킨다. 사출된 재료가 금형에서 냉각되는 동안 스크류 후진 과정은 다시 시작되고 성형 사이클을 반복한다.

3.4.3 사출 속도(Injection Speed)

사출 속도 또는 램 속도는 사출 작업을 하는 동안의 스크류 전진속도다. 대부분의 공학 수지(Engineering resin)에 대하여 사출 속도는 제품 설계 및 공정이 기술적 그리고 경제적인 이유를 허용하는 한 가장 빠르게 조정하여야 한다. 그러나 재료가 게이트와 같은 제한된 영역을 지나가는 사출 시작 시 느린 사출 속도의 난류 유동 및 젯팅을 방지하기 위하여 필요하다. 사출 속도는 사출 마지막으로 가면서 다시 한 번 느려져야 한다.

3.4.4 스크류 속도(Screw Speed; RPM)

스크류 속도(RPM)는 가소화 스크류가 회전하는 속도다. 스크류가 더 빠르게 돌면 돌수록 재료가 더 빨리 스크류 날개에 압축되어 마찰열(Shear heating)의 양이 증가한다.

3.4.5 쿠션(Cushion)

쿠션은 스크류의 마지막 전진 위치와 최대 허용 전진 위치(Maximum allowable forward position)의 차이다. 만약 스크류가 최대 스트로크(Full stroke)까지 움직여 노즐에 인해 기계적으로 정지하면 쿠션은 0이 될 것이다. 전형적으로 3~6mm 정도의 쿠션이 사용된다.

3.5 부가적인 작업(Secondary Operations)

제품이 취출된 후, 딜리버리 시스템(스프루, 러너 및 게이트)이 부가적인 작업에 의해 제거된다. 몇몇 응용에서 부가적인 작업은 조립 및 장식을 위해 필요할 것이다. 제품을 조립하는 부가적인 작업에는 접합(Bonding), 용접(Welding), 삽입(Inserting), 고정틀 만들기(Staking swaging) 및 기구 조립(Assembling with fastener) 등이 포함된다. 고분자 제품 장식을 위한 부가적인 작업에는 아플리케(Applique; 열과 압력을 가하여 표면을 처리함), 인쇄(Printing; 장식 또는 정보적인 목적으로 제품에 표시하는 공정) 등이 포함된다. 또 다른 부가적인 공정에는 채색(Painting), 코팅(Hard coating), 차폐(Metalizing/Shielding), 표면처리(Surf treatment), 열처리(Annealing) 및 가공(Machining) 등이 있다. 이들 부가적인 작업의 세부적인 설명은 재료 공급업체로부터 제공되는 설계 안내서를 참조하기 바란다.

3.6 공정 조건의 중요성

성형품의 품질은 고분자 재료가 거치는 공정의 조건에 크게 영향을 받는다. 온도를 낮추면 용융 수지를 캐비티에 밀어 넣기 위하여 더 높은 압력을 필요로 하고, 온도가 너무 높으면 재료 분해(Degradation)의 위험을 일으킬 수 있다.

사출 압력이 너무 낮으면 미충전이 일어날 수 있고, 너무 높으면 금형에서 플래쉬(Flash)가 발견될 수 있다.

수지의 용융(가소화)은 팔레트(Pellet) 표면이 히터(Heater) 열에 녹고, 스크류(Screw) 등에 완전히 용융된다.

열원(가열 heater : 20~30%)/(screw/배럴 전단마찰열 : 70~80%) 사출기 노즐 → 스프루 → 러너 → 게이트를 통과하는 동안 마찰저항에 의해 압력이 강화가 발생하지만, 마찰열에 의해 수지 온도는 상승하면서 캐비티(Cavity)에 주입된다.

즉, 사출은 충전 + 보압으로 제품을 만든다.

▶ 결정 영역과 무정형

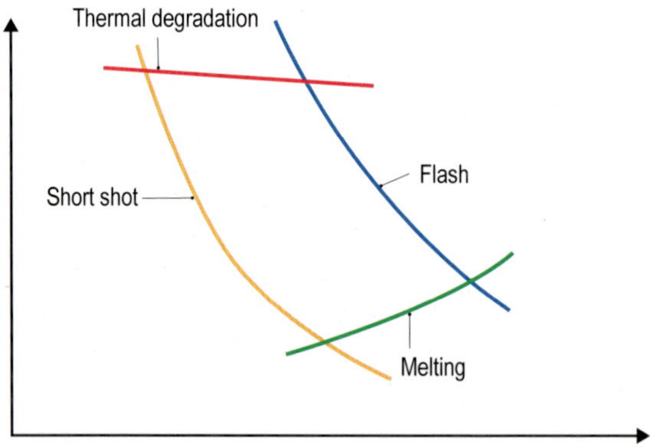

▶ 재료별 배럴온도의 조건

재료	온도 조건
PP	200 ~ 250℃(Tm : 165℃)
PA6	230 ~ 270℃(Tm : 220℃)
PA66	270 ~ 295℃(Tm : 265℃)
PBT	230 ~ 270℃(Tm : 225℃)
PEEK(폴리에테르에테르케톤)	240 ~ 380℃(Tm : 340℃)
POM	(Tm : 225℃)
PPS	(Tm : 2805℃)

3.7 제조방법

지금까지 일반적으로 가장 널리 사용되는 플라스틱 제조공법인 사출성형에 대한 전반적인 사항을 다루었다. 자동차에 사용되는 부품의 플라스틱 제조 공정은 대부분 85% 이상이 사출성형법이며 블로우성형법(압출블로우 포함)이 10% 정도이다.

사출성형법 외에도 상용화된 여러 가지 성형방법을 간단히 소개한다.

3.7.1 다중 사출성형(Co-Injection/Sandwich Molding)

다중 사출성형은 서로 다르지만 호환성 있는(Compatible) 두 용융 수지를 캐비티로 순차적 또는 동시적으로 사출하는 방법이다. 재료들은 각각 층을 형성하여 고화된다.

▶ 다중 사출성형 공정

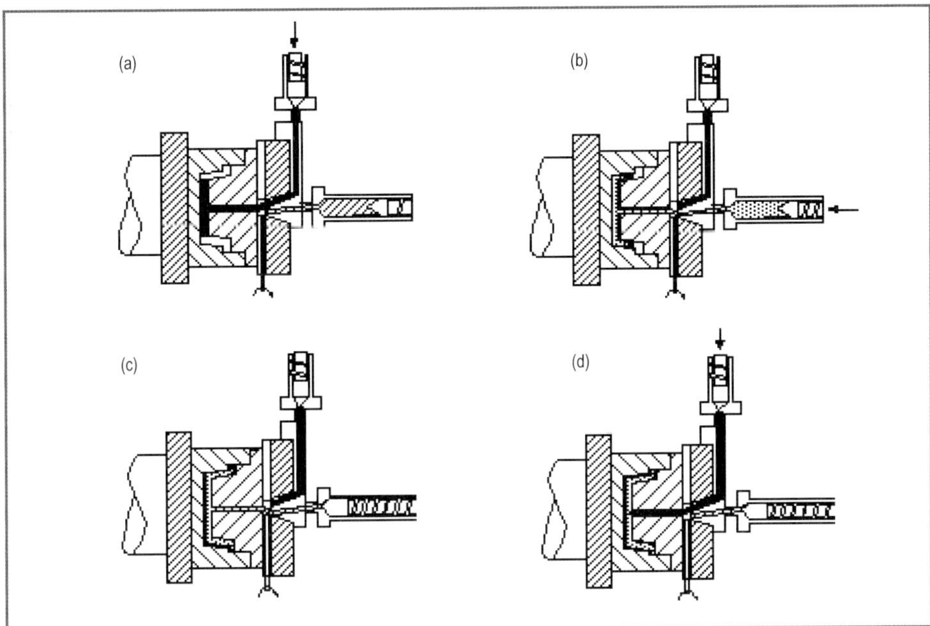

(a) 불충분한 표면 용융 수지가 검은색으로 보이는 금형 안으로 사출된다. (b) 코어 용융 수지의 사출은 (c)에서 보는 바와 같이 거의 충진한다. (d) 스프루로부터 코어분자를 밀어 넣기 위해 표면 고분자를 다시 사출한다.

이 공정은 표면 재료의 층 사이에 둘러싸인 코어 재료를 가진 층 구조를 가진 제품을 생산한다. 이 혁신적인 공정은 각 재료의 최적 물성을 사용하거나 성형품의 물성을 수정할 수 있는 본질적인 유연성(Flexibility)을 제공한다.

3.7.2 용융 코어 사출성형(Fusible/Lost/Soluble Core Injection Molding)

용융 코어 사출성형 공정은 복잡한 형상으로 중앙이 빈 하나의 제품을 만든다. 이러한 공정은 플라스틱 제품의 내부 코어를 성형한다.

성형 후 제품의 내부 모형으로서 바깥쪽 형상은 남겨 놓은 채 코어는 물리적으로 녹이거나 화학적으로 용해시킨다.

▶ **용융 코어 사출성형 공정**

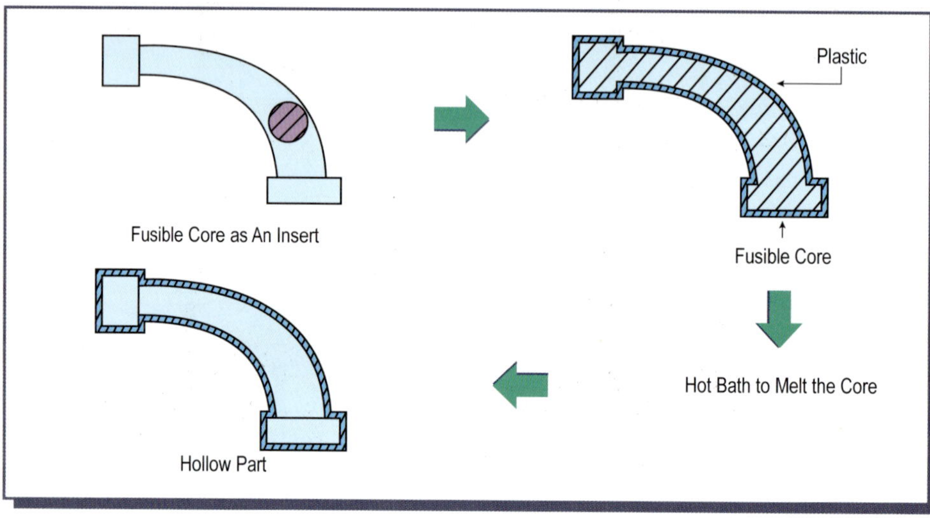

3.7.3 가스 사출성형(Gas-Assisted Injection Molding; GAIN공법)

가스 사출성형 공정은 금형 캐비티 안으로 용융 수지를 부분적 또는 전체적으로 사출하는 것으로 시작한다. 그 후 금형의 충전 또는 패킹을 돕기 위하여 압축된 가스를 용융 수지의 코어 쪽으로 사출한다.

이 공정은 싱크 마크가 없고 변형이 적게 일어나는, 속이 비어 있으고 가볍고 단단한 제품을 생산할 수 있다. 다른 장점으로 사이클 시간의 단축, 체결력의 감소 및 제품의 강성 증가 등을 들 수 있다.

▶ 가스 사출성형 시스템

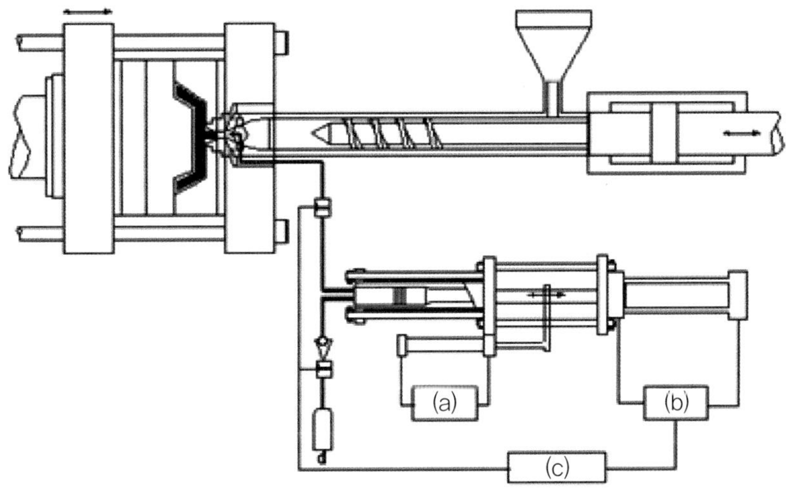

(a) 전기 시스템, (b) 유압 시스템, (c) 제어패널, (d) 가스 실린더

(1) 성형 원리

닫힌 금형 내에 용융 수지가 사출되고 금형 내에 완전히 충전되기 이전에 용융 수지 내부에 N_2 gas 등 불활성 가스를 주입하여 이 주입된 가스의 압력으로 용융 수지를 금형에 밀착시킨다. 용융 수지가 고화될 때의 체적수축 발생을 방지하고 전체가 고화된 후에 가스 압력을 개방하여 금형을 연다.

(2) 특징

성형기계의 크기가 반감되고 수축이나 휨이 없는 치수 정밀도가 높은 제품을 얻을 수 있다. 또한 살 두께가 불균일한 제품도 Sink Mark 없이 용이하게 성형이 가능하며 성형품의 중량을 감소시킬 수 있다. 아울러 성형 Cycle Time이 짧아지고 생산 효율이 높아지며 용융 지수의 유동성이 높아진다.

3.7.4 사출 압축성형(Injection Compression Molding)

사출 압축 성형 공정은 전통적인 사출성형의 확장이다. 미리 정해진 양의 용융 수지가 열려 있는 캐비티 안으로 사출된 후 압축된다. 압축은 또한 고분자가 사출될 때도 일어날 수 있다. 이 공정의 기본적인 장점은 치수적으로 안정적이고 상대적으로 적은 잔류응력을 가진 제품을 낮은 체결력(20~50% 정도 낮음)으로 생산할 수 있다는 것이다.

▶ 사출 압축성형 원리

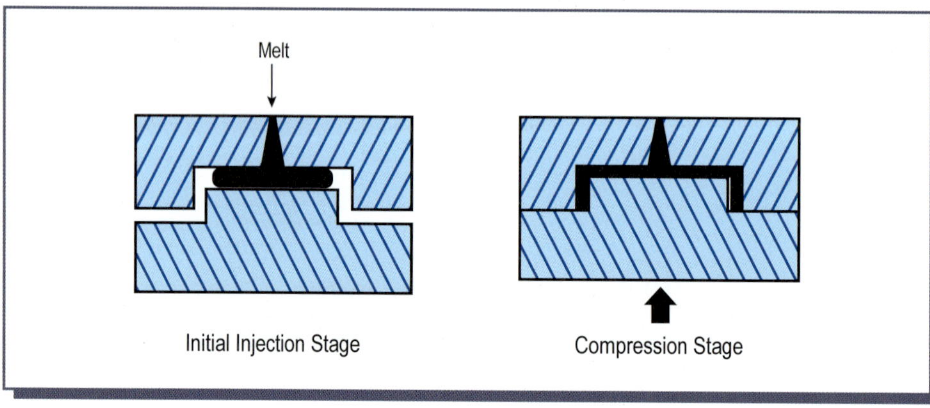

(1) 성형 원리

낮은 형체력과 압축 stroke 분만큼 크게 한 금형 공간에 용융 수지를 충진 후 수지의 가압을 게이트(Gate)나 러너(Runner)를 통해 행하는 것과는 달리 형체력이나 금형 내의 코어(Core)를 이용하여 재압축을 행하게 되어 있다.

(2) 특징

성형품의 유동배향과 잔류응력의 완화와 균일한 성형품을 얻을 수 있으며 Weld Line 및 수축이 감소된다. 또한 충진압력에 의해 Parting line을 통한 Gas Vent 효과가 우수하다.

3.7.5 발포 사출성형(Structural Foam Injection Molding)

발포 사출성형은 안쪽에 폼으로 된 코어(Cellular/Foam core)를 둘러싸고 있는 외부의 고체 표면으로 구성된 제품을 생산한다. 이 공정은 사용될 때 굽힘 하중(Bending load)을 받기 쉬운 크고 두꺼운 제품에 적절하다. 구조 발포 제품(Structural foam part)은 높은 압력과 낮은 압력 모두에서 질소 가스 또는 화학적 발포제(Blowing agent)로 생산이 가능하다.

▶ 발포 사출성형 원리

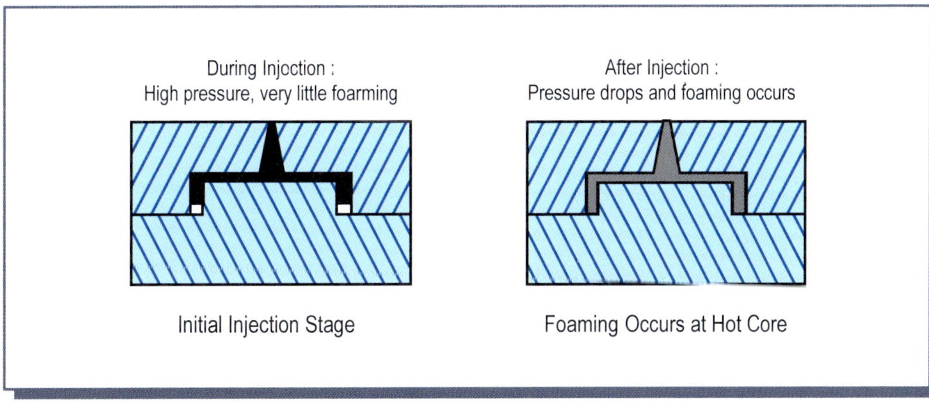

3.7.6 다층 사출성형(Lamellar/Microlayer Injection Molding)

이 공정은 두 개의 사출실린더(Dual injection molding)로부터 용융 수지의 유동 방향을 조합하기 위하여 피드블록(Feedblock) 또는 레이어 멀티플라이어(Layer multiplier)를 이용한다. 여러 수지로부터 미세층구조(Microlayer)로 제품을 생산한다.

층 구조로 다른 수지를 조합하는 것은 가스 배리어 특성(Gas barrier property), 치수 안정성, 열에 대한 저항 및 광학 등성과 같은 많은 특성을 좋게 만든다.

▶ 다층 사출성형 시스템

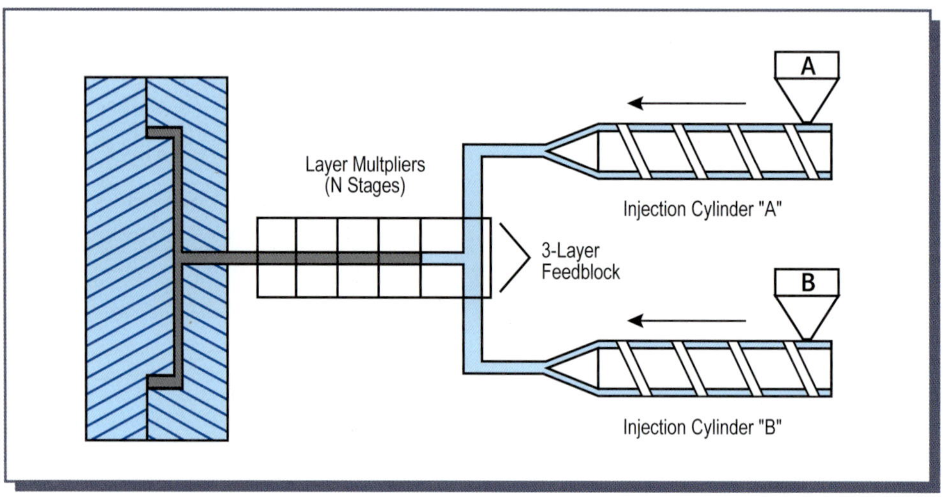

3.7.7 저압 사출성형(Low-Pressure Injection Molding)

저압 사출성형은 기본적으로 일반적인 사출성형의 최적화된 확장이다. 낮은 압력은 적절하게 프로그램된 스크류의 회전속도(Revolution per minute; RPM), 유압 배압(Hydraulic back pressure), 용융 수지의 온도를 제어하기 위한 스크류 속도 및 사출 속도에 의해 이루어진다. 이는 또한 큰 게이트 크기 또는 유동 길이를 줄이기 위해 순차적으로 열리는 다수의 밸브 게이트를 이용한다. 패킹 과정은 일반적으로 느리고 제어된 사출속도를 이용하여 없앨 수 있다. 저압 사출성형의 장점은 요구되는 체결 톤수의 감소, 성형과 프레스에 드는 적은 비용, 성형품의 낮은 잔류응력 등을 들 수 있다.

플라스틱 부품의 대형화 및 복잡화에 따라 기존의 사출성형 방법으로는 해결하기 힘든 뒤틀림, Sink Mark 등의 품질문제를 저압 사출성형법을 이용함으로써 수축, 잔류응력 감소, 휨, Burr, Crack 등의 품질문제 감소, 공정에너지 및 비용 절감, Cycle Time 감소 등의 효과를 이룰 수 있다. 저압 사출성형은 크게 사출 압축 성형법, 사출 프레스법, 사출 동작법, Gas Assist Injection Molding 등의 4가지로 설명할 수 있으며 국내에서도 Door Trim, Bumper, Protective Molding, Glove Box 등 자동차 부품에 적용하기 위한 기술 개발이 진행 중이다.

▶ **저압 사출성형 시스템**

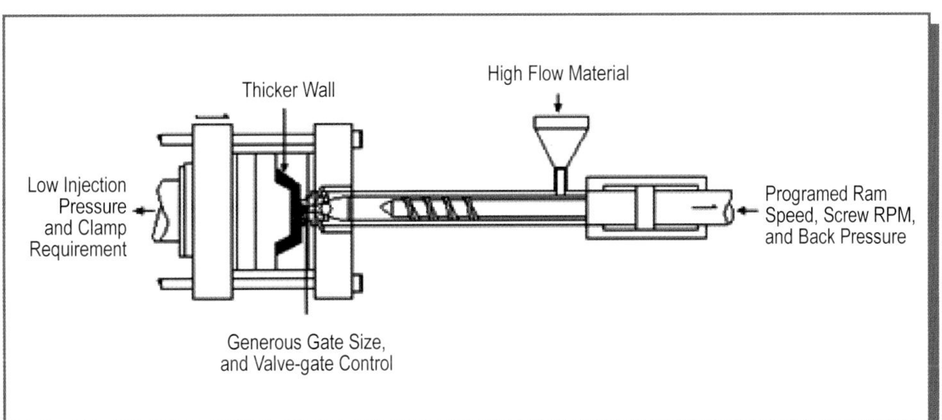

(1) 목적

저압 사출성형은 금형 내 성형압력을 최소화시켜 성형품질을 향상시키기 위해 시행된다.

▶ 저압 사출성형의 목적

품질개선	– 수축, 잔류응력 감소, 휨, Burr, Crack 등
Downsizing	– 일반 사출법의 1/3~1/5의 형체력 절감
Power Consumption 효과	– 에너지가 일반 사출의 3~6% 감소(전기 등)
High Cycle	– Cycle time 5~10% 단축(Gas Assist Injection)
금형비 절감	– 사출 Peak 압력해소, 경금형 사용 가능(금형강도) – 금형 중량, Size 감소 : 금형가격 절감
금형 Maintenance 비용 절감	– 형태 Peak압 감소 : 금형파손 방지(수명연장), 공정 단축과 얇은 제품 성형 가능 – 일체 성형 가능, 수축, 휨 방지

(2) 종류 및 특징

저압 사출성형은 크게 사출 압축 성형법, 사출 프레스법, 사출 동작법, Gas Assist Injection Molding 등의 4가지로 크게 나뉜다.

사출 압축 성형법은 금형 내에 수지를 사출한 후 충전 완료 시점에 형체력에 의한 재압축을 실시하는 방법이고, 사출 프레스법은 미리 압축 Stroke 만큼 크게 한 금형 내에 용융 수지를 사출하여 충진 중 또는 완료 시점에 금형을 닫고 형체력으로 압축하는 방법이다. 또한, 사출 동작법은 사출용 유압 실린더를 여러 개 준비하고 실린더의 조합에 의해 사출압력을 변화시켜 저압 사출성형을 하는 방법이고, Gas Assist Injection Molding은 캐비티(Cavity) 내에 유동 수지를 충진해 수지가 고화되기 전에 고압가스를 주입하여 중앙부위에 공동을 형성시키는 방법이다.

3.7.8 반응 재료의 사출성형(Injection Molding of Reactive Materials)

열가소성 수지와는 다르게 반응 재료는 성형과 고분자화(Polymerization)를 동시에 경험한다. 상호 연결된 고분자 구조(Cross-linked polymer structure)는 일반적으로 개선된 기계적 물성과 더 높은 열 및 환경저항을 나타낸다. 이들 재료에는 다음을 포함한다: 열경화성 수지-에폭시(Epoxy), 페놀(Phenolics)-고무; 반응 사출성형(Reactive injection molding; RIM); 수지 이동 성형(Resin transfer molding; RTM) 및 구조 반응 사출성형(Structure reactive injection molding; SRIM)과 같은 복합재료 공정.

전형적으로 반응 재료의 낮은 점도는 크고 복잡한 제품을 열가소성 수지의 성형에 필요한 크기보다는 비교적 낮은 압력과 체결력으로 성형하게 한다. 예를 들어 높은 강성과 적은 부피의 큰 제품을 생산하기 위하여 RTM과 SRIM은 장섬유로 만들어진 예비 성형품(Preform)을 만드는 데 사용된다.

이들 재료에 대한 사출성형을 도입하는 것은 사전경화(Pre-cure)를 피하기 위함이며 이송 메커니즘(Feed mechanism/barrel)에서 단지 약간의 온도 상승이 발생한다. 그러나 캐비티는 보통 화학반응(Chemical cross-linking)을 시작하기에 충분할 만큼 뜨겁다. 적당히 따듯한 반응 전 고분자(Pre-polymer)가 캐비티로 주입됨에 따라 캐비티 벽면으로부터, 유동의 마찰열로부터, 반응한 요소들에 의해 발생하는 반응열로부터 열을 전달받는다. 제품의 온도는 종종 금형의 온도를 넘어선다. 반응이 제품이 단단할 정도로 충분히 진행되었을 때(매우 높은 온도에서도) 사이클은 끝나고 제품은 취출된다.

반응 재료의 사출성형에 대해 금형 및 공정 설계는 충전 및 패킹 과정 동안 일어나는 화학반응 때문에 훨씬 더 복잡하다. 예를 들어 느린 충전은 너무 빠른 젤링(Gelling)으로 미충전이 일으키는 반면, 빠른 충전은 내부 구멍(Porosity)을 만들 수 있는 난류를 유발한다. 금형 온도의 부적절한 제어와 부적절한 제품 두께는 사출 과정 동안 성형성 문제(Moldability problem)를 일으키거나 재료를 태우게 된다. 가공과 공정을 수정하는 데 있어 컴퓨터 모사는 일반적으로 전통적이고 시간이 많이 드는 시행착오법보다 비용적으로 효율적인 도구로서 인식된다.

3.8 공정조건의 설정

다음의 단계별 절차는 공정조건을 설정하는 데 많은 도움이 될 것이다.

3.8.1 단계 1 : 사출 온도의 설정

사출 온도는 성형품을 사출하는 데 가장 중요한 요소 중의 하나다. 사출 온도가 너무 낮으면 수지는 완전히 용융되지 못하거나 유동하기에 저항이 너무 크다. 사출 온도가 너무 높으면 수지가 분해될 수 있는데, 특히 POM 및 PVC는 이런 경향이 크다. 재료에 대한 구체적인 사출 및 금형 온도는 수지 공급업체로부터 추천 받을 수 있다. 16개 재료에 대한 적절한 사출 및 금형 온도는 다음 표와 같다.

대부분의 수지 용융은 배럴 안쪽의 스크류 회전에 의한 마찰열에 의해 일어난다. 배럴 히터 밴드(Barrel heater band)는 적절한 온도로 수지를 유지시킨다. 일반적으로 실린더에 3~5 정도의 온도 구역 및 히터 밴드가 있다. 호퍼에 가장 가까운 쪽을 가장 낮게 설정하고 온도를 점차적으로 올린다. 노즐 부위의 히터 밴드는 일정한 온도로 유지해야 한다. 부적절한 히터 밴드의 온도 조정은 노즐에서의 침흘림 현상(Drooling), 분해 및 변색을 일으킬 수 있다(특히 PA 재료).

▶ **전형적인 사출 온도 및 금형 온도(계속)**

수 지	사출 온도 범위 (℃)	추천 사출 온도(℃)	금형 온도 범위(℃)	추천 금형 온도(℃)	전이 온도 (℃)
ABS	200 ~ 270	230	50 ~ 80	60	105
PA12	230 ~ 300	255	70 ~ 110	80	190
PA6	230 ~ 300	255	70 ~ 110	80	185
PA66	270 ~ 320	290	70 ~ 110	80	235
PBT	220 ~ 280	250	40 ~ 80	60	200
PC	280 ~ 330	305	70 ~ 110	70	144
PE-HD	180 ~ 280	220	20 ~ 70	40	105
PE-LD	180 ~ 280	220	20 ~ 70	40	90
PET	280 ~ 330	300	80 ~ 120	100	220

▶ 전형적인 사출 온도 및 금형 온도

수 지	사출 온도 범위 (℃)	추천 사출 온도(℃)	금형 온도 범위(℃)	추천 금형 온도(℃)	전이 온도 (℃)
PMMA	240~280	250	40~80	60	100
POM	180~235	205	50~90	70	130
PP	200~280	230	20~70	40	135
PPE	260~320	280	70~110	80	155
PS	180~280	230	20~70	50	100
PVC	160~220	190	20~70	40	80
SAN	210~270	230	50~80	60	100

▶ 스크류 설정 온도

재 료	Screw 설정온도(℃)				배압 (kg/㎠)	금형 온도	건조 온도	건조 시간
	H3, H4	H2	H1	NH				
ABS	180~240	190~260	200~280	200~280	5~20	40~70	80~90	2~3
PA6	200~230	220~250	230~260	230~260	3~15	20~90	75~80	5~10
PA66	250~280	260~290	270~300	270~300	3~15	20~90	75~80	5~10
PBT	200~250	210~260	230~270	230~270	3~15	60~80	120~140	3~4
PC	250~300	260~330	270~340	270~340	3~15	80~120	110~120	4~8
POM	160~200	170~210	180~220	180~220	2~20	40~100	80~90	3~4
PP	170~270	190~290	190~310	190~310	3~15	15~80	–	–
PPO	190~220	200~240	210~270	220~270	5~15	100~130	120~140	3~5
PPS	250~300	270~320	280~330	280~330	5~20	130~200	120~140	2~4

- 배압 : 유체가 배출될 때 유체가 갖는 압력을 말한다.
- NH(Nozzle 온도)는 재료흘림(Drooling)에 주의하여 설정한다.
- 냉각수의 온도는 금형온도보다 10~20℃ 낮게 설정한다.
- 일반적으로 금형온도가 높을수록 제품 광택 및 재료의 결정화도는 좋아진다.

▶ 실린더 온도

구 분		단위	설정치
실린더 온도	노즐	℃	330
	전부	℃	320
	중부	℃	310
	후부	℃	300
금형 온도		℃	120~150
압력조건	사출압력	kg/㎠	700~1200
	보압	kg/㎠	400~850
	배압	kg/㎠	0~40
건조 온도 및 시간		120~150℃에서 2~4시간	

위 성형조건표는 PPS 표준 성형 조건표이므로 사출기 및 제품의 형상에 따라 달라질 수도 있다.

냉각시간 = 계량시간 + α

- 사출 온도는 이론적인 PPS의 융점 280℃보다 약간 높게 설정해야 하고 다만 열분해로 인한 가스 발생을 억제하기 위해 330℃ 이하에서 사용하기 바란다.
- 사출속도는 얇거나 다수 캐비티 및 치수 정밀을 요하는 성형품을 일반적으로 빠르게 하고, 두꺼운 제품의 기포 문제가 있을 경우에는 천천히 하는 조건이 양호하다.
- 냉각시간은 성형품을 이젝터핀으로 취출할 때 변형이나 밀핀 자국이 생기지 않는 한도로 냉각시간을 설정한다.

(1) 재료의 금형 내 유동경로

성형기 노즐(Nozzle) → 금형 스프루(Sprue) → 러너(Runner) → 게이트(제품에 나타남) → 캐비티 Cavity 제품 개수와 관계 → Air bent

(2) 온도 제어구역(Zone)

노즐 히터(NH) - 210℃ → 1번 히터(H1) - 215℃ → 2번 히터(H2) - 200℃ → 3번 히터(H3) - 195℃

[노즐 → 전부(계량부) → 중부(압축부) → 후부(공급부)]

[항상 같이 생각할 것 : 실린더 열 + 계량속도 + 배압]

사출의 기본구조 = 사출 1차(충전) + 사출 2차(보압)

3.8.2 단계 2 : 금형 온도의 설정

특정한 재료에 대한 추천 사출 및 금형 온도는 수지 공급업체로부터 제공 받을 수 있다. 16개 재료에 대한 적절한 사출 및 금형 온도는 3.8.1에 정리한 표를 참조하기 바란다.

금형 온도는 온도계를 이용하여 측정할 수 있다. 다음의 그림에서 설명하는 바와 같이 금형 표면의 평균 온도는 생산하는 동안 냉각수 온도보다 높다. 그러므로 요구되는 금형 온도보다 냉각수 온도를 10~20℃ 정도 낮게 설정해야 한다. 만약 금형 온도가 40~50℃ 또는 그 이상이면 에너지 절약과 공정 안정성을 위하여 금형과 체결판(Clamping plate) 사이에 단열판(Insulating plate)의 사용을 고려해야 한다.

가장 짧은 사이클 시간을 얻으려면 제공하는 금형 온도 범위의 최저값이 추천된다. 그러나 더 높은 온도로 설정하는 것이 제품의 외관을 향상시키기는 데 바람직하다.

더 높은 금형 온도는 더 높은 광택과 결정화(Crystallization)를 제공한다.

▶ **금형 온도**

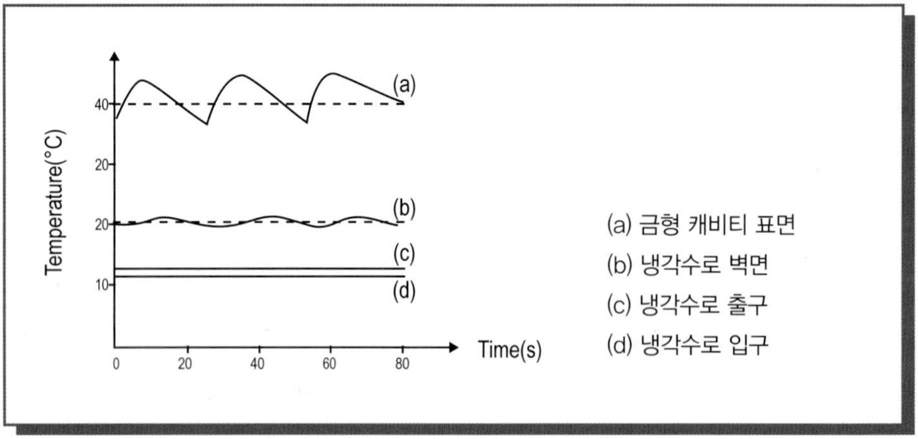

3.8.3 단계 3 : 스위치-오버 위치의 설정

스위치-오버 위치는 충전 또는 사출 과정이 패킹 과정으로 바뀌는 램 위치다. 쿠션 거리는 스위치-오버 위치에서 스크류가 도달할 수 있는 최대 전진 위치까지의 거리다. 따라서 스위치-오버 위치는 쿠션 거리를 결정한다. 쿠션은 제품의 패킹을 위하여 적절한 재료를 포함해야 한다. 불충분한 쿠션은 제품에 싱크 마크를 일으킬 수 있다. 일반적인 큐션 거리는 약 5mm 정도다.

이 단계에서 금형의 약 2/3를 충전할 수 있는 스위치-오버 위치를 조정한다. 이는 프레스나 금형의 손상을 방지한다.

▶ 스위치-오버 위치

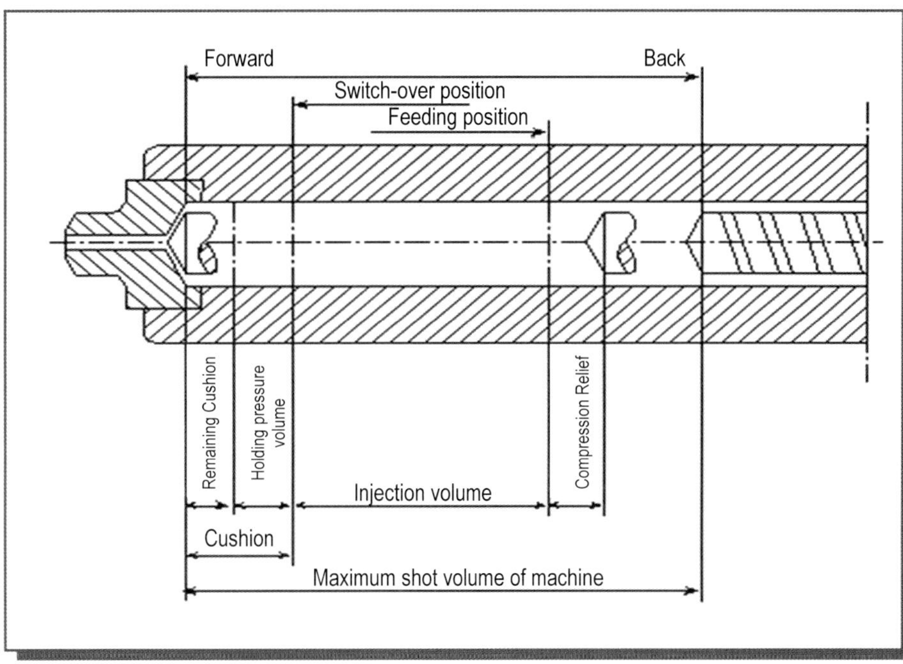

3.8.4 단계 4 : 스크류 회전 속도의 설정

수지를 가소화하는 데 필요한 스크류의 회전 속도를 조정한다. 가소화는 사이클 시간을 늘려서는 안 된다. 만약 이런 경우가 발생하면 속도를 증가시킨다. 이상적인 속도는 사이클 시간을 늘리지 않고 사이클에서 가장 늦게 가소화가 완료될 수 있는 속도다.

3.8.5 단계 5 : 배압의 설정

추천 배압은 약 5~10MPa 정도다. 너무 낮은 배압은 일정하지 못한 제품을 초래한다. 배압을 증가시키면 사출 온도에 대한 마찰의 영향을 증가시키고, 가소화 시간을 감소시킨다. 사출성형기 용량보다 더 높은 비율로 사출 부피를 얻으려면 가소화 속도를 빠르게 하기 위해 더 높은 배압을 사용한다. 사출성형기 용량보다 더 낮은 비율로 사출 부피를 얻으려면 더 낮은 배압을 사용하는데, 이는 재료가 배럴에 더 오랫동안 남아있게 한다.

3.8.6 단계 6 : 성형기 최댓값에 대한 사출 압력의 설정

성형기 최댓값에 대한 사출 압력을 설정하는 목적은 성형기의 사출 속도를 완전히 이용하여 압력 조정 밸브(Pressure setting valve)가 그 속도를 넘지 않게 하기 위함이다. 금형이 완전히 충전되기 전에 패킹 압력에 대한 스위치-오버가 일어나기 때문에 금형에는 손상이 없을 것이다.

3.8.7 단계 7 : 패킹 압력(0MPa)의 설정

이제 패킹 압력을 0MPa로 정하여 스크류가 스위치-오버 위치에 도달했을 때 멈추도록 한다. 이는 금형 및 프레스의 손상을 방지한다. 패킹 압력은 마지막 조정 값으로 증가될 것이다.

3.8.8 단계 8 : 성형기 최댓값에 대한 사출 속도의 설정

가능한 한 가장 빠른 사출 속도를 가지고 적은 유동 저항, 긴 유동 거리 및 웰드라인에서의 개선된 강도를 기대할 수 있다. 그러나 이를 완수하려면 벤트를 만들어야 할지도 모른다.

불충분한 벤트는 캐비티 내에 잡혀 있는 압축된 공기를 발생시킨다. 이는 캐비티 내의 매우 높은 온도 및 압력을 야기해 타버림 자국, 재료 분해 및 미충전을 일으킨다. CAE는 웰드라인, 멜드라인 및 공기 트랩 위치가 어디에서 발생하는가를 보여준다. 이 예측을 바탕으로 금형에 갇힌 공기에 의한 불량을 피하거나 최소화시키기 위하여 벤트 시스템을 설계할 수 있다. 특히 PVC 또는 ABC/PVC재료에 대해서는 금형 표면을 깨끗하게 하고 적절한 벤트 시스템을 필요로 한다는 것을 기억해야 한다.

3.8.9 단계 9 : 패킹 시간의 설정

이상적인 패킹 시간은 게이트 또는 제품 고화 시간 중 짧은 시간이다. 게이트와 제품 고화 시간은 계산하거나 추정할 수 있는데, CAE에 의해 예측된 충전 시간의 10배 정도를 패킹 시간으로 할 수 있다.

3.8.10 단계 10 : 충분한 남은 냉각 시간의 설정

냉각 시간은 계산하거나 추정할 수 있다. 냉각 시간은 패킹 시간과 남은 냉각 시간으로 구성되며, 냉각 시간에 대한 추정값은 충전 시간의 10배 정도로 할 수 있다.

예를 들어 만약 예측된 충전 시간이 0.85초면 초기 패킹 시간은 8.5초로 추정하고 부가되는 냉각 시간도 8.5초로 예측한다. 이는 제품과 러너 시스템이 취출하는 데 충분히 설정되도록 해준다.

3.8.11 단계 11 : 금형 열림 시간의 설정

일반적으로 금형 열림 시간은 2~5초 정도다. 이는 금형 열림, 금형으로부터의 제품 취출 및 금형 닫힘 시간을 포함한다. 사이클 시간은 사출/충전 시간, 패킹 시간, 남은 냉각 시간 및 금형 열림 시간의 합이다.

▶ 금형 열림 시간

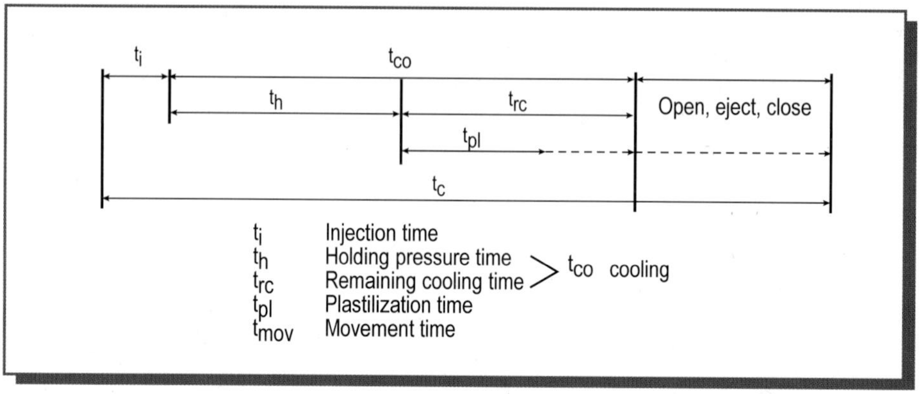

3.8.12 단계 12 : 95%까지 충전되도록 사출 부피를 증가시키면서 일련의 미충전 성형

CAE는 제품 무게 및 스프루/게이트/러너 무게를 제공한다. 이 정보로부터 스크류 지름 또는 배럴 내측지름에 따라 전체 사출 부피와 피딩 위치(Feeding position)를 각 사출에 대해 예측할 수 있다. 금형의 단지 2/3 정도를 충전한다. 패킹 압력은 이미 0MPa로 조정되어 있으므로 금형 충전은 스크류가 스위치-오버 위치에 도달하면 정지한다. 따라서 금형 구조 및 프레스를 보호한다.

다음으로 금형 부피의 95%까지 5~10% 부피를 증가시키며 단계별로 성형한다.

열린 노즐로부터 재료가 빠져나가는 것을 방지하기 위하여 압축 제거 밸브(Compression relief valve)를 사용한다. 회전이 정지된 후 즉각적으로 몇 mm 스크류를 뒤로 당겨 가소화하는 동안 형성된 배압을 제거한다.

3.8.13 단계 13 : 자동 운전으로의 전환

자동 운전의 목적은 공정의 안정도를 얻기 위함이다.

3.8.14 단계 14 : 금형 열림의 설정

금형 열림 스트로크(Mold opening stroke)는 코어 높이(Core height), 제품 높이(Part height) 및 캡 크기 여분(Capsize space)을 약속한다. 금형 열림 스트로크를 최소화해야 한다. 금형 열림 속도는 시작할 때 느려야 한다. 이후 가속되었다가 스트로크의 끝 부분에서 다시 느려져야 한다. 금형 닫힘 속도의 절차도 금형 열림 속도와 유사하다(느림, 빠름, 느림).

▶ 금형 열림의 설정

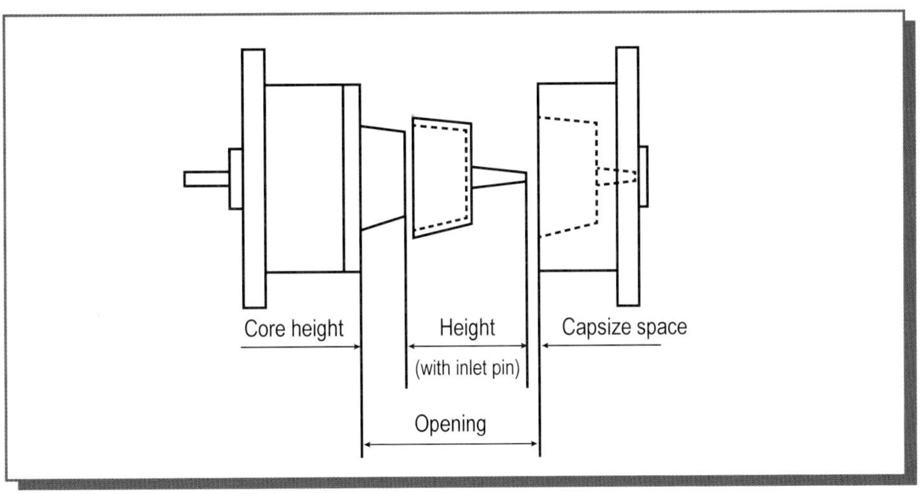

3.8.15 단계 15 : 이젝터 스트로크, 시작 위치 및 속도의 설정

어떤 슬라이드(Slide)라도 처음 제거한다. 이젝터 움직임은 최대한 코어 높이다. 만약 성형기가 유압 이젝터를 사용한다면 제품이 정지 금형 제품 없는 곳에 시작 위치를 조정한다. 이젝터 속도가 열림 속도와 같을 때 제품은 정지 금형 제품에 관련된 곳에 남아 있다.

3.8.16 단계 16 : 금형 충전의 99%까지 사출 부피의 설정

공정이 안정화되었을 때, 매번 같은 제품이 생산될 때, 가능한 한 큰 사출품으로 최대 사출 속도를 이용하기 위해 스위치-오버 위치를 충전의 99%로 조정한다.

3.8.17 단계 17 : 패킹 압력의 증가

용융 수지에서 단계별로 약 10MPa 정도의 패킹 압력을 증가시킨다. 만약 첫 번째 단계에서 금형을 완전히 충전시키지 못한다면 사출 부피를 늘린다.

제품을 취출하여 제거한다. 펜을 이용하여 제품에 패킹 압력을 기록한다. 이 일련의 패킹 압력은 조사를 통해 더 좋은 기초를 형성할 수 있다.

허용 가능한 가장 낮은 패킹 압력을 선택하면 이는 생산 비용뿐 아니라 제품 내의 잔류응력과 재료 절감을 최소화한다. 높은 패킹 압력은 제품 변형을 일으키는 내부응력을 발생시킨다. 성형으로 형성된 응력은 열 변형 온도(Heat deflection temperature)보다 약 10℃ 정도 열처리를 통해 어느 정도 줄일 수 있다.

만약 재료 쿠션이 완전히 사용되었다면 패킹 압력 시간의 마지막 부분은 효과적이지 않을 것이다. 이는 사출 부피를 증가시키려면 피딩 위치를 바꾸어야 한다. 사출 실린더에서 유압(Hydraulic pressure)은 성형기 압력계로 읽을 수 있다. 그러나 스크류 앞의 사출 압력은 더 중요하다. 사출 압력을 계산하기 위하여 유압에 전달 계수(Transformation factor)를 곱하면 된다. 전달 계수는 일반적으로 사출 장치 근처 또는 성형기에 관한 사용지침서의 사출성형기에서 알 수 있다. 이 계수는 일반적으로 10~15 정도의 범위다.

3.8.18 단계 18 : 패킹 압력 시간의 최소화

최소 패킹 시간을 발견하기 위한 빠른 방법은 더 긴 패킹 압력 시간을 조정하는 것이다. 그 후 싱크 마크가 나타날 때까지 패킹 압력 시간을 줄인다. 만일 일정한 제품 치수가 필수적이면 다음의 더 정확한 패킹 압력 시간을 정하면 된다. 제품 무게와 패킹 압력 시간의 곡선으로부터 게이트 또는 제품이 언제 완전히 고화되는지를 결정한다.

▶ 생산된 제품 무게에 따른 게이트/제품 고화 시간

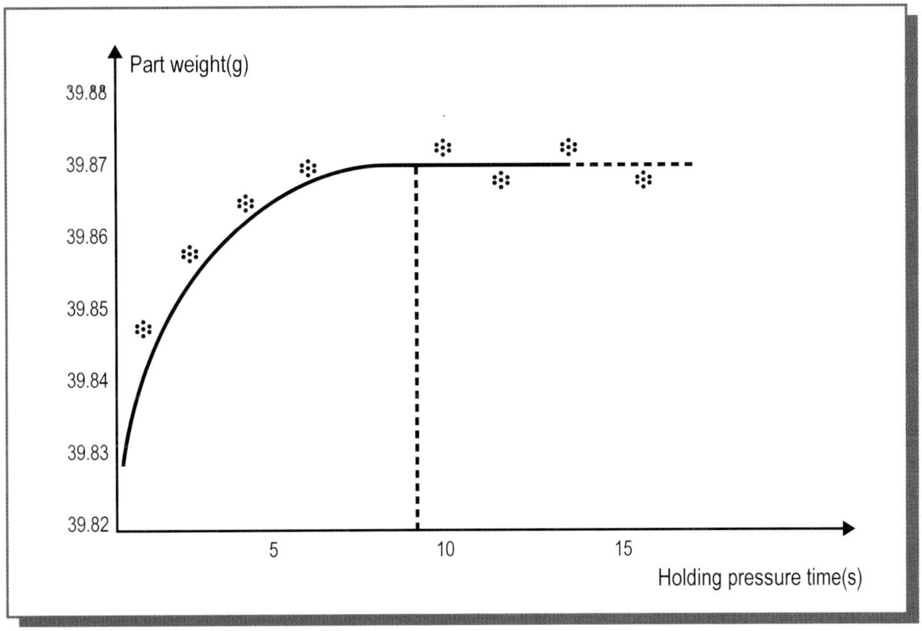

3.8.19 단계 19 : 남은 냉각 시간의 최소화

남은 냉각 시간은 제품 표면의 최대 온도가 재료의 열 변형 온도에 도달할 때까지 줄인다. 이 열 변형 온도는 재료업체로부터 제공받을 수 있다.

3.9 성형불량의 원인과 대책

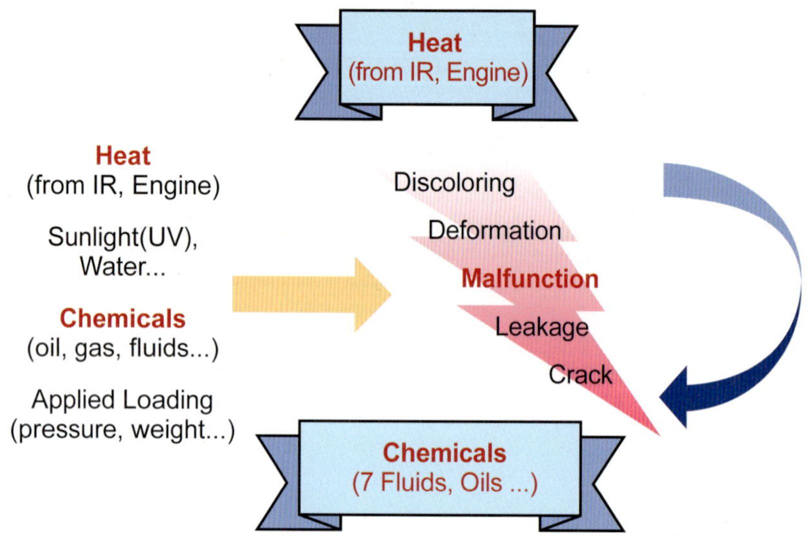

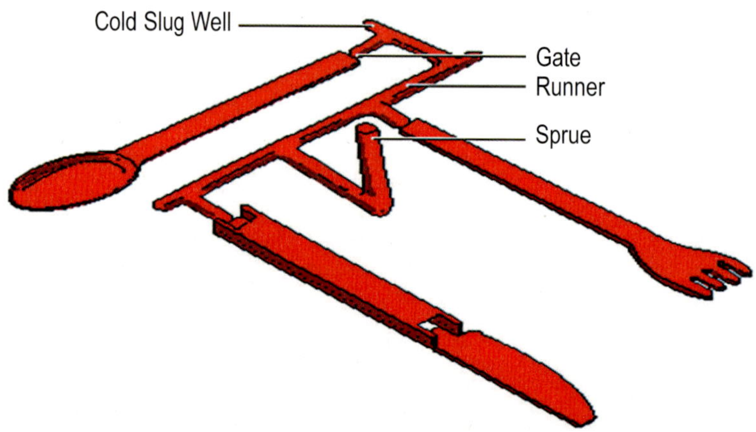

- 스프루(Sprue) : 금형 입구에서 용융 수지를 안내하여 런너(Runner)로 연결하는 곳
- 런너(Runner) : 스프루와 게이트를 연결시키는 수지 통로(Cold/Hot Runner)
- 게이트(Gate) : 수지가 캐비티(Cavity)로 주입되는 통로 중 Neck 부분으로, 제품에 따라 크기와 모양이 결정(스프루, 런너 등은 좋은 Recyclate 재료부품)

다음 표에 사출 제품의 결함과 이 결함이 나타나는 가장 근본적인 원인을 정리하였다.

해결방법으로 제시된 사항은 경험에 의한 방법이므로 완전한 해결책은 될 수 없다. 대개는 원인이 복합적으로 나타나기도 하는데, 이 경우에는 전반적인 작업조건을 살펴서 문제를 해결하도록 해야 한다.

▶ 성형불량 시 문제점 해결방안(계속)

결함	원인	해결방법
금형 내 미충진	불충분한 Air vent	Air vent를 형성
	불충분한 사출압	사출압 증진
	부적당한 사출 온도	사이클 타임 상승 또는 점진적인 사출기 온도 상승
	수지의 용융 공급 부족	Metering 양을 증가
	냉각부족, 사출물이 금형에 부착	금형 내 냉각수 공급을 줄인다.
		금형 Open을 늦춘다. 크롬 코팅된 수금형과 Polishing 한 암금형 사용
	금형의 Taper정도 미흡	Tapering 증가
	수금형의 수축	금형을 조기에 연다. 암수금형의 온도 차이를 준다.
	부적합한 취출핀, 불균일한 핀 작동, 금형 표면 거칠음	수리하거나 알맞게 조절
	사출물의 고화부족	금형이 닫힌 채로 냉각시간을 길게 한다. 필요 시 금형을 냉각
사출 후 사출품의 Warpage	금형 내에서 냉각부족	금형 내에서 냉각을 길게 한다.
		뜨거운 금형을 사용하거나, 사이클 시간을 길게 하거나, 사출 온도를 높인다.
		금형에서 나온 직후, 냉각수에 즉각 급랭시킨다.
		흐름성이 좋은 수지를 사용한다.
	사출품의 두께 편차가 커서 냉각이 불균일하며 이에 따른 Stress에 의한 경우	사출 금형의 디자인을 변경시킨다.
	부적합한 취출 작업	수정하거나 수리한다.

▶ 성형불량 시 문제점 해결방안

결함	원인	해결방법
내부 Delamination	이미 냉각된 표면 사이를 용융 수지가 흐를 경우 발생	사출압을 상승시키고 온도를 높인다. 금형온도를 높인다.
	용융 수지의 Contamination	스크랩 사용 시 주의, 기계 내부 청결점검, 수지 상태 확인
광택의 줄무늬	사출물의 온도가 낮을 경우	사출 온도 상승
	금형이 차가울 경우	금형 온도 상승
Sprue 근처에 원형 줄무늬	사출물의 온도가 높을 경우	사출 온도를 낮춘다.
	금형에 수분이 응축될 경우	금형을 건조시킨다.
	수분이 들어갔을 경우	수지를 건조시킨다.
황색반점이 발생	과열로 인한 수지의 변색	사출기 배럴 온도를 낮추고, 사이클시간 단축
흑색반점이나 줄무늬가 발생	Vent가 불충분할 경우	Air vent를 설치한다. 사출 온도를 낮춘다. 사출압을 낮추거나 Gate section을 열어 수지의 흐름을 올린다.
금형이 Open 시 수지가 새어 나옴	과열에 의한 수지변질 : gas와 함께 분출	수지의 온도를 낮추고 금형을 열어 주의하여 사출기 내용물을 비운다.

▶ 성형불량 시 문제점 확인 순서

문제점 해결방안 (순서대로 시행)	문제점									
	깨짐	미 충전	공동	타는 현상	휨	접합 강도 부족	스프루 이형 불량	싱크 현상	제품 이형 불량	표면 불량
수지 건조상태 점검	1									
사출압 변경		2	2		2	3	2	2	2	2
사출속도 높임		3	4			2				5
사출속도 줄임				3	3			4		4
스크류 전진시간 늘임			3					3		
스크류 전진시간 줄임									3	
용융 수지 온도 점검	2	4	5	1	6	6		5		3
금형온도 높임		5				5	3		1	1
노즐온도 높임							1			
게이트 그기 늘임		7	6	5				6		8
벤트 크기 늘임		6	7	2		4				7
역테이퍼 노즐 사용							4			
수지체류 시간수 줄임	3									
사이클 시간 변경				4	4				4	6
Cushion 길이 점검		1	1					1		
금형수정							5		5	
테이퍼 각도 높임							6		6	
게이트 위치 변경				6	5	7				9
Scrap 사용량 줄임	4									
금형 온도 줄임					1					
풀러설계 점검							7			
이물질 오염상태 점검	5									
Void 유무 확인	6									
금형 온도 내림					7					

• Cushion : 성형기 공급부 내에 수지의 완전한 충진을 위해 적정거리의 Cushion 유지(일반적으로 Screw가 전진해 있는 마지막 순간에 6mm의 Cushion 필요)

▶ **성형불량 시 해결방안**

	사출속도		보압		금형온도		재료온도		사출시간	
	빨리	늦게	고	저	고	저	고	저	길게	짧게
미충전(Short shot)	●	▲	●		●		●		▲	
버(bur, flash)		●		●		●	▲	●		▲
수축(shrink mark)		▲	●		●	▲	●	▲	▲	
흐름자국(flow mark)	●		●		●		●			
기공(void)		●	●		●			●	▲	
접합선(weld line)	●		●		●		●		▲	
젯팅(jetting)		●		●	●		▲			▲
균열(crack)	▲	▲	▲	●	▲		▲			

3.9.1 젯팅(Jetting)

(1) 젯팅의 물리적 현상

젯팅(Jetting)은 용융 수지가 노즐(Nozzle), 러너 또는 게이트와 같이 제한된 면적에서 금형 벽면과 접촉하지 않고 더 넓고 열린 부분으로 높은 속도로 통과할 때 일어난다.

좌굴된(Buckled) 뱀 모양(Snake-like)의 젯팅 흐름(Stream)은 젯트(Jet) 내에서 용융 수지의 접힘(Fold) 사이에 접촉점(Contact point)들을 형성시키는데, 이는 적은 크기의 웰드(Small-scale weld)를 형성한다.

제품 결함(Part weakness), 표면 결함(Surface blemish), 그리고 내부 결점(Internal defect) 들의 중첩(Multiplicity)을 야기한다.

반면에 정상적인 충전 패턴을 가지는 용융 수지는 층류 패턴(Laminar pattern)으로 게이트로부터 캐비티의 반대쪽 끝까지 채워진다.

젯팅을 없애기 위해 사용되는 해결책은 다음과 같다.

- 램 속도를 조절함으로써 용융 수지의 속도를 줄인다.
- 게이트를 크게 한다.
- 캐비티 벽면에 대해 직접적인 유동이 일어나도록 게이트 위치를 조정함으로써 수지-금형 접촉(Melt-mold contact)을 향상시킨다.

▶ **젯팅의 물리적 현상**

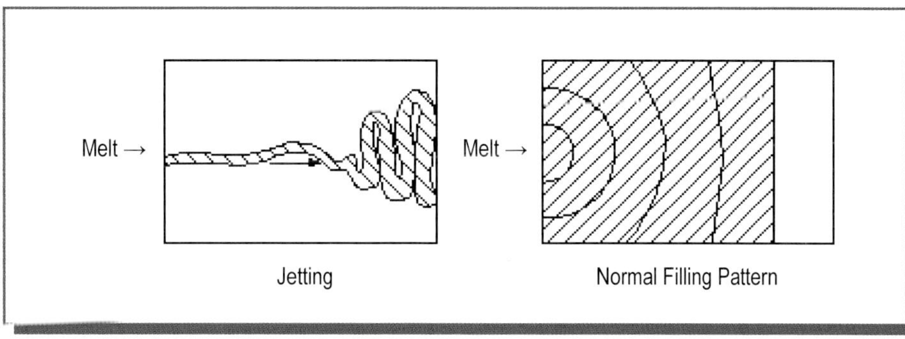

(2) 설계지침

수지 공급자(Resin supplier) 또는 설계지침서(Design handbook)의 추천에 따라 적절한 게이트의 크기, 위치 및 종류를 사용하여 수지-금형 접촉을 향상시킨다.

용융 수지가 처음 게이트를 통과할 때 높은 수지 속도를 피해야 한다.

용융 수지의 속도는 반대되는 효과도 있을 수 있다. 수지가 게이트를 통과할 때 수지는 높은 전단 및 전신응력뿐 아니라 높은 속도를 경험한다. 일단 유동 선단이 캐비티로 들어가면 응력 수준은 현저히 줄어든다. 이러한 갑작스러운 이완(Sudden relaxation)은 두께방향의 스웰링(Lateral swelling)과 수지 흐름(Melt stream)의 팽창(Expansion)에 의한 다이-스웰 현상(Die-swell phenomenon)이 발생한다.

적절한 게이트 치수에 대해서는 이러한 스웰링 효과(Swelling effect)는 수지와 금형 벽면 사이의 접촉을 향상시킬 수 있도록 도와 제어된 층류 유동(Controlled laminar flow)으로 유도한다. 그러나 젯팅 방지를 위한 접촉을 형성하기 위해 다이-스웰에 의존하기보다는 금형 벽면에 대해 직접적으로 유입되도록 용융 수지의 방향을 조절하는 편이 훨씬 좋다.

(3) 해결책

– 금형 설계(Mold Design)

러너 및 게이트의 크기를 키우든지 게이트-랜드 길이(Gate-land length)를 줄인다.

금속 표면에 대하여 용융 수지를 직접적으로 유입하기 위하여 오버랩 또는 서브마린 게이트 또는 천천히 유동 면적을 증가시킴으로써 용융 수지의 속도를 줄이기 위해 탭 또는 팬 게이트, 게이트 위치를 바꾸든지 새로 설계한다.

또한 탭 또는 팬 게이트는 게이트로부터 캐비티까지 점진적인 과도기(Smooth transition)를 제공하는데, 이는 용융 수지의 전단 응력과 전단 변형률을 줄인다.

▶ 젯팅을 피하기 위한 방법

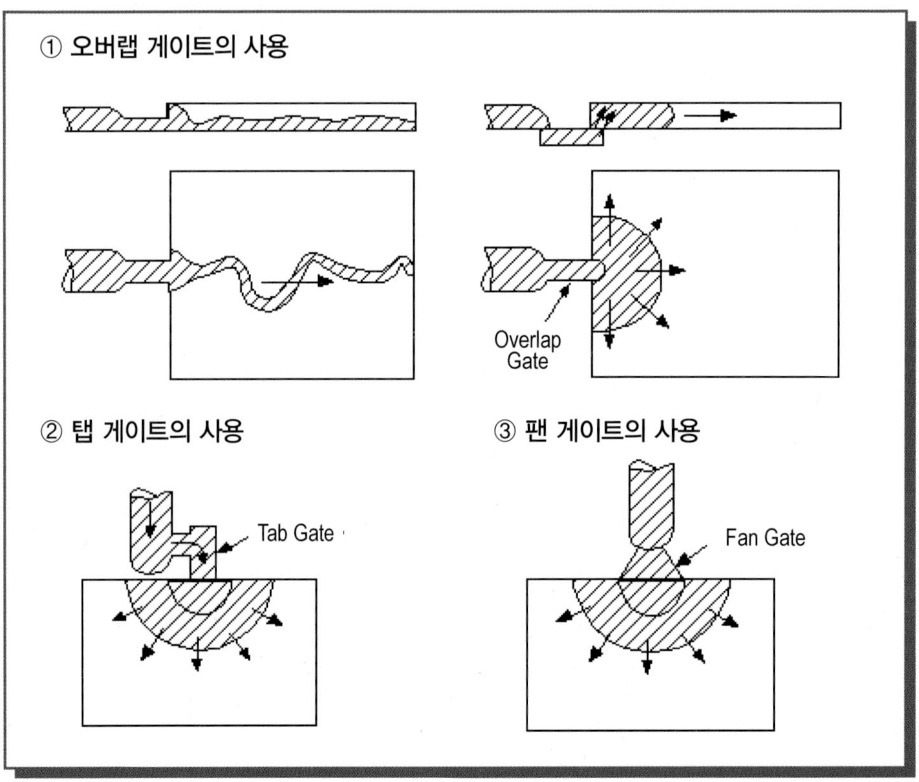

– 성형(Molding)

유동 선단의 속도가 처음 게이트를 지나갈 때 늦어지고 그 이후 유동 선단이 퍼지면서 다시 증가하도록 램 속도 분포를 조정하여, 게이트 근처에서 혀 모양의 재료("Tongue" shaped material) 형상을 만든다.

경험적으로 제품 표면에서 젯팅 패턴은 종종 사출 온도를 약간씩 증가 또는 감소시키기 위해 배럴 온도(Barrel temperature)를 조정함으로써 간단히 제거할 수 있다.

이 현상은 이론적으로 잘 설명되지 않지만, 다이-스웰 효과 및 용융 수지의 물성 변화와 예를 들면 점성, 표면 장력(Surface tension) 등과 관련 있다. 대부분의 고분자에 대해 다이-스웰은 온도가 감소함에 따라 증가한다. 그러나 강성(Rigid) PVC와 같은 몇몇 재료들은 온도가 증가함에 따라 다이-스웰(Die swell)이 증가함을 보인다.

▶ 젯팅을 피하기 위한 램 속도 분포의 조정

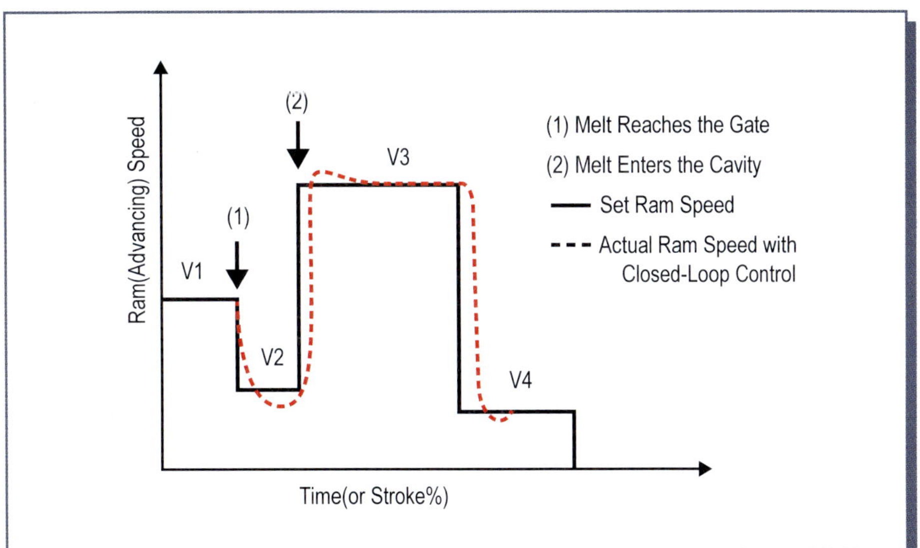

3.9.2 공기 트랩(Air Traps)

(1) 공기 트랩의 물리적 현상

공기 트랩(Air trap)은 금형 캐비티 안에 잡혀 있는 공기다. 이는 수지의 유동 선단이 모이면서 생기거나 금형 벤트 또는 벤트로서 작용하는 금형 인서트(Mold insert)로 빠져나가지 못해 생성된다. 잡힌 공기는 사출 성형품 내부에 보이드(Void) 또는 버블(Bubble), 미충전(Short shot, Incomplete fill) 또는 흠집(Blemish)이나 타버림 자국(Burn mark) 같은 표면 결점 등을 생성한다.

공기 트랩은 일반적으로 마지막에 충전된 부분에 위치한다. 마지막 충전부위(Last-to-fill area)에 있는 벤트의 부족이나 적은 크기의 벤트는 흔히 공기 트랩을 발생시켜 그로 인한 불량을 야기한다. 또 다른 흔한 이유는 레이스-트랙킹(Race-tracking)으로 두꺼운 부분에서 용융 수지가 차별적으로 흐르려는 현상으로 큰 두께 비율(Large thickness ratio)에 의해 발생된다.

공기 트랩은 충전 패턴을 변경함으로써, 벤팅을 크게 함으로써, 또는 캐비티 내에 적절하게 벤팅을 위치시킴으로써 제거할 수 있다.

(2) 설계지침

마지막으로 충전되는 금형 부분에 벤트를 설치한다.

캐비티 내부에 있는 공기가 충전 과정 중에 빠져나갈 수 있도록 벤트 크기가 충분히 큰가를 확인한다. 그러나 사출 마지막 부분에서 플래쉬가 생길 정도로 크지 않게끔 주의해야 한다. 추천되는 벤트 크기는 결정성 고분자(Crystalline polymer)에 대해서는 0.025mm, 비결정성 고분자(Amorphous polymer)에 대해서는 0.038mm 정도다.

용융 수지의 레이스-트랙킹 효과(Race-tracking effect)를 최소화하기 위해 제품을 설계할 때 큰 두께의 비율을 피해야 한다.

(3) 해결책

– 금형 설계(Mold Design)

가장 마지막에 충전되는 곳에 벤트를 위치시키거나 마지막 충전되는 부분이 적절한 벤트 위치에 올 수 있도록 게이트 및 딜리버리 시스템을 다시 설계하도록 한다. 벤트는 일반적으로 형분할면(Parting surface), 인서트와 금형 벽면, 이젝터 핀(Ejector pin) 및 금형 슬라이드(Mold slide)와 같은 금형 재료의 불연속점(Discontinuity)에 위치한다.

– 성형(Molding)

젯팅이 생기지 않고 공기가 갇히지 않도록 그리고 용융 수지에 의해 이동되는 공기가 벤트를 통해 빠져나갈 시간이 충분하도록 사출 속도를 줄인다.

3.9.3 헤지테이션(Hesitation)

(1) 헤지테이션의 물리적 현상

헤지테이션(Hesitation) 또는 헤지테이션 표시(Hesitation mark)는 얇은 두께 부분 또는 갑작스럽게 두께가 변화되는 부분으로 용융 수지 흐름의 정체(Stagnation)에 의해 야기되는 표면 불량이다. 헤지테이션은 제품 두께를 변화시키거나 게이트 위치를 바꿈으로써 제거할 수 있다.

용융 수지가 변화하는 두께를 가진 캐비티로 사출될 때 수지는 두껍고 저항이 적은 부분을 우선 채우려고 한다. 결과적으로 용융 수지는 제품의 나머지 부분이 다 충전될 때까지 얇은 부분에서 정체되고 난 후 다시 정체된 수지가 움직이게 될 것이다.

그러나 만약 헤지테이션의 기간이 충분히 길다면 수지는 정체된 지점에서 다시 흐르기 전에 고화될 것이다. 고화된 유동 선단이 제품 표면에 밀릴 때 헤지테이션 표시 같은 표면 불량이 생긴다.

▶ 용융 수지의 유동 정체로 인한 헤지테이션

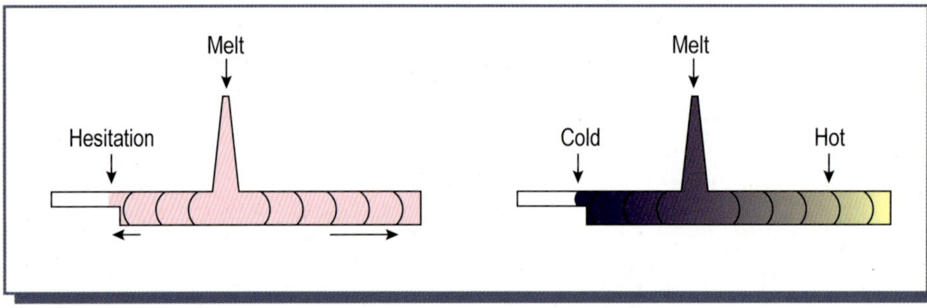

(2) 설계지침

제품 두께의 갑작스러운 변화를 피한다.

두껍고 쉽게 충전될 수 있는 부분이 먼저 충전되도록 게이트를 위치시킨다.

(3) 해결책

– 제품 설계(Part Design)

제품의 두께 변화를 줄인다.

– 금형 설계(Mold Design)

얇은 두께 부분 또는 갑자기 두께 변화가 생기는 부분으로부터 멀리 떨어진 곳에 게이트를 위치시킨다. 이와 같은 방법으로 하면 헤지테이션이 나중에 짧은 시간 동안 발생한다.

▶ Poor Design과 Better Design에서의 헤지테이션

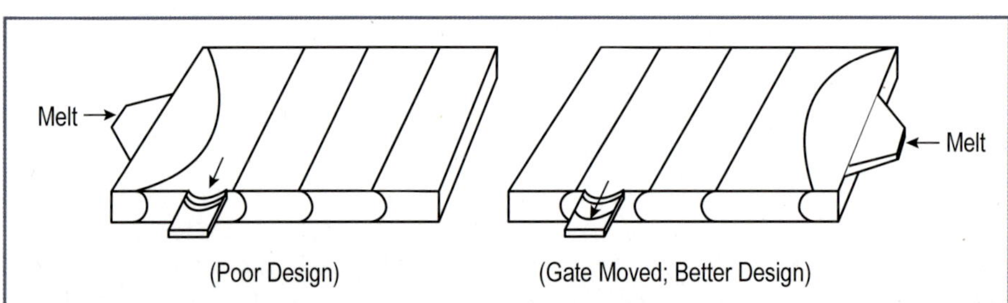

– 성형(Molding)

충전 공정(Filling) : 금형 캐비티 내에 수지를 채우는 공정이다.

보압 공정(Holding) : 캐비티 내에 수지를 충전한 후 냉각과정에서 발생하는 수축을 방지히고 제품의 응력이나 치수변화를 방지하기 위해 캐비티 내에 압력을 가하는 공정이다.

냉각/계량(Cooling & Charging) : 충전과 보압공정이 끝나고 성형품의 냉각과정 중 계량동작이 동시 진행한다. 사출 온도 및 패킹 압력을 증가시킨다.

- **계량** : 사출 완료 후 다음 사이클의 사출을 위해 스크류 회전으로 수지를 가소화하여 스크류 선단으로 이송함으로써 스크류가 뒤로 밀리는 동작을 계량이라고 함
- **배압제어**(back pressure) : 가소화된 수지를 스크류 선단으로 이송하는 과정 중 수지에 일정 압력을 가하는 것으로 혼련, 가스벤팅 효과를 높이기 위한 것임
- **형체력**(Mold Clamping Force) : 금형을 체결하는 힘의 최대 능력을 나타내고, 재료 내압에 의한 금형 벌어짐에 대응하는 힘이며 ton 등으로 표시 · 금형의 중량은 형체력의 1% 이내로 함(사출기를 대표하는 기준수치)

3.9.4 미충전(Short shot)

(1) 미충전의 물리적 현상

미충전은 불충분한 양의 재료가 금형에 사출되었기 때문에 발생하는, 완전히 충전되지 않은 제품을 말한다. 이는 잡힌 공기, 불충분한 사출성형기 압력, 높은 유동저항과 제한된 유동길의 결과로 너무 이른 용융 수지의 고화, 그리고 사출성형기의 결함 등에 의해 발생될 수 있다.

미충전의 원인을 정확히 알 때 이에 대한 적절한 해결책을 찾을 수 있다. 어떤 경우에는 충전 패턴을 가시화하거나 결정하기 위해 고의적으로 미충전을 생성시킬 수도 있다. 그러나 문제가 되는 미충전은 전체 캐비티를 다 채울 수 없을 때 발생된다. 이 미충전은 대부분 흔히 얇은 부분이나 가장자리에서 생긴다. 이론적으로는 용융수지의 흐름에 저항을 높이거나 캐비티 안으로 충분한 재료의 주입을 방해하는 어떠한 요인도 미충전을 발생시킬 수 있다.

이들 요인에는 다음과 같은 것이 있다.

- 게이트, 러너 및 얇은 부분 등과 같이 불충분한 크기에 제한적인 흐름이 있는 부분
- 낮은 사출 온도 또는 금형 온도
- 캐비티 내부의 잡힌 공기를 빼어내기에 불충분한 벤트
- 빈 호퍼(Hopper) 또는 막힌 이송 구멍(Blocked feed throat)
- 불충분한 사출 압력, 사출 부피 및 램 속도
- 사출 압력의 손실 또는 사출 부피의 누출(Leakage)을 방지하는 체크 밸브(Non-return or check valve)의 마모. 헤지테이션, 나쁜 충전 패턴 또는 너무 긴 충전 시간에 의한 용융 수지의 너무 이른 고화

(2) 설계지침

수지 업체 및 설계지침서에서 추천하는 면벽 두께, 게이트 및 러너 치수 그리고 공정 온도를 사용한다.

용융 수지에 의해 밀려가는 공기가 빠져나가는 것을 돕기 위해 일반적으로 마지막에 충전되는 부분과 같은 적절한 위치에 벤트를 설치한다.

헤지테이션을 피하기 위해 항상 얇은 부분보다는 두꺼운 부분을 먼저 충전한다.

(2) 해결책(Remedies)

– 제품 설계(Part Design)

사출된 용융 수지의 흐름을 용이하게 하기 위하여 유동 리더(Flow leader)로서 어떤 부분의 두께를 전략적으로 증가시킨다.

– 금형 설계(Mold Design)

게이트의 개수 또는 크기를 증가시킨다. 러너 시스템의 크기를 증가시킨다. 만약 미충전의 원인이 벤트가 불충분한 것이라면 벤트의 크기와 개수를 증가시킨다. 더 균형 잡힌 충전 패턴을 유지하기 위해 딜리버리 시스템(스프루, 러너 및 게이트)을 변경한다.

– 성형(Molding)

사출 압력을 증가시킨다. 성형기의 용량을 넘어서지 않는다. 일반적으로 운전 사출 압력은 성형기의 유압 시스템(Machine's hydraulic system)에 우연한 충격을 피하기 위해 최대 사출 압력의 70%~85% 정도를 한계로 해야 한다.

더 많은 마찰열을 발생시켜 점도를 낮추기 위해 사출 속도를 증가시킨다. 사출 부피를 증가시킨다. 충분한 재료 공급을 위해 호퍼 또는 막힌 이송 구멍(Clogged feed throat)을 점검한다. 사출 압력의 손실 또는 사출 부피의 누출을 방지하는 체크 밸브와 배럴의 과도한 마모(Wear)를 조사한다.

배럴 온도를 증가시킨다. 과도하게 높은 온도에서 너무 오랫동안 노출됨으로써 발생하는 재료의 성능 저하(Material degradation)를 피하도록 조심한다. 금형 온도를 증가시킨다.

3.9.5 웰드 및 멜드 라인(Weld Lines and Meld Lines)

(1) 웰드 및 멜드 라인의 물리적 현상

웰드 라인[웰드 마크(Weld mark) 또는 니트 라인(Knit line)이라고도 불림]은 서로 떨어져 있는 유동 선단이 반대방향에서 이동하다가 서로 만날 때 형성된다.

멜드 라인(Meld line)은 두 개의 합쳐지고 있는 유동 선단이 평행하게 흐르면서 그들 사이에 결합이 일어날 때 형성된다. 웰드 및 멜드 라인의 형성은 제품의 구멍(Hole)이나 인서트(Insert), 다점 게이트 시스템 또는 헤지테이션이나 레이스 트랙킹이 일어나는, 변하는 두께에 의해 일어날 수 있다. 웰드 및 멜드 라인은 게이트의 위치와 크기를 조정하여 낮은 응력(Low-stress)이 발생하는 곳과 잘 안 보이는 곳(Low-visibility)에 위치시켜야 한다. 웰드 및 멜드 라인의 강도(Strength)는 그곳의 국부적인 온도와 압력을 증가시킴으로써 향상시킬 수 있다.

대략적으로 말해서 웰드 라인과 멜드 라인을 구별하기 위해 만나는 각도(Meeting angle)를 사용할 수 있다. 각도 θ가 135°보다 적으면 웰드 라인, 135°보다 크면 멜드 라인이라고 한다. 웰드 라인의 표면 표시는 만나는 각도가 120~ 150°정도에 도달하면 사라진다. 일반적으로 웰드 라인이 형성된 후 웰드 라인을 통해 상대적으로 더 적은 분자 확산(Molecular diffusion)이 일어나기 때문에 웰드 라인은 멜드 라인보다 품질을 더 저하시킬 것이라고 생각된다.

▶ 웰드 및 멜드 라인

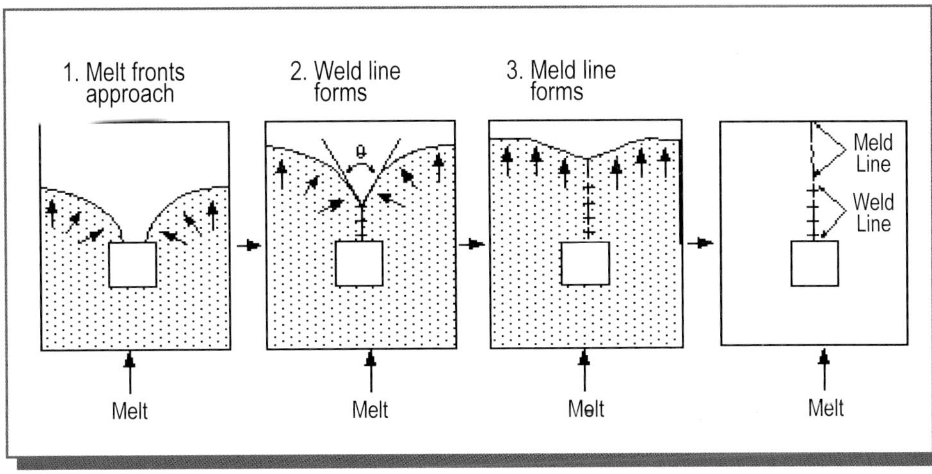

웰드 라인은 제품의 강도와 외관(Surface appearance)이 주요한 관심일 때 일반적으로 바람직하지 않다. 이는 섬유 보강 수지(Fiber-reinforced material)에 대해서는 섬유가 웰드 라인을 연결시키지 못하고 웰드 라인에 대해 평행하게 배향되기 때문에 더욱 그렇다.

웰드 라인의 정확한 강도는 서로를 결합시키는 유동 선단의 성능(Ability)에 좌우된다. 웰드 라인 부근의 강도는 일반적인 순수 수지의 10~90% 정도다. 이렇게 넓은 범위가 가능하기 때문에 더 나은 웰드 라인 수준을 대한 조건은 매우 중요하다.

- 높은 사출 압력과 속도
- 높은 사출 온도 및 금형 온도
- 게이트에 더 가까운 곳에서 웰드 라인의 형성
- 두 개의 합쳐지는 유동 선단의 온도 차이가 10℃ 이하

▶ **웰드 라인에 평행한 섬유 분포**

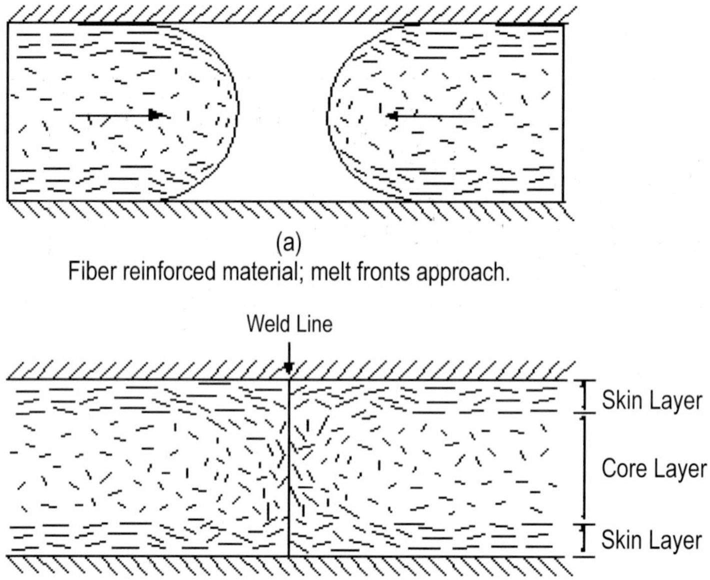

(a)
Fiber reinforced material; melt fronts approach.

(b)
Weld line formation in fiber-reinforced material.

만약에 웰드 라인이 충전이 끝나기 전에 형성되어 부과되는 패킹을 즉각적으로 받게 된다면 웰드 라인은 일반적으로 덜 보이고 더 강하게 된다. 복잡한 제품 형상에 대하여 금형 설계 변화에 따른 유동 모사는 웰드 및 멜드 라인의 위치와 온도 차이를 예측하는 데 도움이 된다.

(2) 설계지침

게이트의 위치 및 크기를 조정하거나 제품의 두께 비율을 줄임으로써 낮은 응력과 잘 보이지 않는 부분에 웰드 라인과 멜드 라인이 위치하도록 한다.

웰드 라인의 위치는 딜리버리 시스템을 변경함으로써 향상시킬 수 있다.

▶ 설계 지침

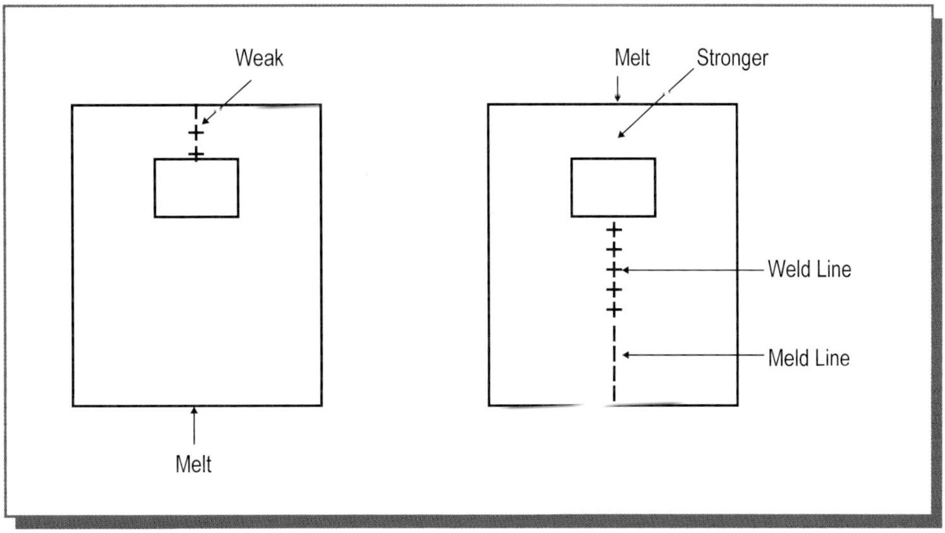

(3) 해결책

– 제품 설계(Part Design)

압력 전달이 용이하고 더 높은 용융 수지 온도를 유지하기 위해 두께를 증가시킨다.

– 금형 설계(Mold Design)

게이트 또는 러너의 크기를 증가시킨다.

웰드 및 멜드 라인의 강도를 더욱 약화시키는 잡힌 공기를 제거하기 위해 웰드 및 멜드 라인 부분에 벤트를 설치한다.

– 성형(Molding)

사출 온도, 사출 속도, 또는 사출 압력을 증가시킨다.

3.9.6 싱크 마크 및 보이드(Sink Marks and Voids)

(1) 싱크 마크 및 보이드의 물리적 현상

싱크 마크(Sink mark)는 두꺼운 부분 또는 리브(Rib), 보스(Boss) 및 내부 필렛(Internal fillet) 위에서 일반적으로 일어나는 국부적인 표면 함몰(Surface depression)이다. 보이드(Void)는 코어(Core)에서의 진공 버블(Vacuum bubble)이다. 싱크 마크와 보이드는 냉각될 때 충분한 보상(Compensation) 없이 두꺼운 부분에서의 국부적인 수축에 의해 야기된다. 이들은 적절한 제품 두께 설계 및 공정 조건에 의해 제거될 수 있다.

바깥쪽에서 재료가 냉각되어 고화된 후 내부 재료가 냉각되기 시작한다. 이때 수축은 벽면의 수지를 안쪽으로 끌어당겨 싱크 마크를 일으킨다. 공업 수지(Engineering resin)에서처럼 표면(Skin)이 충분히 단단하다면 표면의 변형(Deformation)은 내부에 보이드(Void or Vacuum bubble) 형성으로 대체될 수도 있다.

싱크 마크 또는 보이드는 불충분한 재료, 낮은 사출 압력, 짧은 보압 시간 및 냉각 시간, 높은 사출 온도 또는 금형 온도, 낮은 보압, 국부적인 형상 특징 등에 의해 발생될 수 있다.

▶ 싱크 마크와 보이드의 발생

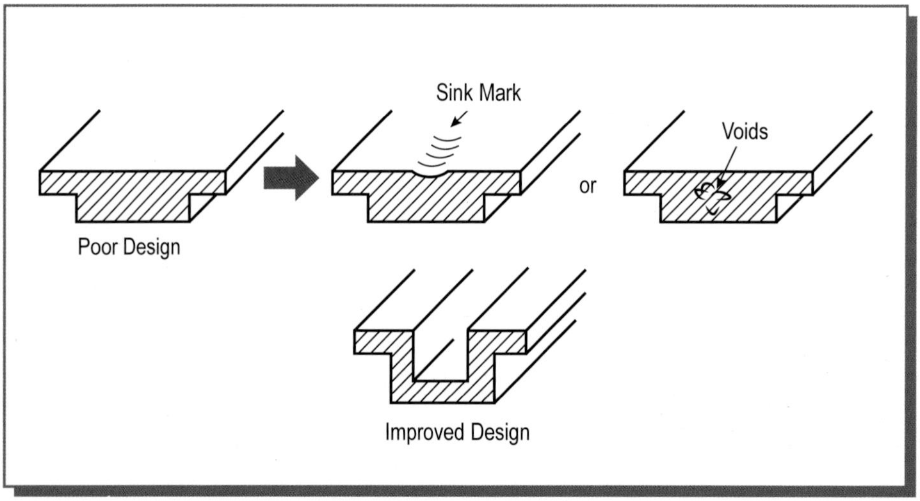

(2) 설계지침

설계상 두께(Nominal wall thickness)가 가능하면 균일해야 한다. 리브 또는 거싯(Gusset)의 두께는 밑면 두께(Base wall thickness)의 50~80% 정도가 되어야 한다. 보스(Boss)도 역시 이와 비슷한 방법으로 설계되어야 한다.

너무 작은 게이트나 러너의 사용을 피한다. 불충분한 게이트 및 러너의 크기는 게이트에서 너무 이른 고화를 일으킬 수 있는데, 이는 캐비티의 완전한 패킹을 방해한다. 더 얇은 부분이 고화되기 전에 두꺼운 부분을 패킹할 수 있도록 먼저 충전한다.

싱크 마크는 대부분 항상 다리(Leg)나 리브와 연결된 부분과 같이 표면에 도출(Extrusion)된 부분에서 일어난다. 이는 불균형 열 제거(Unbalanced heat removal) 또는 이와 비슷한 요인들 때문이다. 싱크 마크는 싱크 마크가 발생되는 부분에 톱니 모양(Serration)과 같은 설계 특성(Design feature)을 더함으로써 숨길 수 있다.

▶ 리브, 보스 및 거싯에 대한 추천 수치

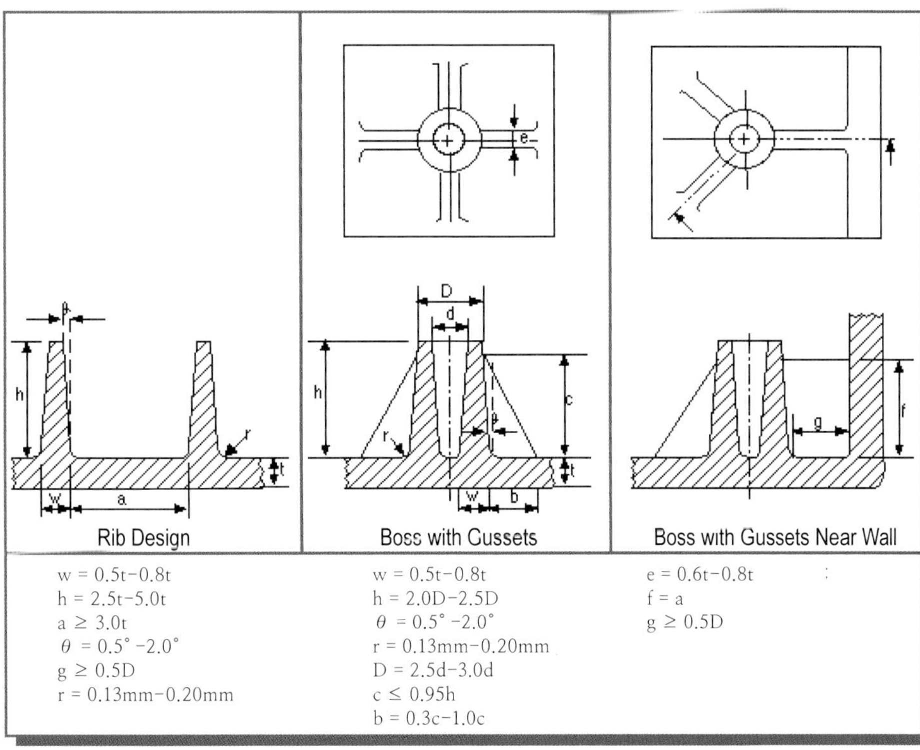

Rib Design	Boss with Cussets	Boss with Gussets Near Wall
w = 0.5t-0.8t	w = 0.5t-0.8t	e = 0.6t-0.8t
h = 2.5t-5.0t	h = 2.0D-2.5D	f = a
a ≥ 3.0t	θ = 0.5°-2.0°	g ≥ 0.5D
θ = 0.5°-2.0°	r = 0.13mm-0.20mm	
g ≥ 0.5D	D = 2.5d-3.0d	
r = 0.13mm-0.20mm	c ≤ 0.95h	
	b = 0.3c-1.0c	

▶ **싱크 마크를 피할 수 있는 리브 또는 톱니 모양의 설계**

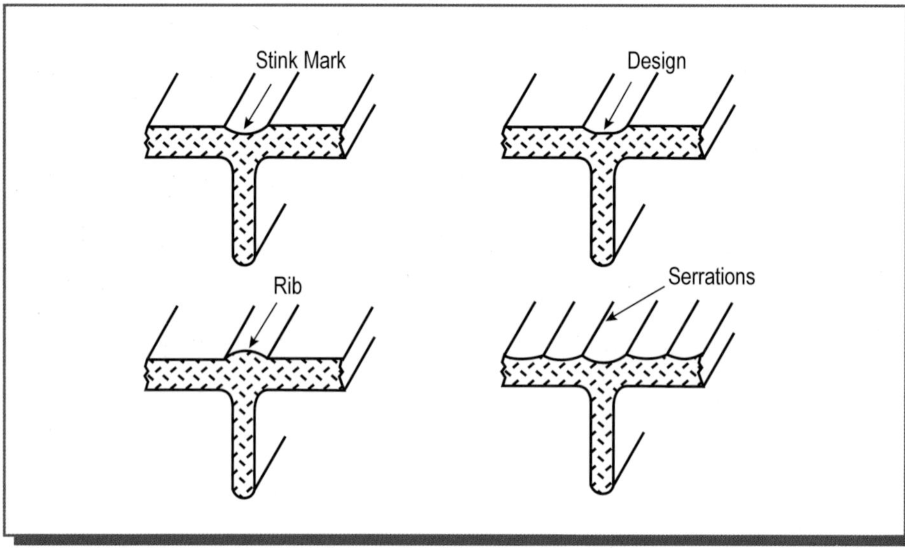

(3) 해결책

– 제품 설계(Part Design)

제품 두께의 설계를 변경한다.

– 금형 설계(Mold Design)

게이트 고화 시간을 늦춰 더 많은 수지로 캐비티를 보상하기 위해 게이트 및 러너의 크기를 증가시킨다.

벤트의 수를 더하거나 벤트의 크기를 확장한다.

두꺼운 부분으로 게이트 위치를 이동시킨다.

– 성형(Molding)

사출 스트로크(Stroke) 마지막 부분에 쿠션(Cushion)을 증가시킨다. 약 3mm 정도의 쿠션을 유지한다.

사출 압력과 패킹 시간을 증가시킨다.

스크류 전진 시간(Screw forward time)을 증가시키고 사출 속도를 줄인다.

사출 온도와 금형 온도를 낮춘다.

냉각 시간을 증가시킨다.

가능한 재료 누출을 방지하기 위해 체크 밸브를 점검한다.

자동차 기술은 …

최고를 지향하지 않고 **최적(to optimize)을 추구하는 기술**입니다.

제 4 장

자동차 기술은 …

경험의 기술입니다.

제 4 장 플라스틱 제품설계 TECHNICAL MANUAL

4.1 플라스틱 금형 설계

4.1.1 러너(RUNNER) 설계

러너 시스템은 용융 수지의 흐름을 스프루에서 금형 캐비티에 이르게 한다. 러너 시스템을 통하여 용융 수지를 밀어주려면 압력이 부가적으로 더 필요해진다. 더욱이 재료가 러너를 통해서 흐르는 동안 용융 수지 안에서 발생된 전단열(Shear heat) 및 마찰열(Frictional heat)은 용융 수지의 온도를 적절한 공정 범위까지 증가시킨다.

비록 주어진 제품 및 금형 설계에 대하여 적절한 크기의 러너가 빠른 보상(Pay-off)을 하지만, 기본적인 원리들이 널리 알려지지 않았기 때문에 간과된다. 큰 러너는 비교적 낮은 압력 조건에서도 수지의 유동을 쉽게 하지만, 더 긴 냉각시간(Cooling time), 더 많은 재료의 소비 및 스크랩(Scrap), 더 큰 체결력(Clamping force)을 필요로 한다.

가장 작게 적절한 러너 시스템을 설계하면 재료의 사용과 성형 동안 에너지의 소비 효율을 최대로 만들 수 있다. 그러나 동시에 러너의 크기를 줄이는 것은 사출성형기의 사출 압력 용량에 제한을 받는다.

CAE에 의한 러너 균형잡기(Runner balancing)는 적절한 압력 강하(Pressure drop)에 적절한 유량으로 용융 수지를 흘려 보내기 위한 최적 러너의 크기를 계산하는 데 훌륭한 도구다.

러너 시스템의 설계 목적은 다음과 같다.

- 캐비티의 개수 결정하기
- 캐비티까지 수지를 이동시키기
- 여러 캐비티(Multi-cavity)의 충전 균형 잡기
- 다점 게이트를 이용하는 캐비티의 충전 균형 잡기
- 스크랩을 최소화하기

- 쉽게 취출(Ejection)하기
- 에너지의 소비 효율을 극대화하기
- 충전/패킹/냉각 시간 제어하기

러너는 다른 단면(Cross section), 배치(Layout) 및 금형 온도 등을 설정할 수 있으며, 이에 대해 설명하고자 한다.

(1) 캐비티의 개수

캐비티의 개수는 가능한 생산 시간, 요구되는 제품 품질, 성형기의 사출량(Shot size) 및 가소화 용량(Plasticating capability), 성형품의 형태 및 크기, 사출 비용 등에 의해 좌우된다.

다음은 캐비티의 개수를 결정하기 위한 세 가지의 간단한 수식이다. 이 세 수식으로부터 유도되는 최솟값을 이용한다.

제품의 치수 공차(Tolerance)가 그렇게 중요하지 않고 다량의 성형품이 필요하다면 여러 캐비티의 금형이 좋다. 캐비티의 개수는 정해진 제품의 할당량(Iot)을 공급하는 데 가능한 시간[t_m], 각 할당량에 있어서 제품의 개수[L], 제품 한 세트를 생산하는 데 걸리는 사이클 시간[t_c], 불량품 인자(reject factor)[K] 등에 의해 좌우된다. 그 관계는 다음과 같다. 여기서 $K = \frac{1}{1 - reject\ rate}$ 이다.

$$\text{캐비티의 개수} = L \times K \times \frac{t_c}{t_m}$$

사출성형기의 사출 용량(Shot capability) 또한 캐비티의 개수를 결정하는 데 있어서 고려해야 하는 요인이다. 캐비티의 개수를 얻기 위해 사출 무게(Shot weight)[S]를 제품 무게[W]로 나눈 값으로서 사출성형기 용량의 80% 정도를 취한다. 그 관계는 다음과 같다.

$$\text{캐비티의 개수} = \frac{S}{W}$$

사출성형기의 사출 가소화 용량 또한 요인이다. 성형기의 가소화 용량[P]을 예측된 분당 사출수[X]와 제품 무게[W]로 나눈다. 그 관계는 다음과 같다.

$$\text{캐비티이 개수} = \frac{P}{X \times W}$$

캐비티의 개수는 이 세 수식으로부터 유도되는 결과의 최솟값이다.

(2) 러너의 배치

여러 캐비티 시스템에 일반적으로 사용되는 세 가지 기본적인 러너 시스템의 배치에는 표준 러너 시스템(Standard or herringbone runner system), H형 다리 러너 시스템("H" bridge or branching runner system), 그리고 방사형 러너 시스템(Radial or star runner system)이 있다. 자연스럽게 균형 잡힌 러너는 스프루에서 모든 캐비티까지 동일한 거리와 크기를 갖게 되어 동일한 조건하에 각 캐비티를 충전하게 된다. 비록 표준 러너 시스템은 본질적으로 불균형을 이루지만, 최소한의 러너 부피와 가공 비용을 가지고 자연스럽게 균형 잡힌 시스템보다 더 많은 캐비티를 수용할 수 있다. 불균형 러너 시스템은 러너의 길이와 크기를 바꿈으로써 인위적으로 균형을 잡을 수 있다. 러너의 균형 잡기는 CAE 러너 균형 잡기 해석을 통해 자동적으로 이룰 수도 있다.

▶ **기본적인 러너 시스템 배치**

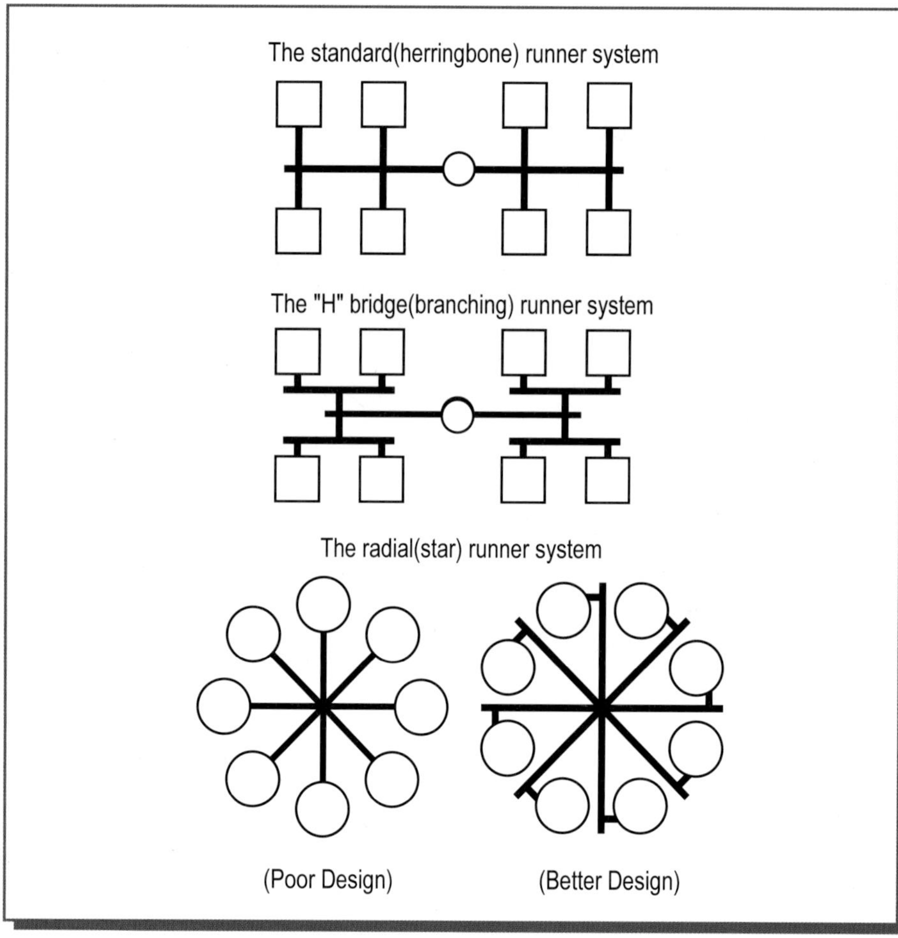

(3) 스프루의 치수

스프루의 치수는 기본적으로 성형품의 치수, 특히 두께에 좌우된다. 다음과 같이 고려해야 하는 기본적인 지침이 몇 가지 있다.

- 패킹 압력(Holding/Packing pressure)을 충분히 전달하기 위해서 스프루는 다른 어떤 부분보다 먼저 완전히 고화되어서는 안 된다.
- 스프루는 쉽고 확실하게 분리(De-mold)되어야 한다.

(4) 러너의 단면

흔히 사용되는 러너의 단면에는 원형 러너(Full-round runner), 사다리꼴 러너(Trapezoidal runner), 수정된 사다리꼴(Modified trapezoidal runner; 원형과 사다리꼴 러너의 조합), 반원형 러너(Half-round runner), 그리고 사각형 러너(Rectangular runner)가 있다.

처음 세 가지의 러너 단면 설계가 일반적으로 추천된다. 원형 러너가 부피-표면적 비(Volume-to-surface ratio)가 최대이므로 압력 강하와 열 손실(Heat loss)이 가장 적다. 그러나 금형이 닫혔을 때 두 개의 반원이 잘 맞도록 금형 양쪽 모두를 가공해야 하기 때문에 가공 비용이 일반적으로 가장 높다.

사다리꼴 러너 또한 역할을 잘 하며, 금형의 한쪽 면만 설계하여 가공하면 된다. 원형 러너가 적절하게 놓이기 힘든 삼단 금형(Three-plate mold)에서 흔히 사용된다. 금형 슬라이딩(Sliding action)에 방해가 되는 금형의 형분할선(Parting line)에서 사용된다.

▶ **흔히 사용되는 러너의 단면**

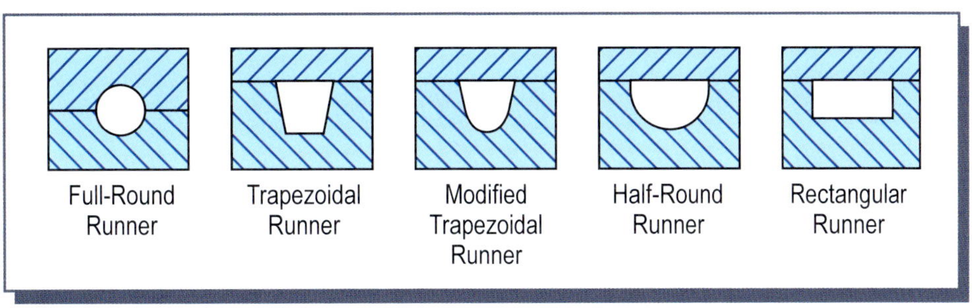

시스템을 최적화하기 위해 CAE를 이용하여 러너 지름을 더 정밀하게 정한다. 다음은 러너 치수 설계를 위한 수식이다.

$$D = (W^{\frac{1}{2}} \times W^{\frac{1}{4}})/3.7$$

여기서 D = runner diameter(mm)
W = part weight(g)
L = runner length(mm)

설계상 두께(Nominal thickness)가 3mm, 러너 길이가 200mm인 300g의 ABS 제품에 대한 러너의 지름은 얼마로 해야 할까?

y축에서 300g인 점을 취하고 수평선을 그어 두께가 3mm와 만나는 점을 찾아 그 점에서 수직선을 그으면 x축과 만나는 점이 5.8mm이다. 이것이 기준 지름(Reference diameter)이다.

y축에서 200mm 되는 점을 취하여 그 점에서 수평선을 그어 곡선과 만나는 점을 찾고 그 점에서 수직선을 그으면 x축과 만나는 점이 1.29이다. 이것이 길이 계수(Length coefficient)이다.

마지막으로 러너 지름은 5.8mm와 1.29를 곱하여 7.5mm로 계산할 수 있다.

▶ PS, ABS, SAN 재료에 대한 러너 지름 그래프

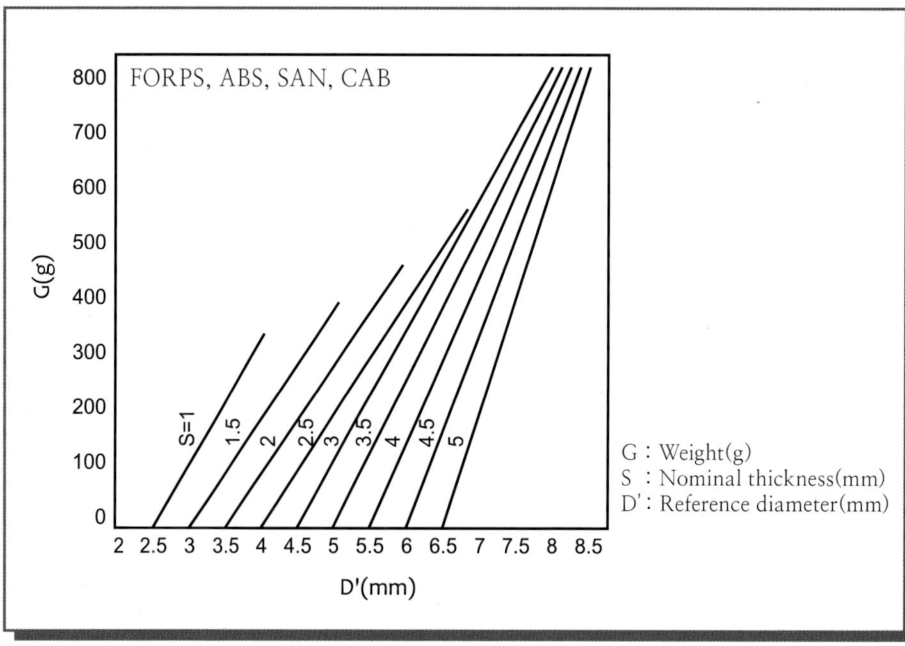

▶ PE, PP, PA, PC, ROM 재료에 대한 러너 지름 그래프

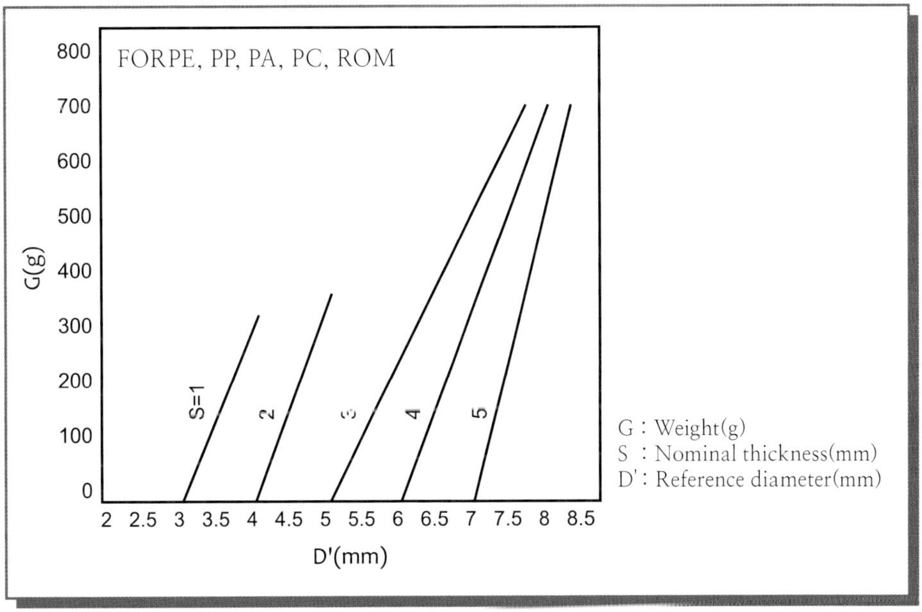

▶ 러너 길이와 지름에 대한 길이 계수의 효과

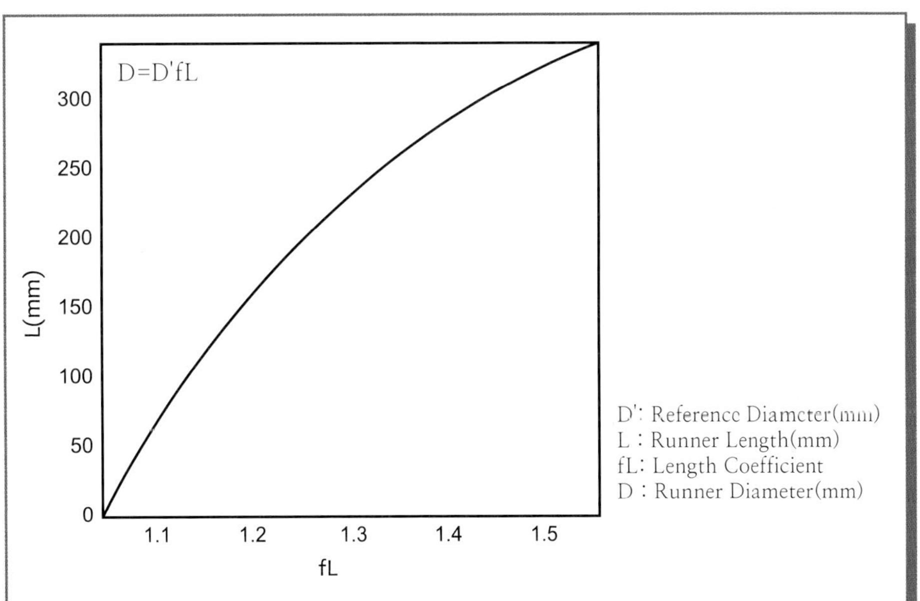

▶ 다른 재료가 첨가되지 않은 일반적인 재료에 대한 일반적인 러너 지름

수 지	지름(mm)	수 지	지름(mm)
ABS, SAN	4.8 ~ 9.6	Polyester (thermoplastic)	3.2 ~ 8.0
Acetal	3.2 ~ 9.6		
Acetate	4.8 ~ 11.2	Polyethylene	1.6 ~ 9.6
Acrylic	8.0 ~ 9.6	Polyamide	4.8 ~ 9.6
Butyrate	4.8 ~ 9.6	Polyphenylene Oxide	6.4 ~ 9.6
Fluorocarbon	4.8 ~ 9.6		
Impact Acrylic	8.0 ~ 12.8	Polypropylene	4.8 ~ 9.6
Ionomers	2.4 ~ 9.6	Polystyrene	3.2 ~ 9.6
Nylon	1.6 ~ 9.6	Polysulfone	6.4 ~ 9.6
Phenylene	6.4 ~ 9.6	Polyvinyl (plasticized)	3.2 ~ 9.6
Phenylene Sulfide	6.4 ~ 12.8		
Polyallomer	4.8 ~ 9.6	PVC Rigid	6.4 ~ 16.0
Polycarbonate	4.8 ~ 9.6	Polyurethane	6.4 ~ 8.0

(5) 핫 러너 시스템(Hot Runner System)

이상적인 사출 성형 시스템은 균일한 밀도(Density)를 가지고 모든 러너, 플래쉬 및 게이트 토막(Gate stub)이 없이 성형 제품을 제공한다. 콜드 러너 시스템(Cold runner system)과 대비하여 핫 러너 시스템(Hot runner system)을 이용한다. 핫 러너에서 재료는 용융 상태(Molten state)로 유지되고 성형 제품과 함께 취출되지 않는다.

핫 러너 시스템은 또한 핫 매니폴드 시스템(Hot-manifold system) 또는 러너 없는 성형(Runnerless molding)이라고도 불린다.

핫 러너 시스템에는 단열 러너 시스템(Insulated runner systems)과 가열 러너 시스템(Heated runner systems)의 두 가지 종류가 있다.

단열 러너 시스템은 금형 판에 형성된 큰 통로(Passage)를 갖는다. 이 통로는 공정 조건하에서 매 사출에서 제공되는 열과 함께 플라스틱의 단열 효과(러너 벽면에서의 고화에 의한)와 용융 수지의 흐름길을 계속 유지하기에 충분한 크기를 가져야 한다.

가열 러너 시스템은 나아가 내부적인 가열(Internally heated)과 외부적인 가열(Externally heated)의 두 가지 설계가 있다.

첫 번째는 통로에 위치한 프로브(Probe) 또는 어뢰 모양의 히터(Torpedo)에 의해 공급되는 열로 내부적으로 가열되는 원형의 유동 통로에 의해 특징 지워진다. 이 시스템은 금형의 나머지 부분에 열전달(Heat transfer), 즉 열손실을 줄여 수지의 단열 효과에 대한 장점이 있다.

두 번째는 내부 흐름 통로와 함께 카트리지 형태로 가열되는 매니폴드(Cartridge-heated manifold)로 구성되어 있다. 이 매니폴드는 금형의 나머지 부분으로부터 열을 분리시키기 위해 다양한 단열 특징으로 설계되어 열손실 줄인다.

세 가지 핫 러너 시스템의 장점과 단점은 표와 같으며, 그 구조는 그림과 같다.

▶ 흔히 사용되는 핫 러너 시스템의 장점과 단점

종류	장점	단점
단열 핫 러너 시스템	• 덜 복잡한 설계 • 적은 가공 비용	• 게이트에서 바람직하지 않는 고화(Freeze-up) • 용융 상태를 유지하기 위해 빠른 사이클이 요구됨 • 용융 수지 온도를 안정화시키는데 많은 시간(Long start-up period)이 필요함 • 균일한 금형 충진에 문제
내부적으로 가열되는 핫 러너 시스템	• 열 분포도를 증가	• 고비용과 복잡한 설계 • 조심스러운 균형 잡기와 복잡한 열 제어의 필요 • 다양한 금형 요소의 열 팽창을 고려해야 함
외부적으로 가열되는 핫 러너 시스템	• 열 분포도를 증가 • 더 나은 온도 제어	• 고비용과 복잡한 설계 • 다양한 금형 요소의 열 팽창을 고려

▶ 흔히 사용되는 핫 러너 시스템

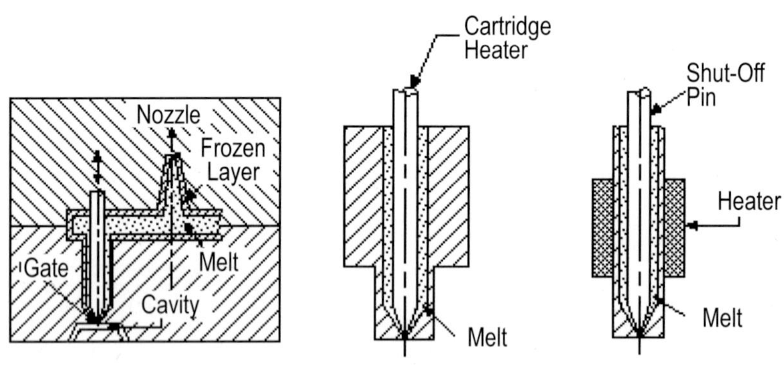

(a) 단열 핫 러너 시스템　(b) 내부적으로 가열되는 핫 러너 시스템　(c) 외부적으로 가열되는 핫 러너 시스템

(6) 러너 균형 잡기(Runner Balancing)

캐비티 안으로의 균형 잡힌 유동은 고품질에 필수적이며,이는 러너의 크기와 길이를 조정함으로써 가능하다. 게이트의 크기를 바꾼다는 것은 가시적으로 균형 잡힌 충전을 가져다 줄지도 모른다. 그러나 그것은 게이트의 고화 시간(Freeze-off time)에 큰 영향을 주므로 제품의 균일성에 피해를 줄 수도 있다.

캐비티 안으로 흘러 들어가는 재료의 유동을 균형 잡기 위해서는 가능하면 언제나 자연스럽게 균형 잡힌 러너 시스템을 사용해야 한다. 만약 자연스럽게 균형 잡힌 러너 시스템이 불가능하다면 러너 시스템은 인위적으로 균형을 잡아야 한다. 인위적인 러너 시스템의 균형을 위해 CAE를 사용하면 시간과 비용을 줄일 수 있을 뿐 아니라 제품의 균일한 충전을 크게 향상시킬 것이다.

러너 시스템을 균형 잡기 위해서는 가까운 캐비티에 수지를 공급하는 러너의 지름을 줄여서 스프루에서 가장 멀리 떨어진 캐비티에 유동을 도와줘야 한다. 러너의 크기를 너무 많이 줄이면 너무 빨리 고화되어 미충전이 일어날 수도 있다. 증가되는 마찰 선난열(Frictional shear heat)이 유동에 대한 수지의 저항을 실제적으로 줄여 캐비티를 더 빨리 채우게 할 수도 있다.

표준 러너 지름이 아닌 경우에는 금형 가공 및 유지보수 비용이 증가할 수도 있음을 고려해야 한다.

한 재료에 대해 설계된 인위적으로 균형 잡힌 러너 시스템은 다른 재료에 대해서는 균형이 맞지 않는 경우가 있다. 더욱이 인위적으로 균형 잡힌 러너 시스템은 더 엄격한 공정 제어를 필요로 한다. 공정 제어에 있어서 작은 변화가 금형의 충전 패턴을 바꿔 지속적인 불균형 충전을 일으킬 수 있다. 예를 들어 만약 다양한 사출 속도(Injection rate)를 가지고 표준 러너 시스템을 사용한다면 다양한 충전 패턴이 결과로 나올 것이다.

일반적으로 말하면 빠른 사출 속도는 스프루에 가까이 있는 제품을 먼저 충전하는데 반해, 늦은 사출 속도는 러너로 더 멀리 있는 제품을 먼저 충전할 것이다. 그 이유는 다음과 같다. 늦은 사출 속도에서 용융 수지는 처음 만나는 제한된 게이트에서

머무르려는 경향이 있다. 수지는 나머지 러너 시스템을 채우기 위해 움직인다. 모든 러너가 충전될 때까지는 앞에 있는 게이트가 뒤에 있는 게이트보다 용융 수지가 더 빨리 고화(Solidification)되기 때문에 훨씬 흐름에 대한 저항이 크다. 변하는 사출 속도(Injection speed)는 이 두 극단적인 예 사이의 충전 패턴을 나타낼 것이다.

러너 설계의 마지막 단계에서 CAE 해석은 유량과 적절한 공정 창(Process window)에 대한 설계 민감도(Sensitivity)를 규정하는 데 도움을 준다.

▶ **불균형 러너 시스템에서 다양한 사출 속도로 인한 충전 패턴**

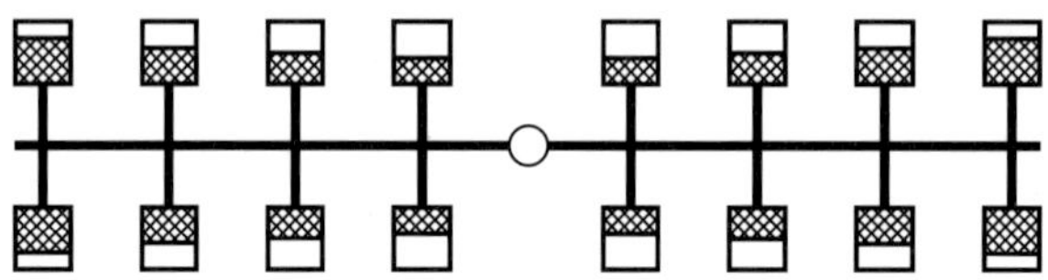
Slow Injection Rate, farthest parts fill first

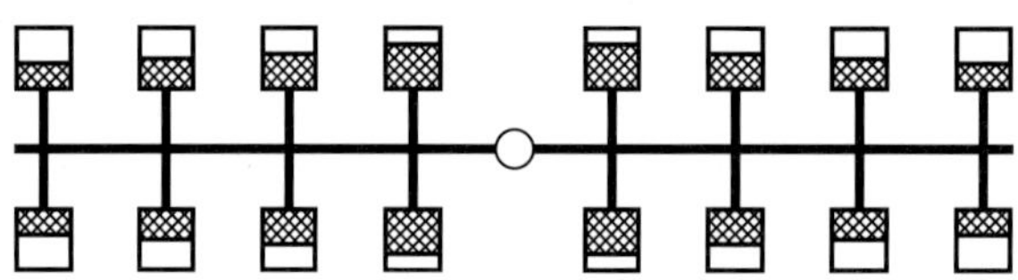
Fast Injection Rate, closest parts fill first

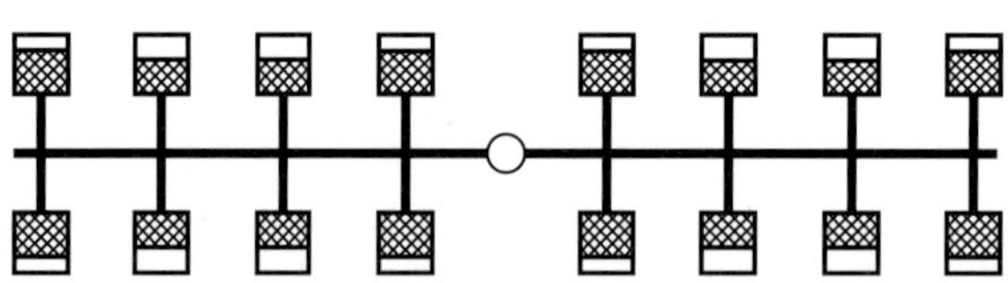
As close to balance as the process can get

(7) 설계 지침

캐비티가 빨리 충전될 수 있도록 러너를 설계해야 한다.

러너는 쉽게 취출되고 성형품으로부터 쉽게 분리되도록 설계되어야 한다.

여러 캐비티 시스템에 대해서 가장 균일하고 가장 좋은 제품을 얻기 위해 균형 잡힌 러너 배치가 좋다. 러너는 자연적으로나 인위적으로 균형 잡을 수 있다.

러너 균형 잡기는 러너의 크기 및 길이를 변화시킴으로 가능하다. 게이트의 치수를 변화시키는 것은 겉으로 보기에 균형 잡힌 충전을 수행할지도 모른다. 그러나 이는 게이트 고화 시간에 큰 영향을 주어 제품의 균일성을 손상시킬 수 있다.

스크랩 부피를 최소화하고 점성 마찰열(Viscous/Frictional heating)을 발생시키려면 러너의 크기가 작은 것이 큰 것보다 더 좋다. 러너 시스템에서 발생되는 마찰열은 높은 배럴(Barrel) 온도를 이용하는 대신 용융 수지의 온도를 올리기 위한 효과적인 방법인데, 이는 재료의 물성 저하(Material degradation)를 일으킬 수도 있다.

게이드 부분으로 빠르고 변함 없는 재료의 유동이 이루어지려면 러너의 단면적은 스프루보다는 작아야 한다.

러너가 갈라질 때마다 갈라진 러너의 지름은 주 러너의 지름보다 작아야 한다. 그 이유는 더 적은 수지가 갈라진 러너로 흐르게 되며, 러너에서는 최소한의 재료를 사용하는 것이 경제적으로 바람직하기 때문이다.

가지의 개수(N)일 때 주 러너의 지름(d_{main})과 갈라진 러너의 지름(d_{branch}) 관계는 다음과 같다.

$$d_{main} = d_{branch} \times N^{1/3}$$

대부분의 재료에 대해 러너의 표면은 유동과 제품 취출이 용이하게 사상 가공(Polishing)되어야 한다.

확장된 러너 시스템(Extended runner system)에 대해서 여러 개의 스프루 풀러(Multiple sprue puller)와 여러 개의 취출 위치를 갖는 것이 바람직하다.

모든 러너가 만나는 곳에는 러너 시스템과 캐비티를 통한 재료의 유동을 돕기 위해 콜드 솔리드 슬러그 웰(Cold solid slug well)을 만들어야 한다. 웰의 길이는 보통 러너의 지름과 같게 한다.

콜드 러너의 지름을 선택할 때는 표준 머신 툴 커터 크기(Machine tool cutter size)에 바탕을 두어야 한다.

▶ 콜드 슬러그 웰

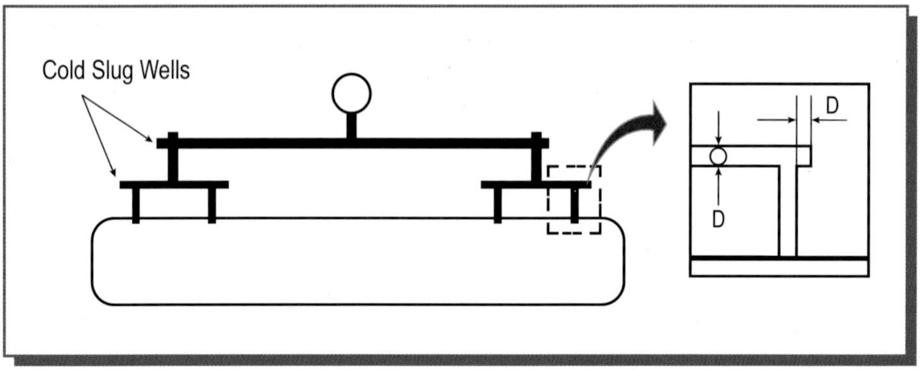

4.1.2 게이트(GATE) 설계

게이트는 용융 수지가 캐비티로 들어가는 작은 통로(Orifice)이다. 특정 응용에 대한 게이트 설계 시에는 게이트의 종류, 치수 및 위치를 선택해야 하는데, 이는 제품 및 금형 설계, 제품 규격[외관(Appearance), 공차, 진원도(Concentricity) 등], 성형될 재료의 종류, 충진제(Filler), 금형판의 종류, 경제적인 요소(가공 비용, 사이클 시간, 허용되는 스크랩 부피 등) 등에 의해 결정된다.

게이트 설계는 제품의 품질과 생산성에 관련되어 있어 매우 중요하다.

만약 다점 게이트를 사용할 필요가 없다면(용융 유동 거리가 실제적인 한계를 넘지 않는다면) 한점 게이트(Single gate)가 일반적으로 좋다. 다점 게이트는 항상 웰드 및 멜드 라인 문제를 일으킨다.

제품이 게이트로부터(또는 러너로부터) 쉽게 분리(De-gating)될 수 있도록 게이트의 단면은 일반적으로 러너 및 제품보다 작게 설계한다.

게이트의 두께는 일반적으로 제품 두께의 2/3 정도이다. 게이트에서 재료의 고화는 캐비티의 패킹이 끝남을 의미한다. 게이트 치수를 더 크게 하면 점도에 의한 마찰열을 줄이고, 속도를 느리게 하며, 캐비티에 사출된 재료의 밀도를 높이기 위해 높은 패킹 압력을 가할 수 있을 것이다.

만약 외관과 치수의 안정성(Dimensional stability)을 고려하기 위해 낮은 응력이 요구되는 경우라면 더 큰 치수의 게이트가 필요할 수도 있다. 빠르고 균일한 금형 충전이 보장되고 웰드 및 멜드 라인과 공기 벤트가 적절한 곳에 위치하도록 게이트 위치를 선택해야만 한다.

게이트는 힘을 받는 부근(Load-bearing area)으로부터 멀리 떨어진 곳에 위치해야 하는데, 유동 재료의 높은 용융 수지 압력과 속도로 게이트 부근에서 높은 응력이 발생하기 때문이다.

▶ **게이트의 치수**

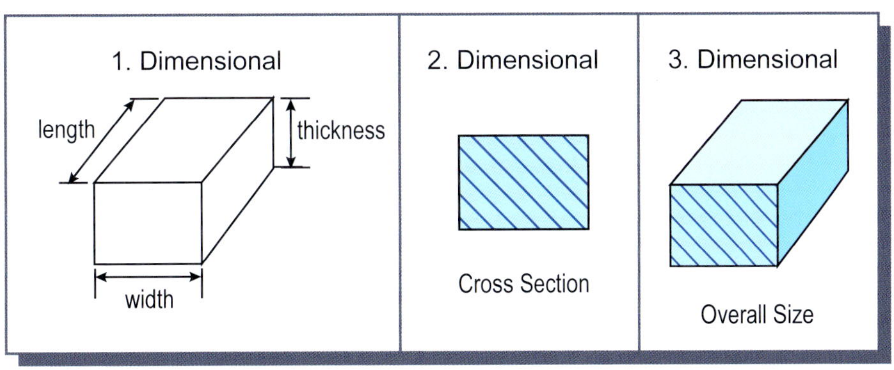

(1) 게이트의 종류

다양한 모양(Configuration)의 게이트가 있는데 이들은 분리방법에 따라 크게 수작업에 의해 분리되는 게이트와 자동으로 분리되는 게이트의 두 부류(Category)로 나눌 수 있다.

▶ 수작업에 의해 분리되는 게이트의 종류(계속)

모양	설명
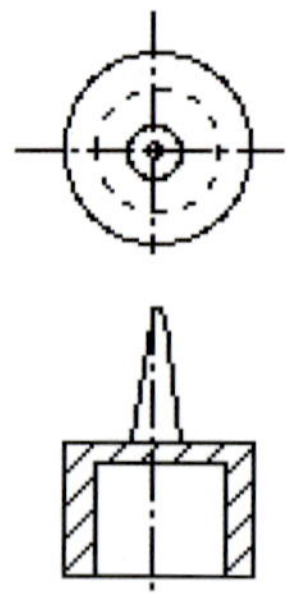 스프루 게이트 (Direct or Sprue Gate)	스프루 게이트는 하나의 캐비티를 가진 금형에 흔히 이용된다. 스프루는 최소 압력 강화로 신속하게 직접 캐비티에 용융 수지를 공급한다. 이 게이트를 사용하는 데 있어 단점은 스프루 또는 러너를 제거한 후 제품 표면에 게이트 표시(Gate mark)가 남는다는 것이다. 캐비티 진입 지점에서 스프루의 지름은 대략 그 지점에서 제품 두께의 두 배 정도 되어야만 한다. 일반적인 스프루의 크기는 1° 정도의 최소 테이퍼(Taper)를 가지며, 지름은 1.6~6.4mm, 길이는 1.6~12.7mm 정도의 범위다.
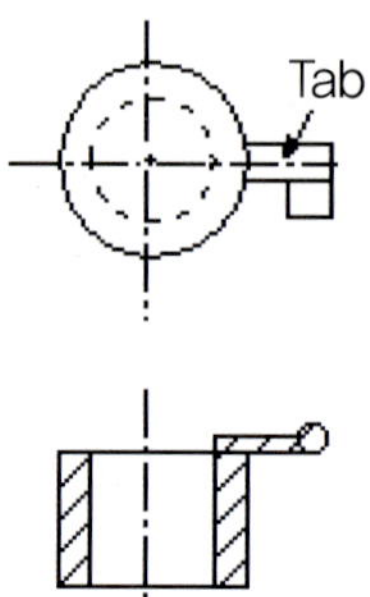 탭 게이트 (Tab Gate)	탭 게이트는 일반적으로 평평하고 얇은 제품에서 캐비티 내의 전단응력을 줄이기 위해 적용된다. 게이트 주위에 형성된 높은 전단응력은 보조 탭에 한정되며, 이 탭은 성형 후 분리된다. 탭 게이트는 PC, 아크릴(Acrylic), SAN 및 ABS와 같은 수지를 사출 성형할 때 광범위하게 이용된다. 최소 탭 너비는 6.4mm이다. 최소 탭 두께는 캐비티 깊이의 75% 정도다.
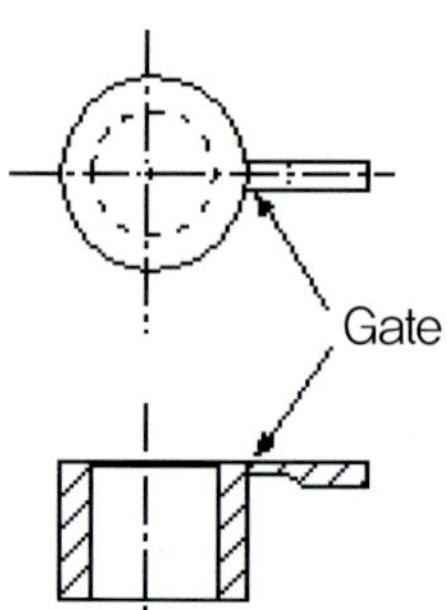 에지 게이트 (Edge or Standard Gate)	에지 게이트는 금형의 형분할선에 위치하며 일반적으로 제품의 측면, 위 또는 밑에서 제품을 충전한다. 일반적인 게이트의 크기는 두께 0.4~6.4mm, 너비 1.6~12.7mm 정도다.

▶ 수작업에 의해 분리되는 게이트의 종류(계속)

모양	설명
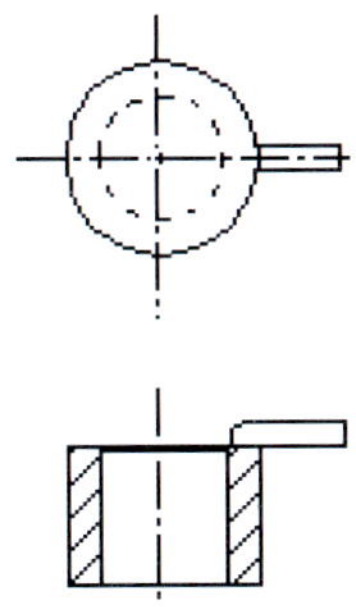 오버랩 게이드 (Overlap Gate)	오버랩 게이드는 게이드가 제품 벽면 또는 표면까지 겹치는 것을 제외하면 에지 게이트와 유사하다. 일반적인 게이트의 크기는 두께 0.4~6.4mm, 너비 1.6~12.7mm 정도다.
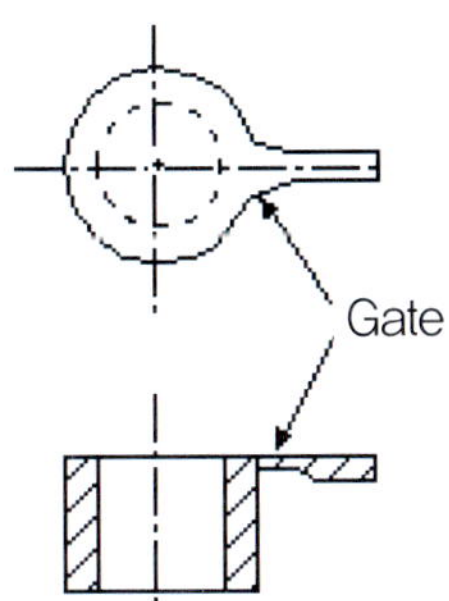 팬 게이트 (Fan Gate)	팬 게이트는 두께가 변하고 폭이 넓은 에지 게이트다. 이 게이트는 주입 넓이가 넓으므로 큰 제품 또는 취약한 금형 단면을 빨리 충전할 수 있게 한다. 또한 이 게이트는 변형과 치수 안정성이 주요한 문제가 되는 넓은 제품의 충전에서 균일한 유동 선단을 만들기 위해 사용된다. 일반적인 게이트의 크기는 두께 0.25~1.6mm 정도이고, 너비는 6.4mm에서 제품 길이의 25% 정도다.
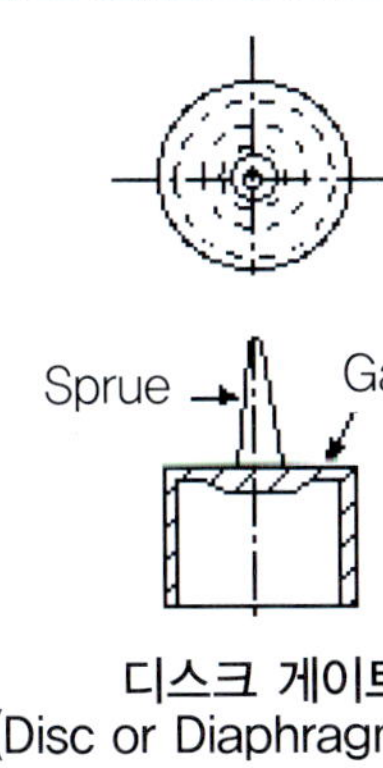 디스크 게이트 (Disc or Diaphragm Gate)	디스크 게이트는 종종 개방된 내측 지름을 가지는 원통형 또는 둥근 제품에 쓰인다. 이 게이트는 진원도가 중요한 치수이고 웰드 라인이 문제가 될 때 사용된다. 일반적인 게이트의 두께는 0.25~1.27 mm 정도다.

▶ 수작업에 의해 분리되는 게이트의 종류(계속)

모양	설명
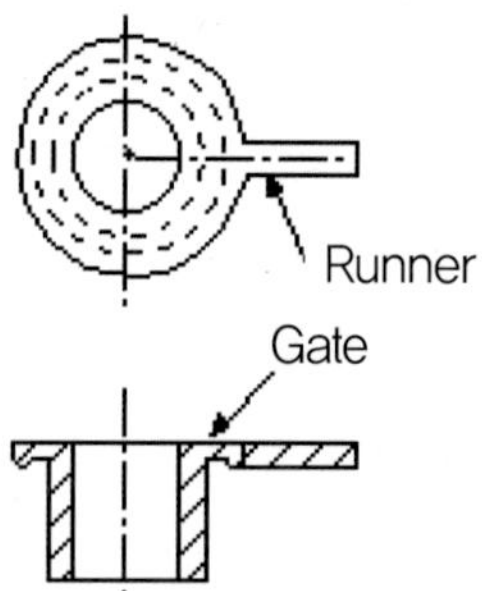 링 게이트 (Ring Gate)	링 게이트 또한 원통형 또는 둥근 제품에 사용된다(그다지 권장되지 않음). 이 게이트에서는 수지가 균일하게 한 방향으로 튜브 형상(Tube-like extrusion)의 금형 캐비티를 충전하기 전에 코어 주위로 자유롭게 흐른다. 일반적인 게이트의 두께는 0.25~1.6mm 정도다.
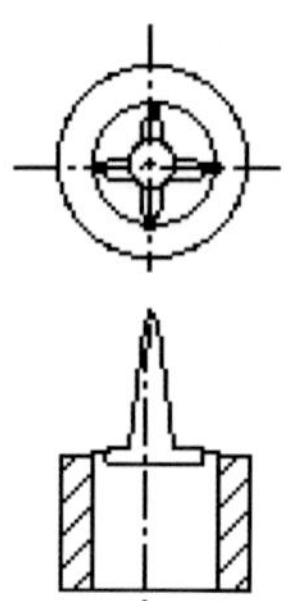 스포크 게이트 (Spoke or Spider Gate)	이와 같은 종류의 게이트를 사점 게이트(Four-point gate) 또는 크로스 게이트(cross gate)라고 한다. 이 게이트는 튜브 모양의 제품에 이용되어 분리를 쉽게 하고 수지 사용량을 줄인다. 단점은 웰드 라인과 진원도 문제가 생길 가능성이 있다는 것이다. 일반적인 게이트의 크기는 두께 0.8~4.8mm, 너비 1.6~6.4mm 정도다.
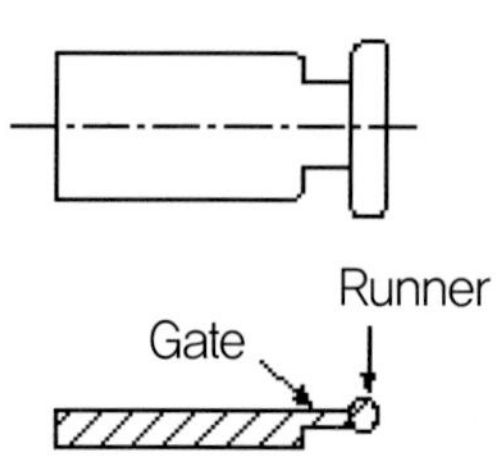 필름 게이트 (Film or Flash Gate)	필름 게이트는 링 게이트와 비슷하지만 곧은 부분의 끝(Straight edge)에 사용된다. 이 게이트는 곧은 러너와 캐비티 전체 또는 일부의 길이나 너비를 잇는 게이트 랜드(Gate land)로 이루어진다. 이 게이트는 아크릴에 사용되며, 주로 변형을 최소화해야 하는 큰 평판 설계에 이용된다. 게이트의 크기는 작으며 두께는 약 0.25~0.63mm 정도다. 랜드 부분은 작게 유지되야 하며 길이는 대략 0.63mm 정도다.

▶ 수작업에 의해 분리되는 게이트의 종류

모양	설명
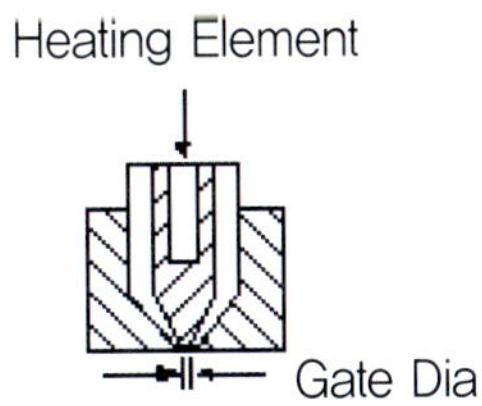 핫 프로브 게이트 (Hot-Probe Gate)	핫 프로브 게이트 또는 핫 러너 게이트는 일반적으로 러너가 없는 성형품을 얻기 위해 가열된 러너를 통해 캐비티로 재료를 바로 전달하기 위해서 사용된다.

▶ 자동으로 분리되는 게이트의 종류

모양	설명
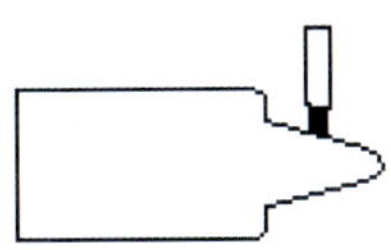 핀 게이트 (Pin or Pinpoint Gate)	핀 게이트는 일반적으로 심단 금형 또는 핫 러너 금형에서 게이트를 빨리 고화시키고 쉽게 분리하기 위해 사용된다. 러너는 금형이 열림에 따라 스트리퍼 판(Stripper plate)과 함께 자동으로 제품으로부터 분리된다. 일반적으로 게이트의 지름은 0.25~1.6mm 정도다.
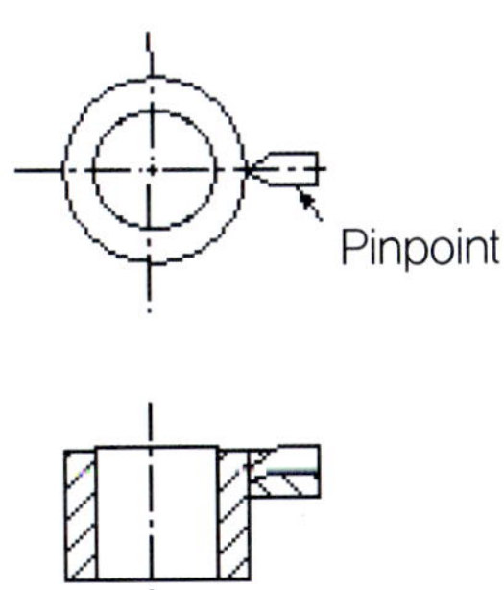 서브마린 게이트(Submarine. Tunnel or Chisel Gate)	서브마린 게이트는 이단 금형 또는 여러 캐비티 금형에 이용된다. 이 게이트는 형분할선 바로 밑에서 게이트 러너의 끝단에서 캐비티까지 테이퍼를 이룬 (각도진) 터널로 가공된다. 이 게이트에서는 취출 과정에서 자동으로 제품이 러너 시스템으로부터 분리된다. 일반적인 게이트의 지름은 0.25~2.0mm 정도다. 러너의 구형 측면까지 테이퍼를 이룬다.

(2) 게이트의 개수 및 위치

큰 사각 평판 제품에 대해 세 가지의 가능한 게이트 설계를 비교하는 예다. 각 게이트 설계에 대해 CAE 모사에서는 각각의 결과로 생기는 충전 패턴, 변형, 웰드 라인 또는 공기 트랩을 예측할 수 있다.

세 가지의 서로 다른 게이트 설계와 그에 대한 충전 패턴을 보여준다.

▶ 중앙 게이트를 가진 큰 사각 평면 제품에 대한 충전 패턴

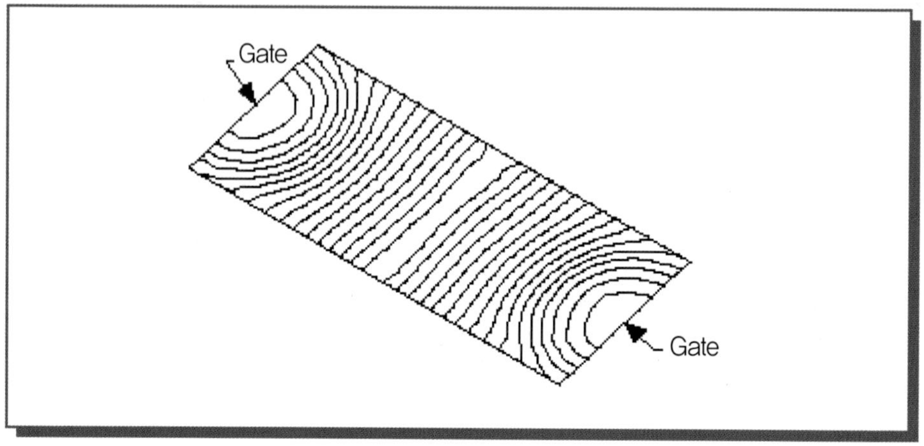

▶ 두 개의 엔드 게이트(End gate)를 가진 큰 사각 평면 제품에 대한 충전 패턴

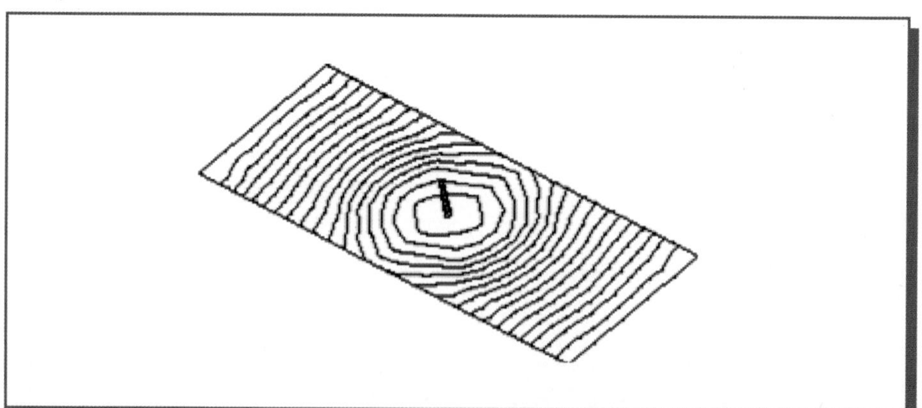

▶ 하나의 엔드 게이트를 가진 큰 사각 평면 제품에 대한 충전 패턴

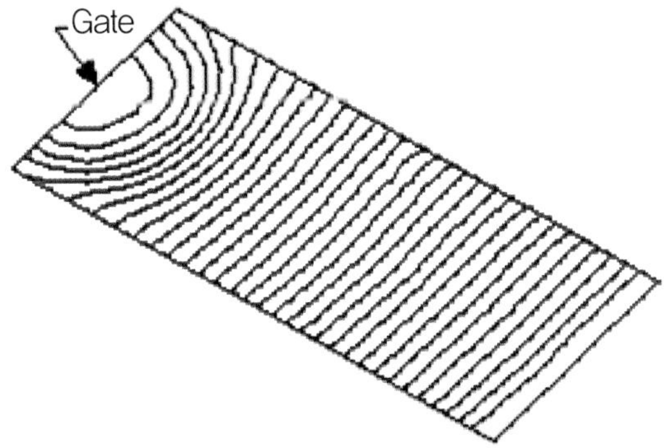

CAE 예측 결과에서 중앙 게이트 설계는 전단 유동과 연신 유동 모두로 이루어진 방사형의 충전 패턴을 갖는다. 이러한 충전 패턴은 방사방향과 접선방향(Tangential direction)의 두 방향 모두로 분자 배향을 일으킨다.

누 방향으로 일어나는 부피 수축이 서로 달라서 변형이 발생된다.

▶ 중앙 게이트 설계에 대한 변형

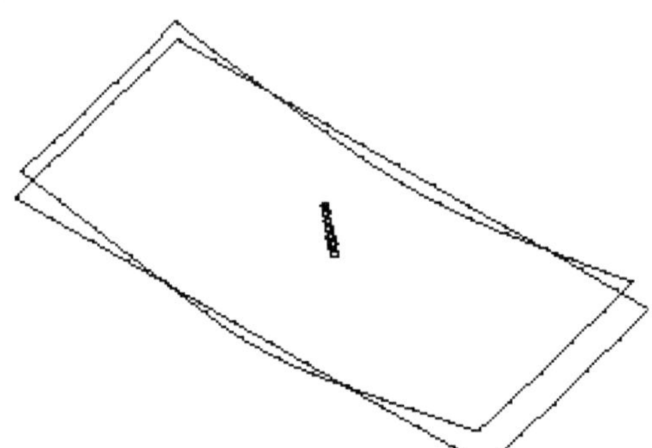

두 개의 게이트 설계에서는 제품의 중심에서 웰드 라인이 발생된다.

하나의 엔드 게이트 설계가 세 가지의 설계 중 최선이라는 것을 결론 내릴 수 있다. 왜냐하면 이 설계는 균일한 분자 및 섬유 배향을 가지는 한 방향의 충전 패턴을 보이기 때문이다.

▶ **두 개의 게이트 설계에 대한 웰드 라인의 위치**

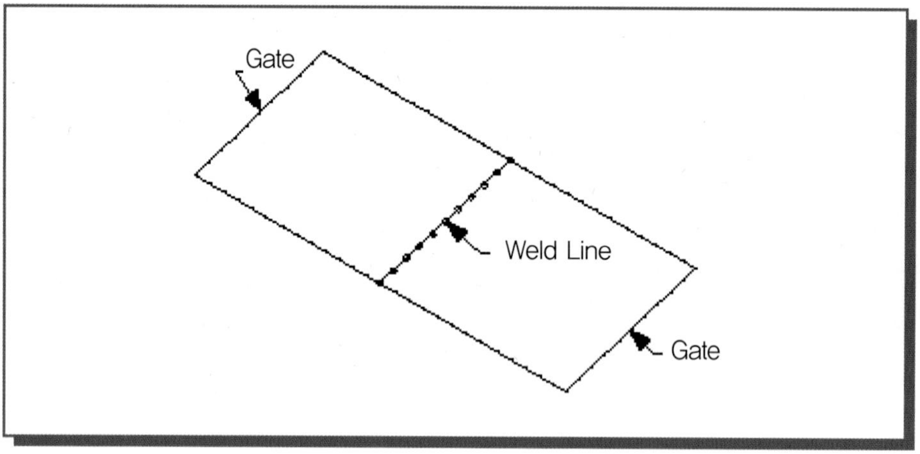

(3) 설계 지침

게이트는 빠르고 균일하며 가능하면 한 방향으로 금형이 충전될 수 있도록 설계되어야 한다.

게이트는 사출하는 동안 캐비티에 존재하는 공기가 빠져나갈 수 있는 곳에 위치해야 한다. 공기가 빠져나가지 못할 경우에는 성형 시 미충전 또는 타버림 자국(Burn mark) 등이 생긴다.

게이트는 가능하면 웰드 및 멜드 라인이 적당한 곳에 형성될 수 있도록 위치해야 한다.

게이트의 위치와 크기는 젯팅, 줄 생김(String appearance) 또는 미충전에서 용융수지의 스파게티 크기의 스트랜드(Spaghetti-size strand) 등을 피할 수 있게 설계해야 한다. 게이트에서의 고화 시간이 실제적인 최대 제품 패킹 시간이다.

잘 설계된 게이트의 고화 시간은 사출된 재료의 역방향 유동(Back flow)을 방지한다. 게이트의 위치는 제품의 가장 두꺼운 부분에서 제품의 기능과 외관에 손상이 없는 곳에 위치해야 한다.

게이트의 길이는 게이트를 지나면서 생기는 과도한 압력 강하를 줄이기 위해 가능하면 짧게 만들어야 한다. 적절한 게이트의 길이는 1~1.5mm 정도다.

일반적으로 게이트의 두께는 주입 부분 제품 두께의 50~80% 정도다. 수작업으로 분리되는 게이트에 대해 게이트의 두께는 종종 주입 부분 제품 두께와 비슷한 경우도 있다. 자동으로 분리되는 게이트에 대해 게이트가 분리(Gate breaking)되는 동안 제품이 변형(Distortion)되는 것을 방지하기 위해 게이트의 두께를 일반적으로 주입 부분 제품 두께의 80%보다 작게 한다. 핀 게이트와 서브마린 게이트 끝단에서의 일반적인 지름은 0.25~2.0mm 정도다.

섬유가 들어간 재료(Fiber-filled material)는 게이트를 통과할 때 섬유의 부러짐(Breakage)을 최소화하기 위해 더 큰 게이트가 필요하다. 서브마린 게이트 또는 핀 게이트와 같이 작은 게이트를 사용하면 충전된 수지 속의 충진제에 손상을 입힐 가능성이 있다.

게이트는 필요한 경우 크게 늘릴 수 있도록 초기에는 항상 작게 설계되어야 한다. 게이트의 크기를 줄이기가 크게 늘리는 것보다 어렵기 때문이다.

4.1.3 금형 냉각 시스템의 설계지침

경제적으로 허용되는 냉각 시간을 유지하기 위하여 과도한 제품 두께는 피해야 하며 요구되는 냉각 시간은 제품 두께에 비례한다.

다음의 그림에서처럼 제품의 두께는 가능하면 일정하게 해야 한다.

▶ 균일한 제품 두께를 유지하기 위한 설계

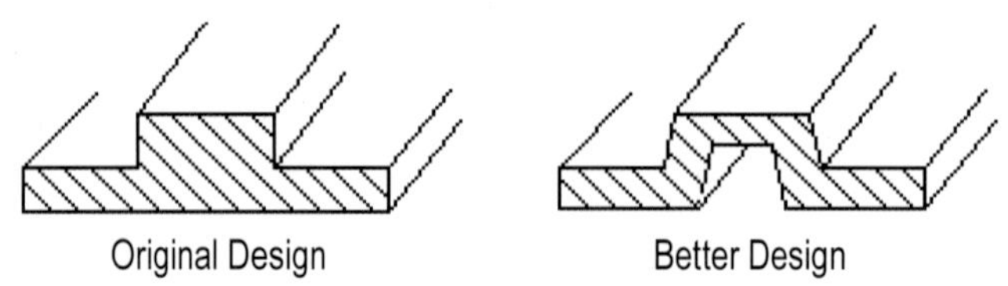

냉각수로의 최적 위치는 금형 캐비티와 코어를 가지고 있는 블록(block)이다.

냉각수로를 캐비티 또는 코어 블록의 바깥쪽에 위치시키면 금형을 적절하게 냉각시키지 못한다.

제품의 서로 다른 쪽에서의 온도 차이는 최소한으로 유지해야 하며, 정밀한 치수관리가 요구되는 제품에 대해서는 10℃를 넘어서지 말아야 한다.

철로 만들어진 금형의 경우는 냉각수로의 표면이 캐비티나 코어로부터 냉각수로 지름의 1~2배 정도 떨어져 있는 것이 좋다. 대략적인 지침(Rule of thumb)은 깊이가 철에 대해서는 1지름, 베릴륨-구리에 대해서는 1.5지름, 알루미늄에 대해서는 2지름 정도되어야 한다. 냉각수로 중심 사이의 거리인 피치(Pitch)는 냉각수로 지름의 3~5배 정도되어야 한다. 전형적인 냉각수로의 지름은 10~14mm 정도의 범위다.

▶ 전형적인 냉각수로의 지름 치수

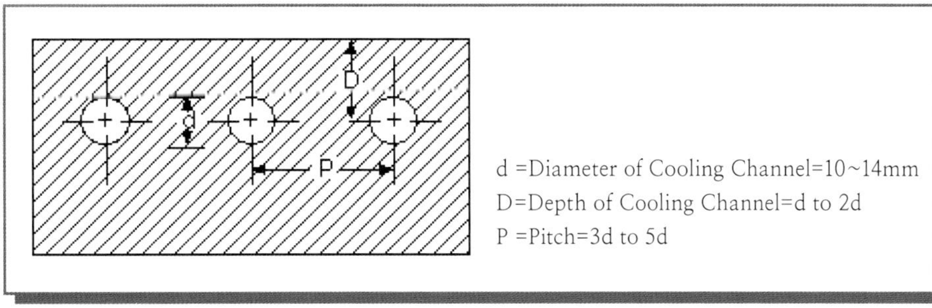

열전달 효과는 냉각수의 유동이 층류에서 난류로 변함에 따라 증가한다. 층류에 대해서는 열은 단지 각 층 사이의 전도(Conduction)에 의해 전달된다. 그러나 난류에서는 반경 방향으로의 질량 전달(Mass transfer)이 전도와 대류(Convection) 모두에 의해 열이 전달되도록 한다. 결과적으로 효율이 급격히 증가된다.

▶ 층류 유동과 난류 유동

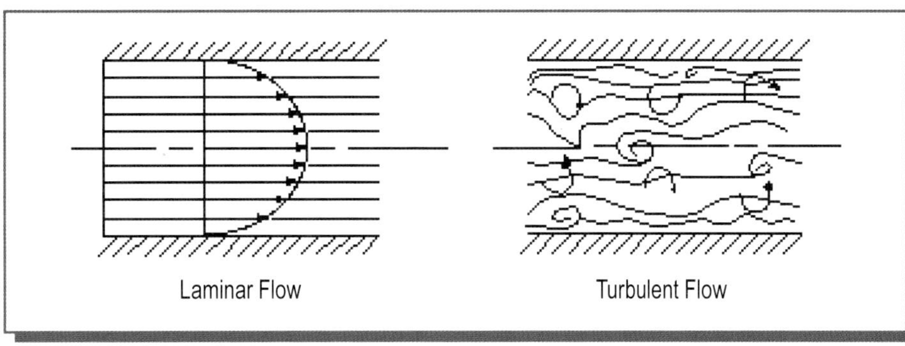

열전달의 증가는 냉각수 유동이 난류가 되면서부터 사라질 것이다. 그러므로 레이놀즈 수가 10,000을 넘어서면 냉각수의 유량을 증가시킬 필요는 없다. 그렇지 않으면 열전달에서의 작은 한계 개선(Marginal improvement)이 냉각수로를 따라 생기는 더 높은 압력 강하에 의해 상쇄(Offset)되는데 이는 더 많은 펌핑 비용(Pumping expense)을 발생시킨다.

일단 유동이 난류가 되면 더 많은 냉각수 유량은 열량 또는 냉각 시간을 향상시키는 데 효과가 줄어드는 반면, 압력 강하와 펌핑 비용은 크게 증가한다.

▶ **열량(heat flow)과 유량의 관계**

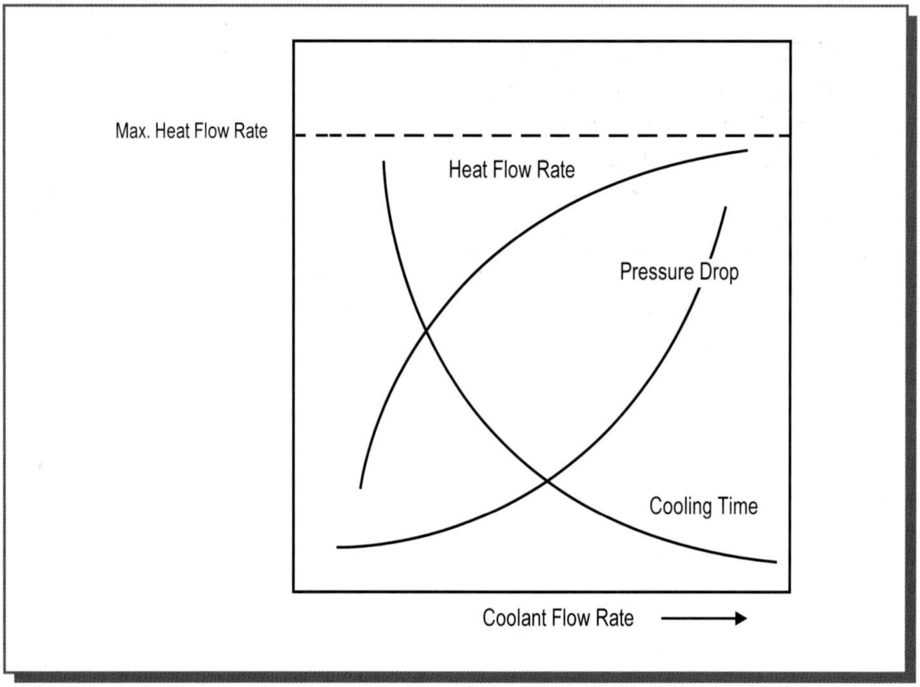

냉각 시스템의 어디에서나 냉각수의 유동이 난류가 확실히 되도록 한다. CAE 냉각수로 해석은 정체된 냉각수로, 흐르지 않는(By-passed) 냉각수로 및 높은 압력 강하가 일어나는 냉각수로를 찾아내어 바르게 하는 데 도움을 준다.

냉각수는 유동에 최소한의 저항을 받으면서 흘러가야 한다. 종종 어떤 냉각수로에서는 높은 열원(Heat load)을 가지는 다른 냉각수로로 냉각수의 유동 방향을 바꾸기 위해서 제한적인 유동 통로(Flow plug)를 사용한다.

공기층은 열전달을 효과적으로 저해할 수 있다. 그러므로 금형 인서트와 금형판 사이의 공기 및 냉각수로에서의 공기는 열전달을 향상시키기 위해 제거되어야 한다.

4.1.4 금형 설계의 절차(Flow Chart)

▶ 금형 설계의 흐름도

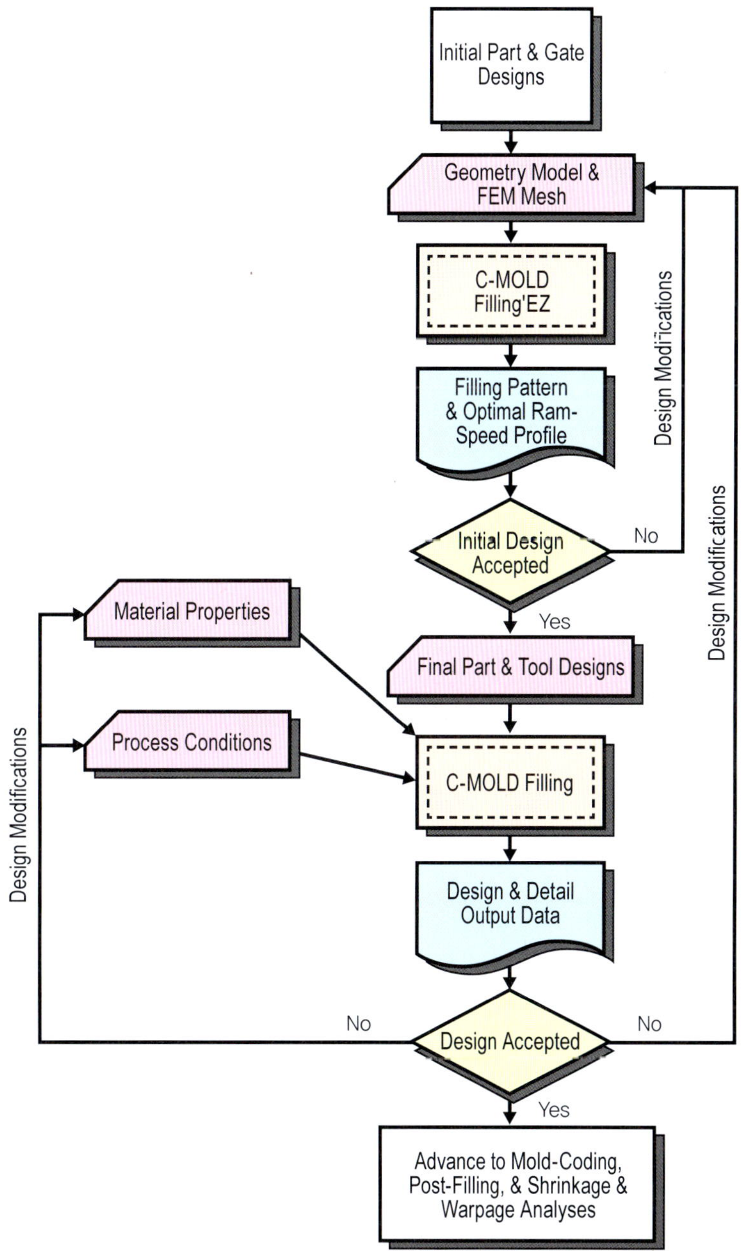

4.2 플라스틱 제품의 일반 설계기법

플라스틱 설계를 위해서는 재료, Design, Tooling, Processing 등을 반드시 고려하여 검토해야 한다. 그리고 Performance, Cost, Appearance, Assembly 등의 고려뿐만 아니라 Mold Flow, Fill Cooling, Ejection Handling 등의 Manufacturing 설계도 같이 이루어져야 한다.

4.2.1 재료의 선정

성형 제품의 사양에 따라 결정되며, 재료의 기계적 물성(인장강도, 신율, 굴곡강도, 굴곡탄성율, 충격강도, HDT, 밀도 등), Material Flow, Fiber or mineral orientation, Melt & Mold temperature를 고려한 재료의 Shrinkage와 Warpage, 사용 온도, 내화학성, 제품 수명, 외관, 가격 등을 고려해야 한다.

4.2.2 부품 설계

① 선정 재료의 특성과 제품의 사양을 고려해야 한다.

- Ductile Materials Design Stress = SF × Tensile Strength at break
- Brittle Materials Design Stress = SF × E × Elongation at break/stress conc. Factor]
- Typical Safety Factors : 0.01 to 0.9
- Typical Stress Concentration Factors : 3 to 6

② 최적 설계 및 두께 설정을 위해 CAE를 활용한다.

- 플라스틱 설계의 일반 원칙 및 각 재료의 고유 특성 반영
- Engineering structures resist loads 구조해석은 적용된 Load type에 따른 부품의 Mechanical deformation을 검토하는 Engineering activity이다.
- Statics
- Dynamics(Inertia force는 구조가 Accelerated or Decelerated 될 때 증대)
- Loads

- Simple Shapes
- Basic Equations

③ Load는 Static, Dynamics, Distributed, Concentrated, Steady state of transient로 분류되며 Distributed와 Concentrated는 또한 Static, Dynamics, Steady state of transient로 분류할 수 있다.

④ 구조역학적 문제점에 있어서는 형상이 너무나 단순한 경우 간단한 물리적 결과로부터 쉽게 해결점을 찾을 수 있다.

⑤ 구조역학적 문제점은 때때로 Boundary value 문제점이라고 여겨진다. 왜냐하면 그러한 문제점이 Boundary 내에서나 구조적 제한 범위 내에서 빌생하기 때문이다.

⑥ 재료는 Linear, Non-liner에 따르며, 또한 시간에 영향을 받는다.

(재료 Failure의 원인)

⑦ 구조는 물리적 법칙에 지배를 받아왔다. Load bearing 구조를 사용하기 위해서는 재료의 강도와 변형 성질에 많은 관심을 가져야 한다.

⑧ 재료의 성질을 파악하는 가장 중요한 도구는 Stress-strain curve이며 일반적으로 Tensile test로 얻어진다.

⑨ Plastic과 Metal의 비교

⑩ Design Data 입력

⑪ Plastic과 Metal의 비교

- Young's modulus
- Flexural modulus

⑫ Plastic 재료는 Non-isotactic 재료이며 Glass Fiber, Molecular 등의 Orientation 및 수지의 흐름 방향과 Cross 방향의 수축률을 입력한다.

⑬ Creep in flexure straind는 일정한 하중하에서 시간경과에 따라서 증가한다(Creep : 일정 하중하에서 시간 경과에 따른 영구변형).

- Apparent modulus
- Isochronous stress-strain curves
- Relaxation

⑭ Cyclic loading에 연관된 구조는 심지어 Stress가 재료의 Tensile strength보다 낮다 하더라도 깨질 수 있다. 그러므로 좀 더 많은 Life cycle을 위해서는 허용할 수 있는 Stress를 낮추어야 한다. 이러한 절차와 Data를 가지고 Analysis를 수행한다.

4.2.3 공차

사용 재료의 사양(강화/비강화, Filler의 종류 및 Type 등)

- Cavity 수
- 벽 두께
- 금형의 개폐 방향
- 공차의 사례
- 정상 성형 및 정상 금형 조건하에서 무충진 PA의 공칭치수 : ±0.2%, 속형성 PA의 공칭치수 : ±0.15%, GF 강화 PA의 공칭치수 : ±0.1%

4.2.4 벽 두께

사용 재료의 사양(강화/비강화, Filler의 종류 및 Type 등)

- 제품 사양
- 제조공정
- 추천 두께 사례
- 무충진 PA의 추천 두께 : 0.5~5mm
- GF 강화 PA의 추천 두께 : 0.75~4mm

4.2.5 RIDIUS

- 모든 모서리는 R 처리
- 벽 두께와 관련하여 결정
- 최소 R : 벽 두께의 0.4배

4.2.6 리브(Ribs)

- 리브의 장점 : 강성 보강, 중량 감소, 뒤틀림 개선(Warpage 개선)
- 리브의 단점 : Molded-In Stress Or Warpage, Sink Marks, Weld Lines, Difficult Ejection
- 리브 설계의 주안점
  리브 뿌리의 R 처리
  리브 두께 : Overall Thickness의 60% 이하로 제작
  리브 높이 : Overall Thickness의 3배 이하로 제작
  +자 또는 교차 리브는 피한다.

4.2.7 나사의 강도

(1) 나사의 전단 파괴

- 인장하중
- 볼트의 체결력

(2) 계산 예

- Bolt size : M6 BOLT
- 체결 길이 : 10mm
- PA66-GF30 재료의 최대 허용 전단응력 : 30Mpa

최대 허용 하중(F) = Ⅱ × 0.006 × 0.01 × 30 = 0.005MN(500kgf)

최대 허용 TORQUE = 0.5M.kgf

4.2.8 인써트

- 주요 부위의 강도 확보를 위해 사용
- 인써트 체결방법

  오버몰딩(Over molding)

  초음파파 용착(Ultrasonic welding)

  압입

  열 용착
- 설계(사용)의 주안점

  평면 인써트 : 압축강도에 대한 내성 확보

  널링 인써트 : Torque 및 Pull-out에 대한 내성 확보

4.3 성형불량 고려 플라스틱 제품설계

4.3.1 잔류응력

(1) 유동에 의한 잔류응력(Flow-Induced Residual Stress)

응력이 없는 긴 고리의 고분자(Long-chain polymer)는 녹는점(Melt temperature)보다 높은 온도(용융 상태)에서 평형을 이루면서 자유롭게 꼬여 있는 상태(Random-coil state)로 유지하려는 경향이 있다. 사출성형 공정 동안 고분자들이 미끄러지고(Sheared) 늘어나면서(Elongated) 흐름 방향으로 배향된다. 만약 고분자가 완전히 평형 상태(Equilibrium state)에 도달하기 전에 고화가 일어나면 분자 배향은 사출성형품 안에 남게 된다. 이렇게 고화되어 응력이 걸린 상태를 종종 유동에 의한 잔류응력이라고 한다. 흐름 방향으로 늘어나서 배열된 분자 배향 때문에 이 잔류응력은 흐름 방향에 평행한 방향과 수직인 방향에 대해 이방성(Anisotropy)을 야기시켜 불균일한 수축과 기계적 성질을 나타낸다.

금형 벽면에 인접하여 높은 전단응력과 높은 냉각 속도의 복합적인 원인 때문에 제품 표면 바로 밑에 높은 분자 배향을 가진 즉시 고화된 층이 존재한다.

높은 유동의 잔류응력(고착된 배향)을 가진 제품이 높은 온도의 외부에 노출되면 잔류응력 중 일부는 잃어버리게 될 지도 모른다. 이러한 현상은 전형적으로 제품의 수축과 변형을 발생시킨다.

고화층의 단열 효과에 의해 두꺼운 내부의 용융 수지는 더 높은 정도로 잔류응력을 완화하게 되어 낮은 분자 배향 부분을 유도한다.

용융 수지에서의 전단응력을 줄이는 공정 조건은 유동에 의한 잔류응력의 수준을 줄인다. 이들 공정 조건은 높은 사출 온도, 높은 금형 온도, 긴 충전 시간(낮은 용융 수지 속도), 낮은 보압 과정의 압력 그리고 짧은 유동 길이 등을 포함한다.

▶ **분자 배향에 의한 유동 잔류응력의 발달과정**

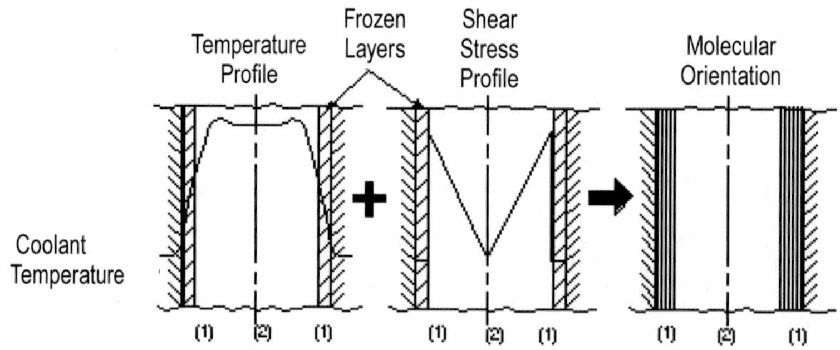

(1) High Cooling-Rate Zone (1) High Shear-Stress Zone (1) High Molecular-Orientation Zone
(2) Low Cooling-Rate Zone (2) Low Shear-Stress Zone (2) Low Molecular-Orientation Zone

(2) 열에 의한 잔류응력(Thermal-Induced Residual Stress)

열에 의한 잔류응력은 냉각 과정(전체 사이클 시간에 대해 대략 3/2 정도를 차지)에서 일어난다.

사출성형품이 금형 벽면에서부터 중간면까지 서로 다른 속도로 냉각되고 동시에 압력과 온도의 변화에 의해 수지의 밀도와 점탄성적인 거동(Viscoelastic behavior)이 변함에 따라 이 잔류응력은 발생한다. 수지는 냉각됨에 따라 수축하는데, 이 수축의 정도는 분자 배향에 비례한다.

사출성형품의 외부 표면층이 냉각되어 수축하기 시작하는 초기 냉각과정 동안은 뜨거운 중심(Hot core)에 있는 수지는 여전히 용융 상태로 수축하지 않는다. 그러나 내부가 냉각됨에 따라 국부적인 열 수축(Thermal contraction)이 이미 굳어진 외부 고화층(Already-rigid external layer)에 의해 방해를 받는다.

내부(Core)는 인장(Tension)과 바깥쪽(Outer layer)의 압축(Compression)에 의해 균형을 이루는 전형적인 응력 분포의 상태가 발생된다.

금형 벽면으로부터 중심까지의 냉각 속도(Cooling rate)의 차이는 열에 의한 잔류응력(Residual thermal stress)을 발생시킬 수 있다.

이와 비슷하게 잔류응력은 양쪽 표면의 냉각 속도가 불균일할 경우에 일어날 수 있다. 이러한 불균일한 냉각은 제품의 두께 방향으로 비대칭적인 인장-압축 패턴(Asymmetric tension-compression pattern)을 유발시켜 제품 변형의 원인이 되는 굽힘 모멘트(Bending moment)가 발생된다.

균일하지 않은 두께를 가지거나 냉각이 잘 안 되는 부분을 가진 제품은 열 잔류응력을 가지기 쉽다. 좀 더 복잡한 제품에 대해 열에 의한 잔류응력의 분포는 불균일한 두께, 금형 냉각 및 자유 수축(Free contraction)에 대한 금형의 제한(Mold constraint) 등에 의해 훨씬 더 복잡하다. 더 균일한 금형 표면 온도를 유도하는 조건들은 열에 의한 잔류응력을 줄일 것이다. 이들은 제품 전 표면에서의 균일한 냉각과 균일한 제품 두께를 포함한다.

▶ 내부에서의 냉각 편차와 재료 반응에 의한 열 잔류응력의 발달과정

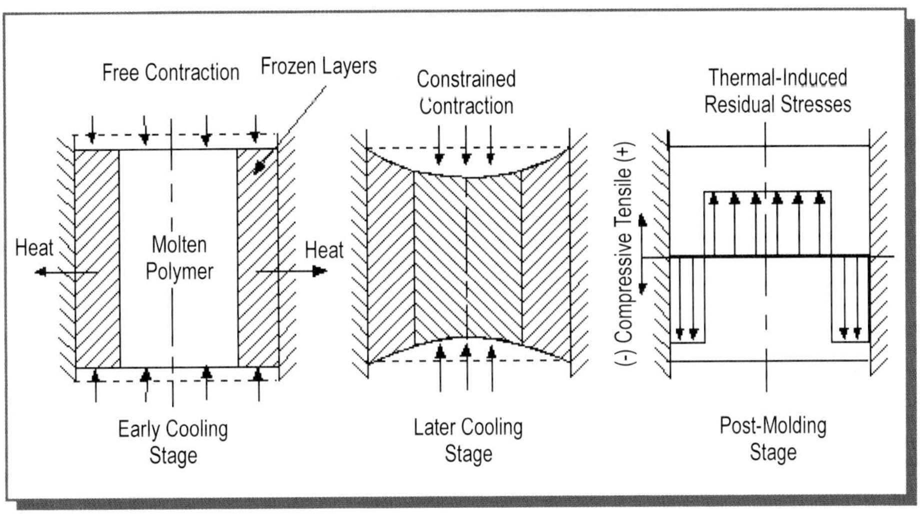

▶ **두께 방향으로의 불균일한 냉각으로 발생되는 열 잔류응력에 의한 제품 변형**

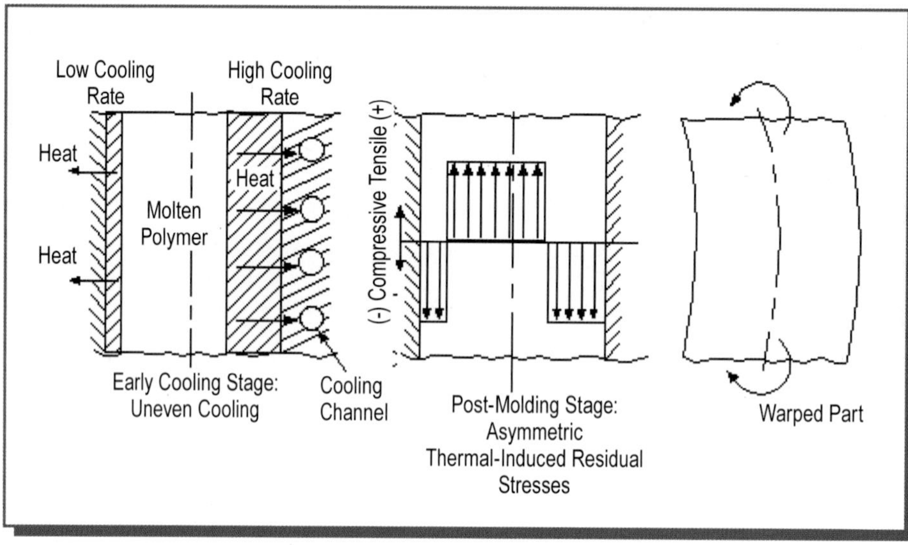

4.3.2 CAE 응용(CAE Applications)

성형품에서 어떻게 잔류응력이 발달하는가를 보여주는 연구 사례를 제공한다. 여기에서 설명하는 제품은 중앙 게이트를 가진 직사각형 캐비티이고, 금형 한쪽 측면에만 냉각수로가 위치하고 있다. 이것이 그림 Design 1에서 보는 바와 같다.

이러한 냉각수로의 배치에서는 의심의 여지없이 캐비티의 두께 방향으로 큰 온도 차이를 가지므로 불균일한 냉각을 초래한다. 결과적인 불균일 냉각은 현저한 열 잔류응력을 일으키는데, 이는 제품의 변형을 유발시킨다. 이러한 현상은 CAE 해석을 이용하여 예측할 수 있다. 두 번째 설계에 대한 수치 모사의 결과인 균일한 냉각과의 비교에 대해 설명하고자 한다.

▶ Design 1 : 한쪽 냉각수로를 가진 직사각형 중앙 게이트 캐비티로서 불균일 냉각 초래

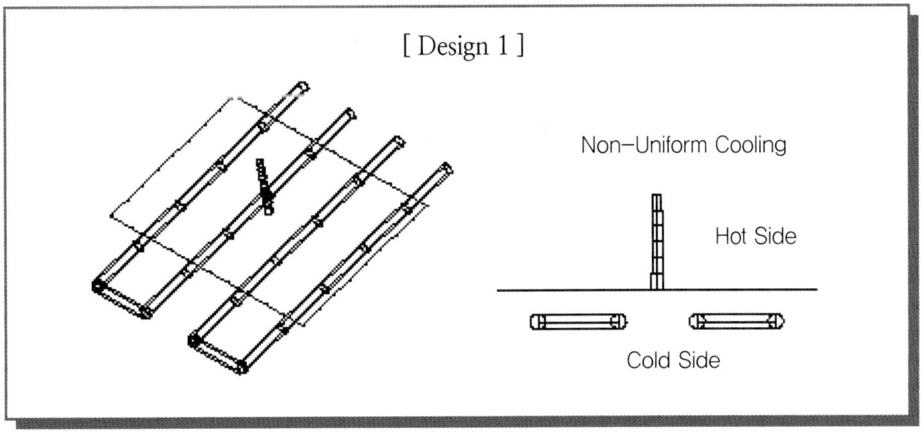

CAE는 Design 1의 캐비티 충전, 패킹, 냉각, 수축 및 변형 거동을 해석하기 위해 사용되었다. Design 1의 캐비티 충전에 대해 CAE에 의해 예측된 유동 선단의 전진을 보여준다.

제품 표면에서의 가장 가능한 분자 배향은 표면 배향(Skin orientation)으로 나타내어진다. 이는 뜨거운 용융 수지가 차가운 금형과 접촉하여 즉각적으로 고화되면서 제품 표면 근처에 생성된 분자 배향이다. 이렇게 굳은 분자 배향으로부터 야기되는 응력을 받는 상태를 유동에 의한 잔류응력이라고 한다.

▶ Design 1에 대해 예측된 캐비티 충전에 대한 유동 선단의 전진

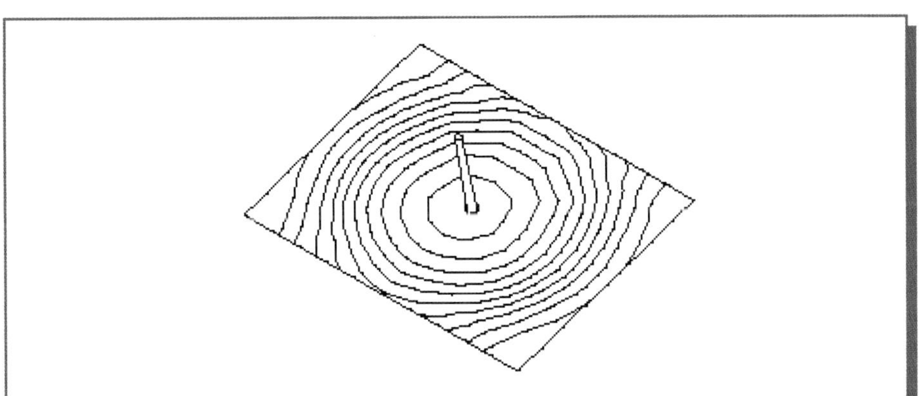

▶ Design 1에 대해 표면 배향으로 나타내어지는 가장 가능한 제품 표면에서의 분자 배향

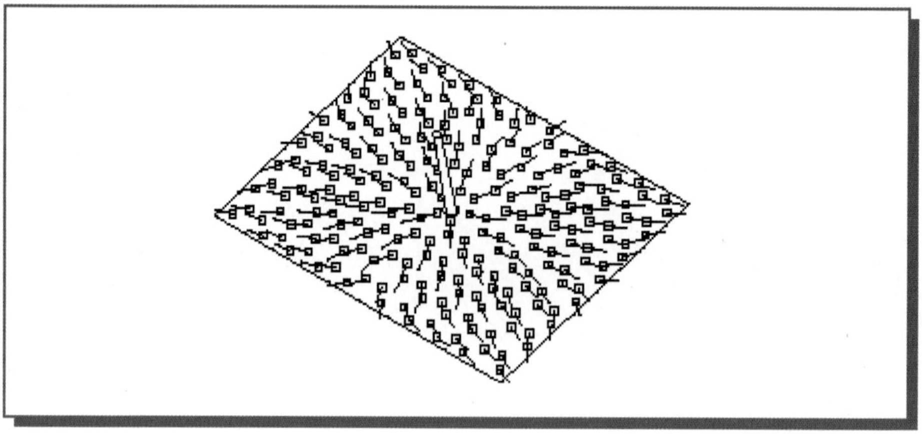

CAE 해석은 Design 1의 불균일한 냉각을 보여준다. 최대 온도 차이는 14℃ 이상이며 스프루의 베이스(Base) 주위다.

일반적으로 금형 표면의 온도 차이는 최소한으로 유지해야 하며 정밀한 공차를 요구하는 제품에 대해서는 10℃를 넘어서는 안 된다. 그렇지 않으면 열에 의한 잔류응력이 불균일한 냉각의 결과로 성형품 내에 발생한다.

▶ Design 1에 대해 캐비티 양쪽에서 예측된 금형의 표면 온도

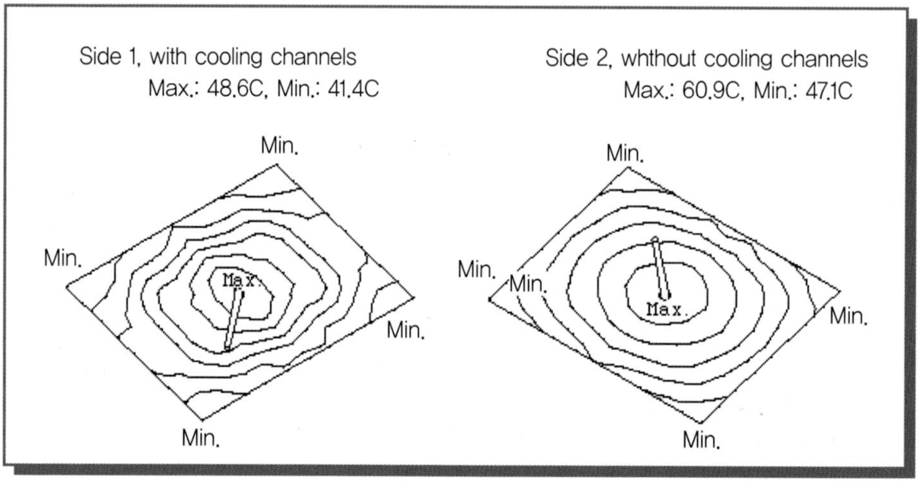

▶ Design 1에 대해 캐비티 두께 방향으로 금형 벽면의 온도 차이

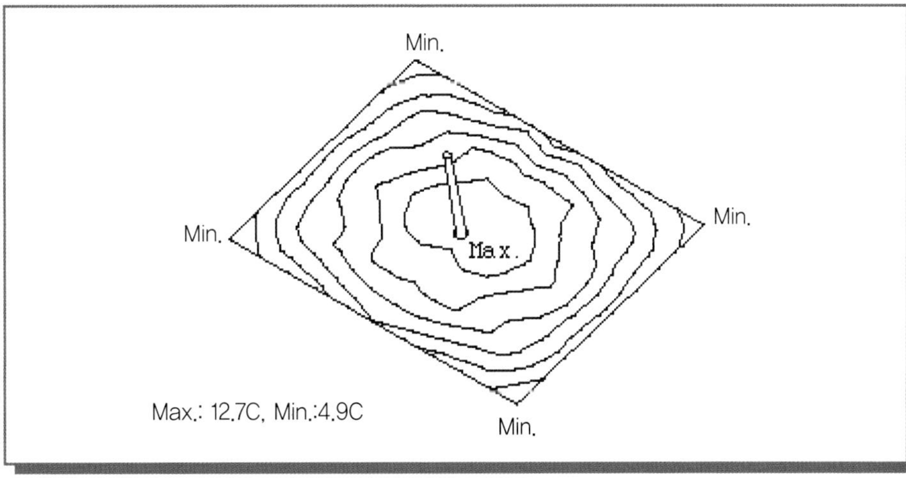

Design 1의 열에 의한 잔류응력은 제품의 변형을 초래한다. CAE 해석은 설계된 제품 형상으로부터의 변위로서 제품 변형(Part warpage)을 보여준다.

예측 결과, 불균일한 냉각이 이루어진 제품은 온도가 높은 쪽으로 휘어짐을 확인할 수 있다(이 경우에는 냉각수로가 없는 쪽으로 휘어진다). 즉, 예측 결과를 비교함으로써 열에 의한 잔류응력이 제품 변형의 주요한 원인임을 확인할 수 있다.

▶ Design 1에 대해 캐비티 형상으로부터 성형품의 전체 변위

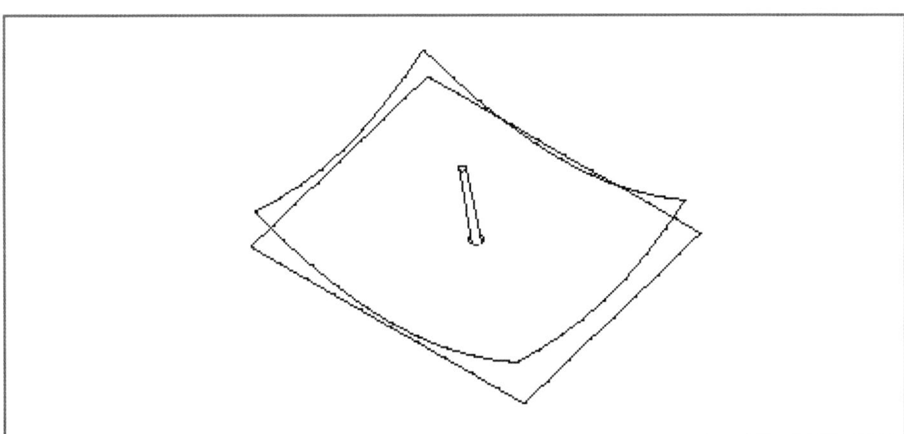

▶ Design 1에 대해 수축 효과에 의한 원래 캐비티 형상으로부터 성형품의 변위

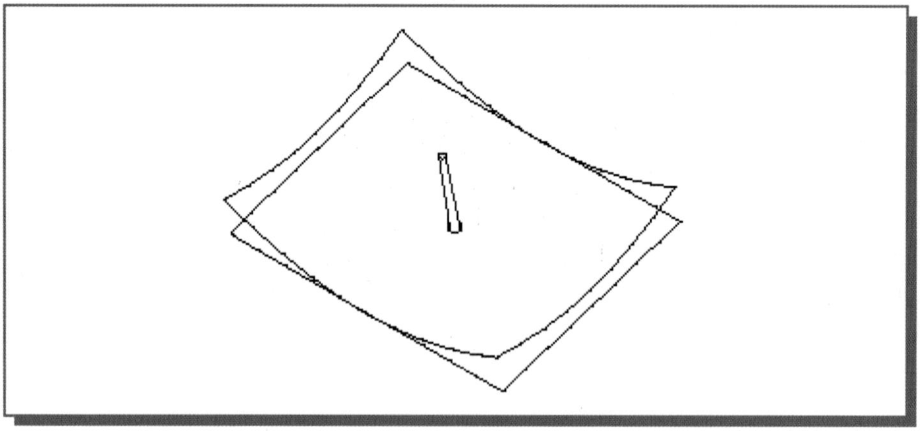

▶ Design 1에 대해 불균일 냉각 효과에 의한 원래 캐비티 형상으로부터 성형품의 변위

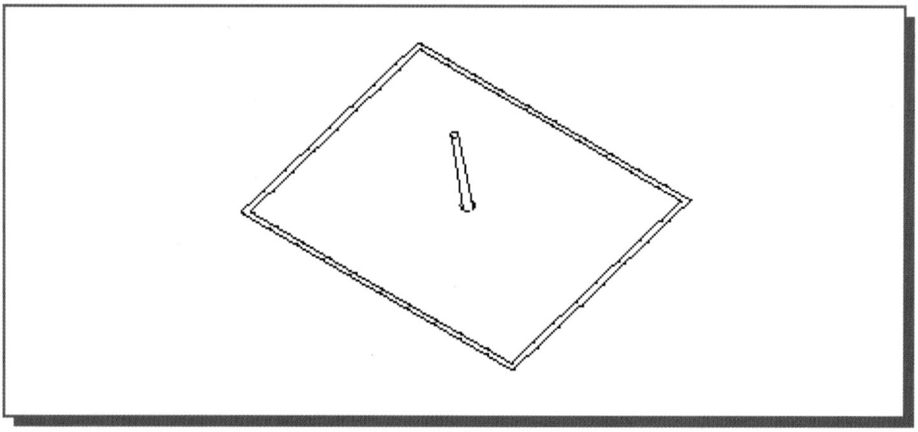

불균일한 냉각을 제거하기 위해 Design 2에서는 캐비티 쪽에 두 개의 냉각수로를 보강하였다. Design 2에서 나타난 것처럼 금형 표면 온도 차이의 관점에서 더 균일한 냉각을 제공함은 확실하다. 이 제품 변형 및 불균일한 냉각에 의한 요소가 현저하게 줄어든다.

▶ Design 2 : 균형 잡힌 냉각을 위해 캐비티 양쪽면에 위치한 냉각수로를 가진 직사각형 캐비티

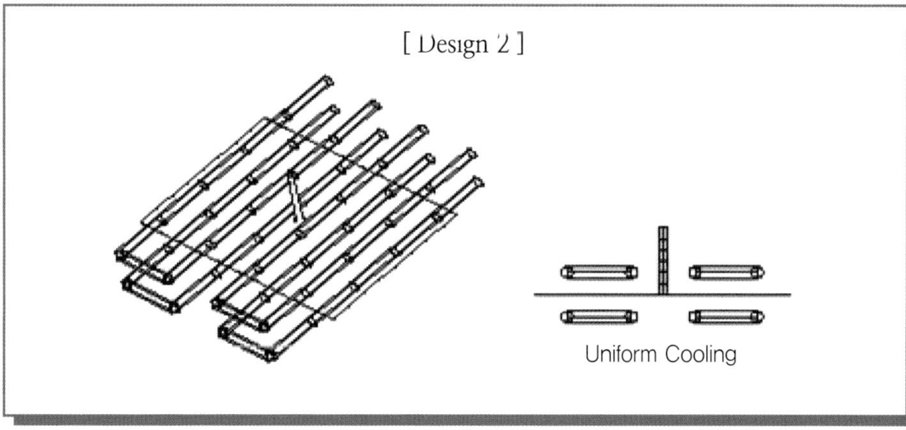

▶ 캐비티 두께 방향으로 발생하는 금형 벽면의 온도 차이

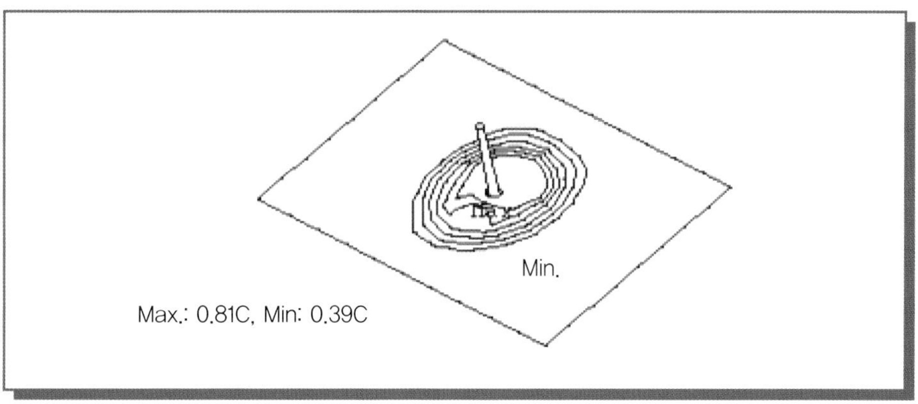

Design 2는 균형 잡힌 냉각이 열 잔류응력에 의한 제품 변형을 전체적으로 제거하는가를 보여준다. 더불어 내재된 제품 수축(Inherent part shrinkage)은 적절한 보압에 의해 줄일 수 있거나 수축을 고려하여 금형을 가공하여 제거할 수 있다.

4.3.3 수축 및 변형

(1) 수축변형의 물리적 원리

수축은 사출성형 공정에서 어쩔 수 없이 일어나는 내재된 현상이다. 수축은 수지의 밀도가 공정 온도로부터 공기 온도에 따라 바뀔 때 일어난다. 사출성형 공정 동안 전체적인 수축 차이와 제품 두께 방향으로의 수축 차이 모두에 의해 내부 응력이 발생된다. 앞에서 설명한 바와 같이 이들을 흔히 잔류응력이라고 하는데, 이는 외부에서 가하는 응력과 비슷한 효과를 제품에 가한다. 만약 성형 중에 발생하는 잔류응력이 제품의 구조적인 모습을 극복할 만큼 충분히 크면 제품은 금형으로부터 취출될 때 휘어지거나 외부 힘에 파손될 것이다.

(2) 수축(Shrinkage)

성형 제품의 수축은 공정 온도 및 외부 온도에서 측정했을 때 부피비로 약 20% 정도다. 결정성 및 반결정성 재료는 열적으로 수축되기 쉽다. 비결정성 재료는 덜 수축하는 경향이 있다. 결정성 재료는 전이온도(Transition temperature) 이하로 냉각되었을 때 분자들은 더 규칙적인 방법으로 재배열되며 결정을 만든다. 한편, 비결정성 수지의 미세구조(Microstructure)는 상변화(Phase change)가 일어나지 않는다. 이 차이는 결정성 및

▶ **재료에 따른 수축 정도**

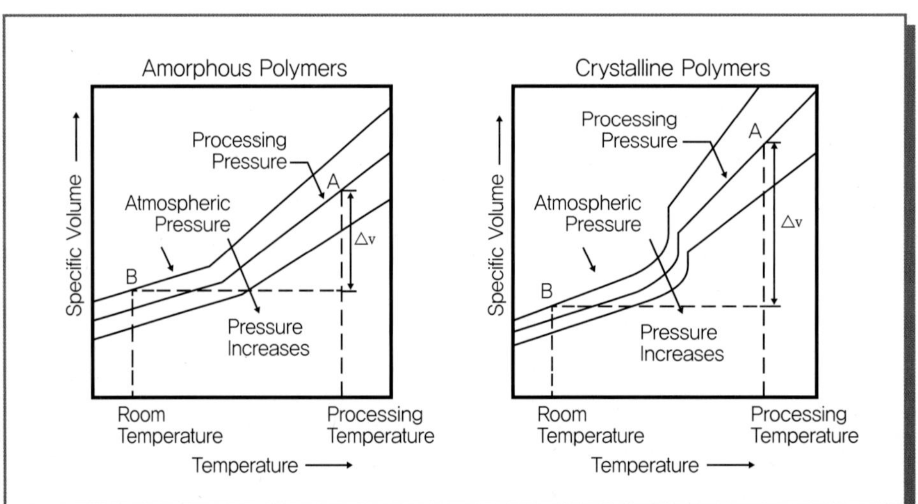

반결정성 재료는 용융 상태(Melt phase)와 고체 상태(Solid phase)/결정 상태(Crystalline phase) 사이에 매우 큰 비체적(specific volume)[Δv]을 가진다는 것을 의미한다.

비결정성 및 결정성 수지에 대한 pvT 곡선과 공정 상태와(점 A) 상온 대기압 상태(점 B) 사이의 비체적 변화량(Δv). 압력이 증가함에 따라 비체적은 감소한다

사출성형 공정에 내재된 것 이상의 과도한 수축은 낮은 사출 압력, 짧은 패킹 시간 또는 냉각 시간, 높은 사출 온도, 높은 금형 온도, 또는 낮은 패킹 압력에 의해 발생된다.

그림에는 몇몇 공정 변수 및 제품 두께와 수축과의 관계를 체계적으로 보여준다.

▶ 제품의 수축에 영향을 주는 공정 또는 설계 변수

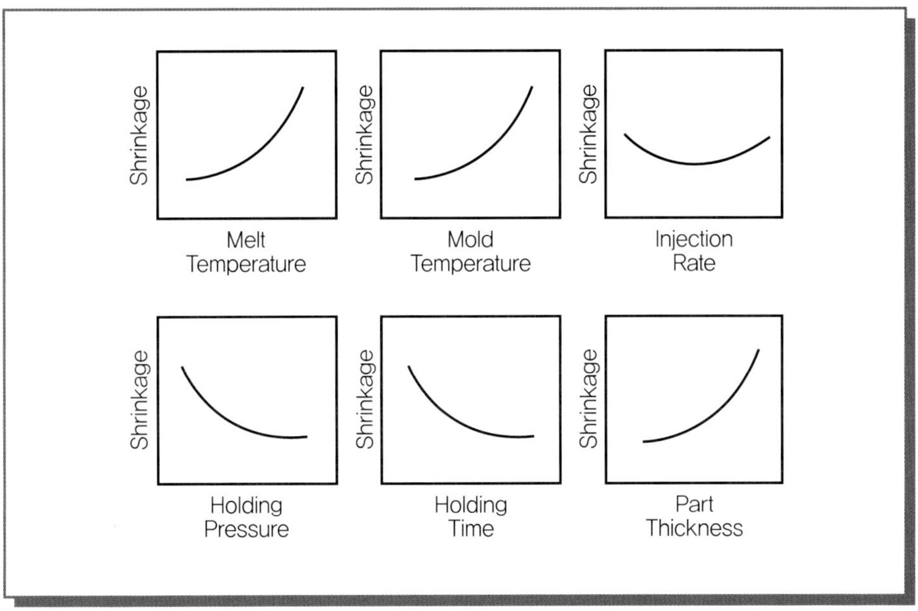

보충되지 않은 체적 수축은 싱크 마크(Sink mark)/국부적인 표면 함몰(Surface depression)/성형품 내부에 보이드(Void)를 발생시킨다.

제품 수축의 제어는 제품, 금형 및 공정 설계에 있어 특히 정밀한 공차를 요구하는 제품일 때는 매우 중요하다. 싱크 마크나 보이드를 유발시키는 제품 수축은 충전 후에 캐비티를 패킹함으로써 줄이거나 없앨 수 있다. 더욱이 제품 수치를 확실히 하기 위해

서 금형 설계에서 수축을 고려해야 한다. CAE에 의해 예측되는 제품 수축은 적절한 금형 설계에 대해 유용한 지침을 제공한다.

(3) 변형(Warpage)

변형은 사출성형품의 표면이 설계에서 의도한 모양을 따라가지 못하는 곳에서의 비틀어짐이다. 제품의 변형은 사출성형품에서 재료의 수축률 차이에 의해 발생된다. 만약 제품 전체에서 수축이 균일하면 성형은 변형이 없이 단순히 작아질 것이다. 그러나 크기가 적고 균일한 수축을 얻는다는 것은 분자 및 섬유의 배향, 금형 냉각, 제품과 금형 설계, 공정 조건 등의 많은 요인들이 있고 이들이 서로 연관되어 있는 복잡한 작업이다.

(4) 수축 차이에 의한 변형(Warpage due to Differential Shrinkage)

사출성형품에서의 힘은 수축 차이에 의해 발생된다.

수축 차이는 다음에 의해 발생된다.

- 유동의 평행한 방향과 직각인 방향에 대한 분자 또는 섬유의 배향 차이
- 제품의 두께 방향 또는 제품 전체에서의 불균일한 금형 냉각
- 제품 두께 변화에 기인한 냉각 속도 차이
- 제품 형상에서의 비대칭(Asymmetry) 및 곡률(Curvature)
- 사출성형품 내부의 온도 차이
- 게이트 부근에서의 과도한 패킹과 멀리 떨어진 곳에서의 낮은 패킹 등과 같은 변하는 패킹

섬유 보강 수지(Fiber-reinforced thermoplastics)에 대해서는 보강 섬유가 수지에 비해 더 작은 열적 수축으로 인해 수축을 억제한다. 그러므로 섬유 보강 재료는 섬유가 정렬된 직각 방향보다 섬유가 정렬된 방향(유동 방향)으로 적게 수축한다.

다른 재료를 첨가한 수지가 그렇지 않은 수지보다 덜 수축한다. 한편, 만약 순수한 사출성형품이 높은 수준의 분자 배향을 가진다면 정렬된 체인(Aligned chain)이 배향 방향으로 더 많이 수축하려고 하기 때문에 수축은 이방성을 나타낸다.

액정 수지(Liquid crystalline polymer; LCP)에 대해서는 매우 규칙적으로 스스로 보강된 구조이기 때문에 수축에서 이방성을 나타낸다. 사출 성형품에서의 수축이 차이가 나고 이방성일 때 발생된 내부 응력은 제품의 변형을 일으킬 수 있다.

▶ **첨가제를 넣은 수지와 순수한 수지에 대한 수축 차이**

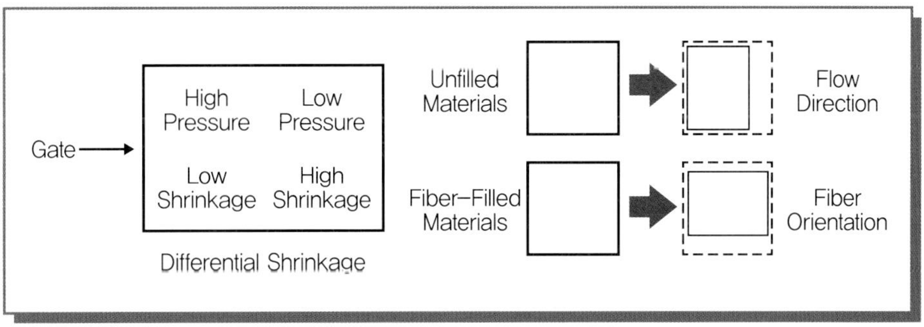

제품에서의 불균일한 냉각과 두께 방향으로 금형 캐비티와 코어로부터의 비대칭적인 냉각 또한 수축 차이를 유발시킨다. 수지는 금형 벽면으로부터 중심까지 일관성 있게 냉각되지도 않고 수축되지도 않기 때문에 취출 후 제품에 변형이 발생한다.

▶ **불균일한 냉각과 비대칭적 냉각으로 인한 수축 차이**

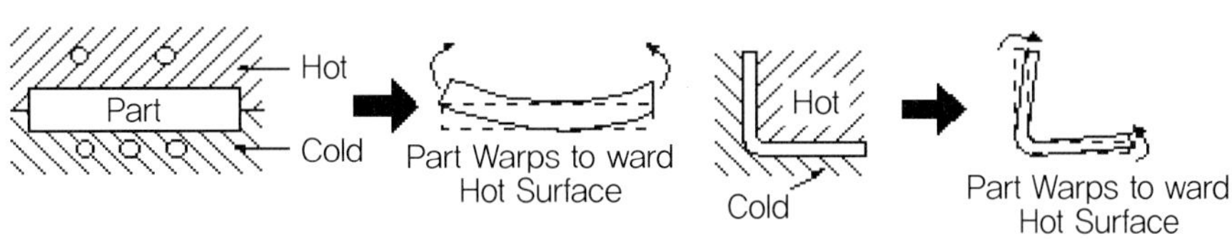

(a)
제품에 있어서의 불균일한 냉각

(b)
제품 두께 방향으로의 비대칭적인 냉각으로 인한 제품의 변형

▶ **불균일한 제품 두께로 인한 수축 차이**

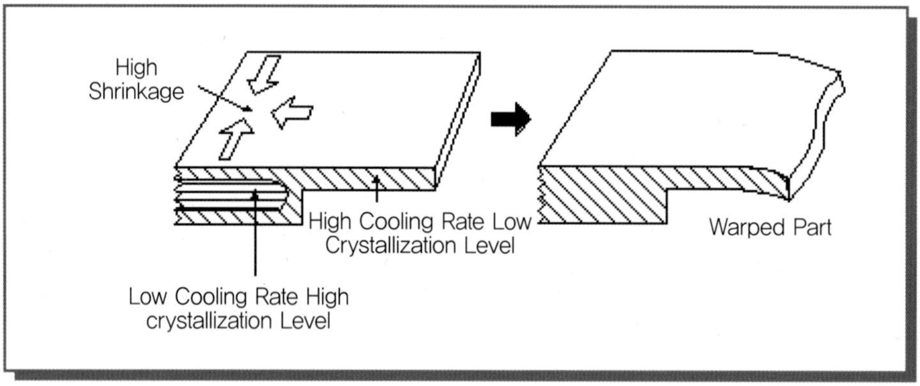

수축은 제품의 두께가 커질수록 증가한다. 불균일한 제품 두께로 인한 수축 차이는 보강제 없는 수지에 있어서 제품 변형의 주요한 원인이다.

더 구체적으로는 냉각 속도와 결정화 수준(Crystallization level)의 차이는 일반적으로 변하는 제품 두께를 가진 제품 내부에서 일어난다. 이는 수축 차이의 원인으로 제품의 변형을 유발시킨다.

낮은 냉각 부분에서의(두꺼운 부분) 높은 결정화 수준으로 인한 큰 부피 수축은 수축 차이를 유발시켜 제품에 변형이 발생한다.

▶ **비대칭적인 형상으로 인한 수축 차이**

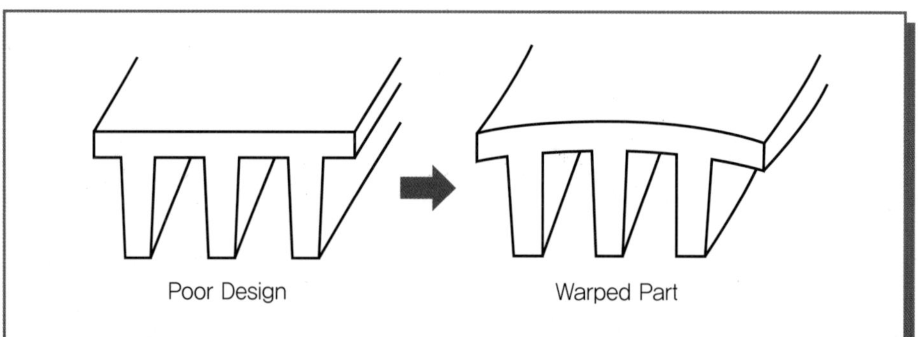

형상에서의 비대칭은 (제품의 한쪽 방향이나 한쪽 면에 있는 많은 수의 리브(Rib)를 가진 평판) 제품의 변형을 발생시키는 불균일한 냉각과 수축 차이를 일으킬 것이다.

리브가 있는 쪽의 냉각이 잘 이루어지지 않아 수지가 늦게 냉각되는데 이는 제품의 변형을 발생시킬 수 있다.

(5) 설계 지침

적절한 재료를 선택함으로써 제품, 금형 및 공정 설계를 통해 수축 및 변형을 줄이거나 조정할 수 있다. 다음의 설계 규칙은 작은 수축과 변형 없는 제품을 개발하는 데 약간의 지침을 제공한다.

불균일한 두께 분포를 피하거나 얇은 두께의 3배 정도가 되게 변이 길이로 설계한다.

▶ 두께 변화를 가진 제품 설계(1)

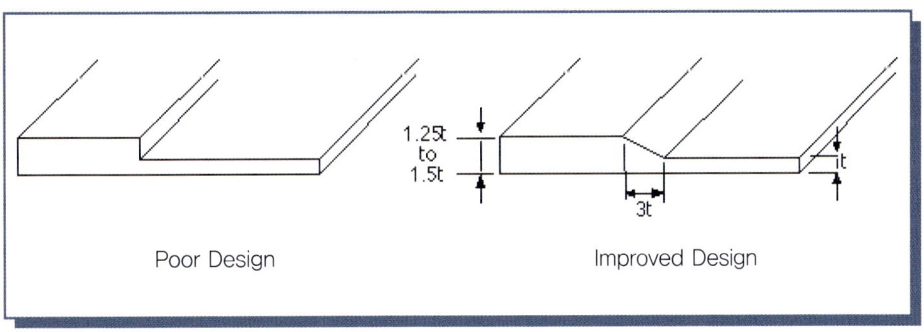

많은 수축을 일으켜 싱크 마크나 내부 보이드를 일으키는 두꺼운 부분의 설계를 바꾼다.

▶ **두께 변화를 가진 제품 설계(2)**

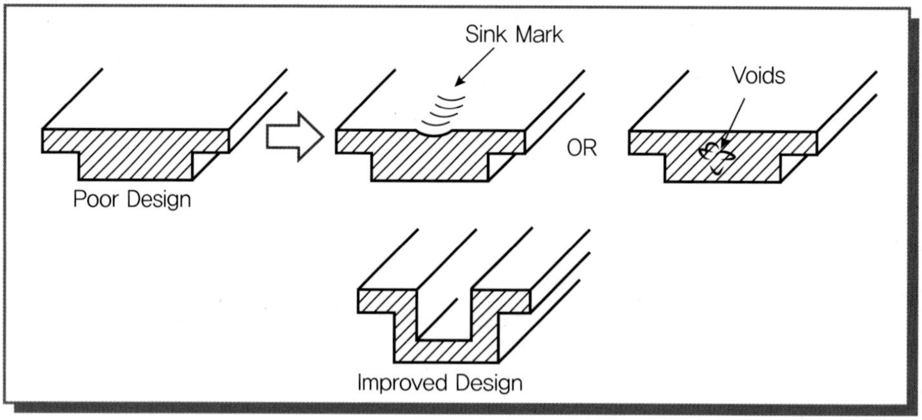

리브를 가지고 얇고 균일한 두께가 두꺼운 두께보다 더 좋다. 이는 균일한 수축, 무게에 대한 강도 비율(Strength to weight ratio) 및 비용 효율성(Cost effectiveness)을 제공한다.

일정한 유동 선단 속도를 가지는 균형 잡힌 충전 패턴을 제공할 수 있도록 딜리버리 시스템을 설계한다.

높은 패킹은 수축을 줄이는 데 도움이 될 수 있지만, 이는 잔류응력과 체결력을 증가시킬 가능성도 있다. 더 나은 공정 설계를 위하여 적절한 패킹을 이용하고, 충분한 패킹 시간을 할당하며, 게이트가 고화된 후 압력을 제거한다. 패킹은 제품 안에서 부피 수축을 보상하기 위해 부가되는 재료를 채울 수 있다.

제품 전체와 두께 방향 모두에서 균일하고 균형 잡힌 냉각을 할 수 있도록 냉각 시스템을 설계한다.

사출 온도, 금형 온도, 충전 시간 및 캐비티 두께를 증가시키거나 패킹 압력 및 유동 길이를 줄여서 잔류응력과 분자 및 섬유 배향을 줄인다.

- **성형 중의 수축** : 수축은 성형상 피할 수 없는 현상으로, 수축이 일어나는 정도가 가공 온도, 사출 압력, 충진 후 보압, 그리고 수지의 특성에 따라 변하게 된다. 평균적으로 신형 수축률은 약 2% 정도다. 그러나 금형 내에서의 수축방지 장치나 사출조건의 변동, 금형의 세부적인 형태에 따라 수축률을 선수축률보다 50~60% 가량 줄일 수도 있다.

- **성형 후의 수축** : 사출기의 취출작업 후 성형된 제품은 통상 24시간이 경과되면 사용이 가능해진다. 성형 후의 수축은 전체 수축의 10~15%가 초과하지 않게 나타난다. 그러나 불균일하게 수축이 일어나는 경우도 있다. 이런 수축은 대개의 경우 사출품 내에 부분적으로 냉각 과정의 온도 편차에 의하여 발생되는데, 이런 현상은 결국 Warpage나 Curling 형태의 사출품 불량으로서 나타날 수 있다. 두께에 대하여 부피가 상당히 큰 박층 제품인 경우는 이러한 문제로 인하여 금형 내에 적당한 보정장치가 있어 냉각과정에서 Warpage나 Curling이 발생되지 않도록 설계히면 제품의 치수 안정성을 향상시킬 수 있다. 그러나 이때 유의할 사항은 이런 제품 설계는 잔류응력이 제품 내에 남아 있을 확률이 더 높다는 사실이다.

4.4 Color & Grain의 일반 설계기법

4.4.1 Color

(1) Color 개발과정 및 Master 제작과정

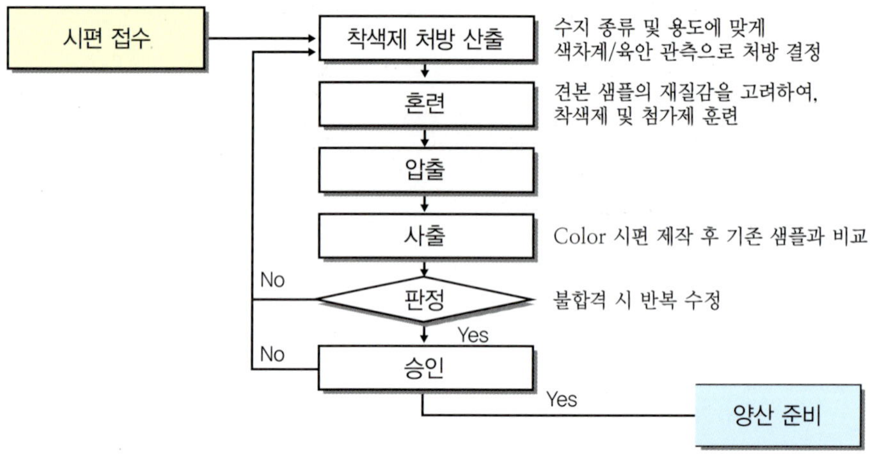

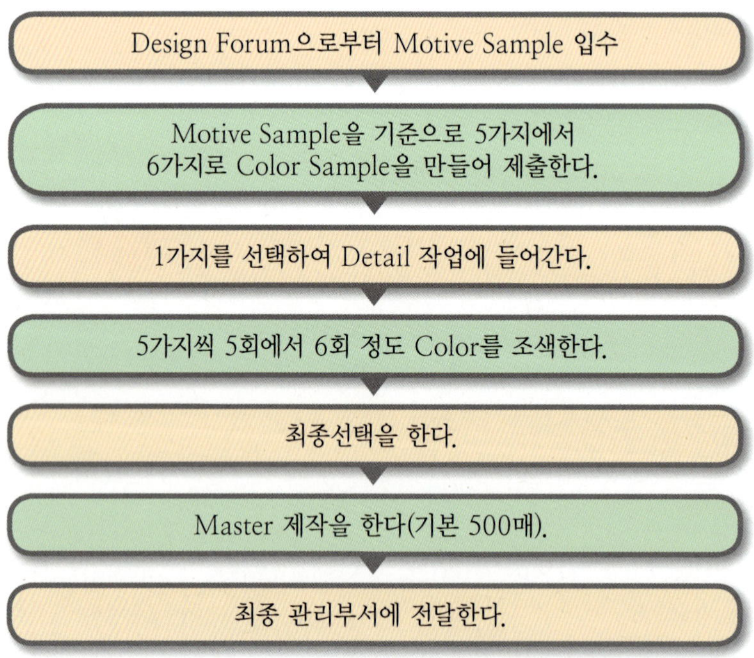

Master 개발 시 1회 양산 중량은 12.5kg이다. 그리고 Sample 생산 기계의 크기는 45Φ로 기본 양산 라인 대비 1/2 정도의 크기다. 보통 미세한 조정을 위해 작은 사이즈의 압출기를 사용한다. 따라서 승인 후 양산 라인에 생산 시 보통 500~1,000kg을 기준으로 계량하여 생산하다 보니 약간의 편차가 발생할 수 있다(보통 △E 0.12를 기준으로 관리한다. 자동차 표준 spec은 0.3~0.5이다). 98~120Φ 크기의 Extruder를 사용하고 있으며 양산 라인의 Screw Elements도 다르기 때문에 차이가 발생하지만 확연한 편차는 아니다.

(2) Color 관리방안

500kg 단위로 Pancake 검사를 하며, 1,000kg 단위로 물성 전검을 한다.

- **Pancake의 용도** : Talc 및 EPDM의 분산 정도 및 수분 함량 확인/Color 이색현상 점검

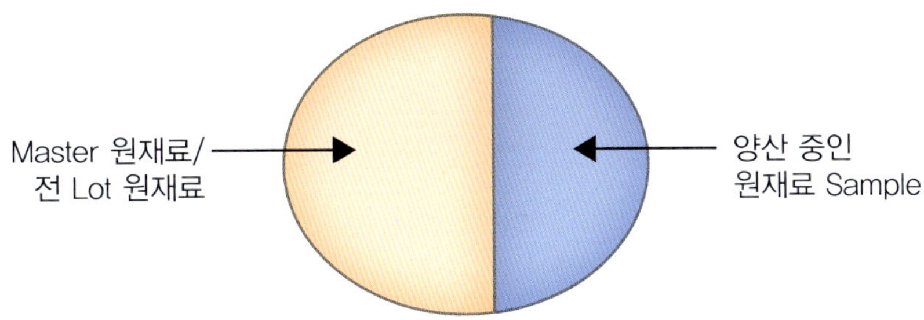

(3) Color 결정 요인

- 구성 입자의 크기(ex : PP+Talc)
- 결정격자의 구조(ex : PP+EPDM)
- 결정격자의 밀도
- 결정의 재질

▶ **Color의 결정 요인**

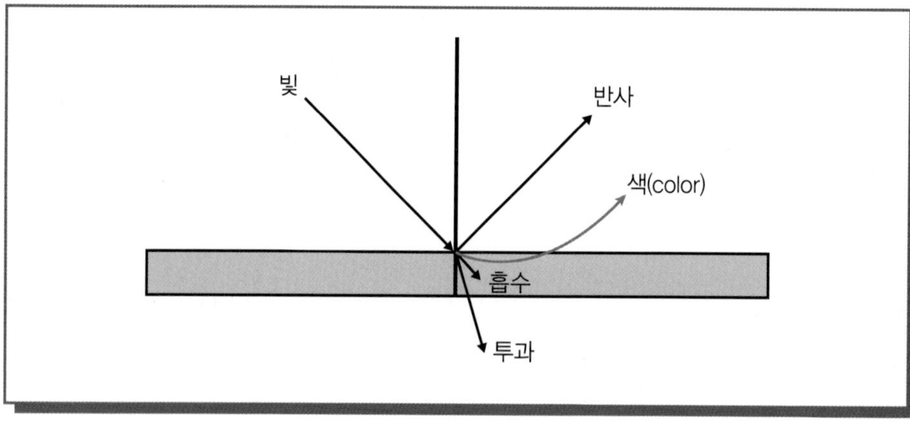

(4) Color 판정방법(육안/Master/Color-Meter 관련 등)

Color 판정 시 육안 판정이 최우선이지만, 사람에 따라 시신경이 조금씩 차이가 있어 그 차이는 기계 즉, Color-Meter를 사용하게 된다. 기계 의존도는 20%에 불과하다.

또한, 색의 차이를 비교할 때 판넬을 보는 각도는 2가지로 대별된다.

- 정면(FACE) : 판넬을 90° 각도로 본다.
- 측면(FLOP OR SIDE TONE) : 판넬을 15~ 90° 각도로 본다.

▶ **Color 차이를 비교할 때 판넬 보는 각도**

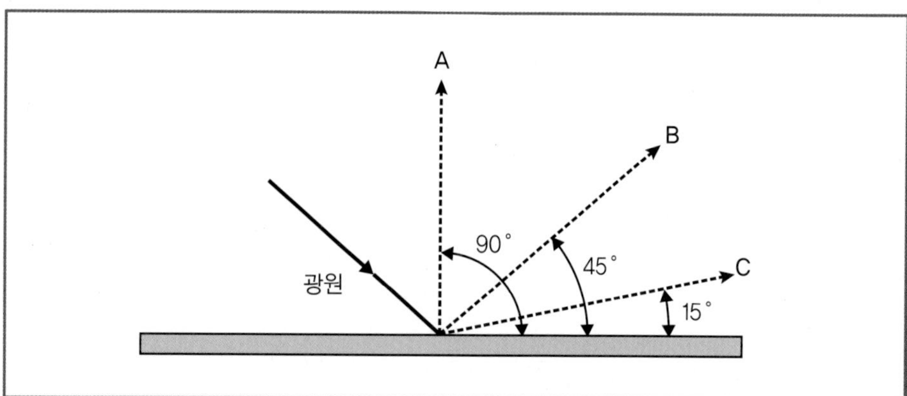

- 어떤 각도에서 같은 색으로 보이는 2가지 색이 각도를 바꿔보면 완전히 다른색으로 보이는 현상이 있는데 이는 안료의 종류나 입자의 크기에 따라 수지가 가진 투명성이 다르기 때문에 발생하는 것이다.

▶ **색자계의 산출값**

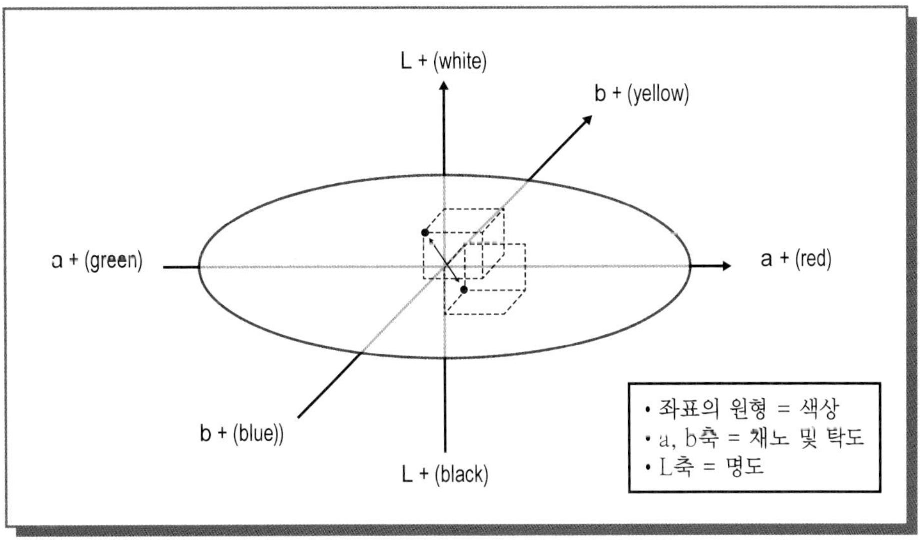

ΔE : 사람이 감지할 수 있는 색편차 수치로, 실질적인 색의 차이를 구분

$$= [\Delta L^2 + \Delta a^2 + \Delta b^2]^{1/2}$$

ΔE 값의 범위에 따른 구분

0.0 ~ 0.1 : 시각적 식별 불

0.2 ~ 0.4 : 전문가 식별 가능

0.4 ~ 0.8 : 일반인 식별 가능

3.0 이상 : 색차가 확연한 단세

ΔE값은 0.3이내(세부사항 : ΔL, Δa는 +방향, Δb는 −방향)로 유지 및 관리할 필요가 있다.

(5) 양산 중 산포발생의 원인 및 개선

원재료 생산공장에서 산포발생은 보통 Talc의 함량과 EPDM의 분산에 의해 발생하는 경우가 종종 있지만, 500kg 생산 후 품질검사 시 찾아내어 모두 Scrap 처리한다(Off Grade).

부품 생산 시 발생되는 산포현상

- 사출기 실린더의 온도가 상승되어 있다.
- Scrap 원재료가 과다하게 섞여 있다.
- 금형 온도의 심한 편차가 발생하고 있다.
(Injection cycle Time을 줄이기 위함)
- 혹은 일부 업체에서 직접 Color Pigment을 사용하여 Color 조색을 한다.
(원가 절감)

(6) 사출 업체 요구사항(Scrap 처리 및 금형 관련 부문)

- Scrap 사용 시 같은 종류의 Scrap을 사용하고 가급적 신재 대비 20% 이상 사용은 피하는 것이 좋다.
- 금형과 관련된 사항으로는 원재료의 특성을 확인 후에 게이트 설정

4.4.2 Color Communication(Nonmetallic)

Hue(색상) : Red, Green, Yellow, Blue 중간색은 표지하지 않는다.
(보라는 빨강과 파랑의 혼합색)

Value(명도) : Light, Dark

Chroma(채도, 색의 선명도) : High, Low

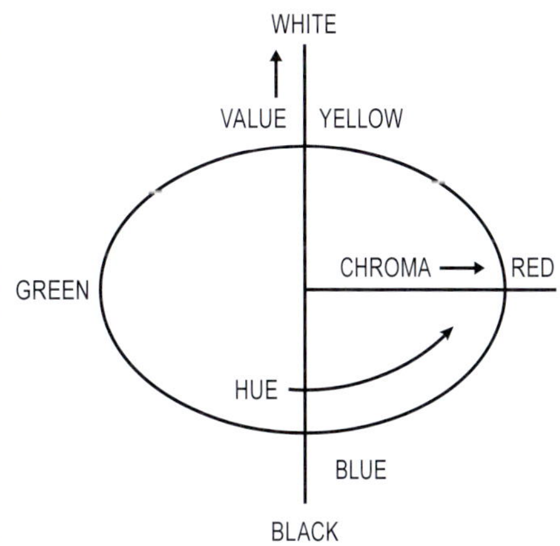

4.4.3 Color Communication(Metallic)

Metallic Brilliance evaluation descriptions : Light/Dark – describe the travel at face or flop(정면, 눕혀서 평가)

Coarse/Fine – describe the flake size(Flake – 메탈릭 입장의 거치고, 미세함 평가)

4.4.4 Gloss

▶ Interior 부품 Gloss Target

Applications	Group A IP Upper, IP Mid, Door Upper, Center Stack, Console Top	Group B IP Lower, Door Lower, Console Side, Console Rear, Upper Garnish	Group C Overhead Components	Group D Lower Garnish, Seat Plastics, Package Shelf, Load Floor
Emerging Market Cars	PGF	PGF	PGF	PGF
Mainstream Cars	PGC	PGE	PGF	PGE
Luxury Cars	PGC	PGC	PGC	PGE

Note) Gloss level (measured by 60 degree angle) – PGF(5), PGE(3), PGC(2)

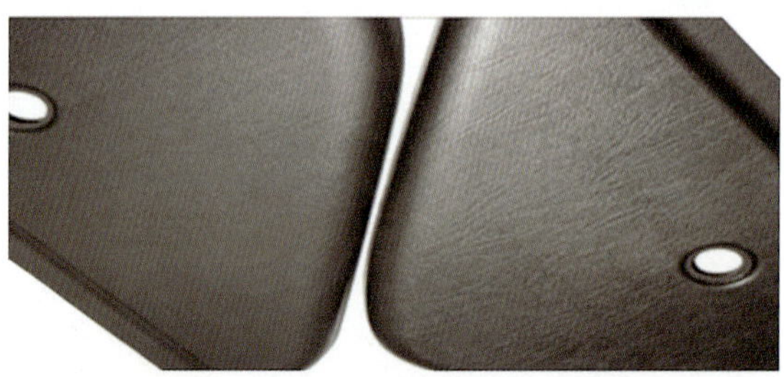

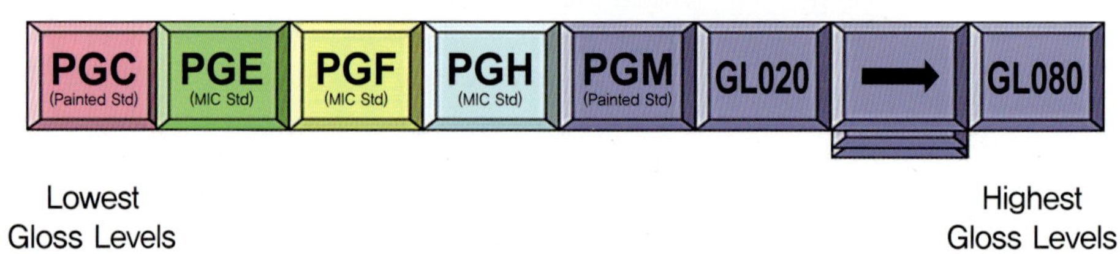

4.4.5 Grain Types for application

(1) Animal Grain : Mimic the appearance of an Animal hide.

주로 Interior IP's, Doors, Console, Seats 등에 이용된다.

Examples of Animal Grains

(2) Functional Grain(fine type) : Nondescript small random shapes.

[ex. Stipple(점으로 그려진) pattern]

주로 interior buttons, Knobs, Switches, Bezels, Handle 등에 이용된다.

Examples of Functional Grains

(3) Organic Grain(non-geometric type) : Consists of curvilinear, non-geometric shapes.

주로 IP, Doors, Console 등에 이용된다.

Examples of Organic Grains

(4) Technical Grain(geometric type) : Geometric shapes such as squares, circles, diamonds etc.

주로 Interior upper garnish, Doors, Console, Some exterior parts 등에 이용된다.

Examples of Technical Grains

자동차 기술은 …

최고를 지향하지 않고 **최적**(to optimize)을 **추구하는 기술**입니다.

제 5 장

자동차 기술은 …

경험의 기술입니다.

제 5 장 플라스틱 품질문제 TECHNICAL MANUAL

5.1 플라스틱 영향인자별 사례

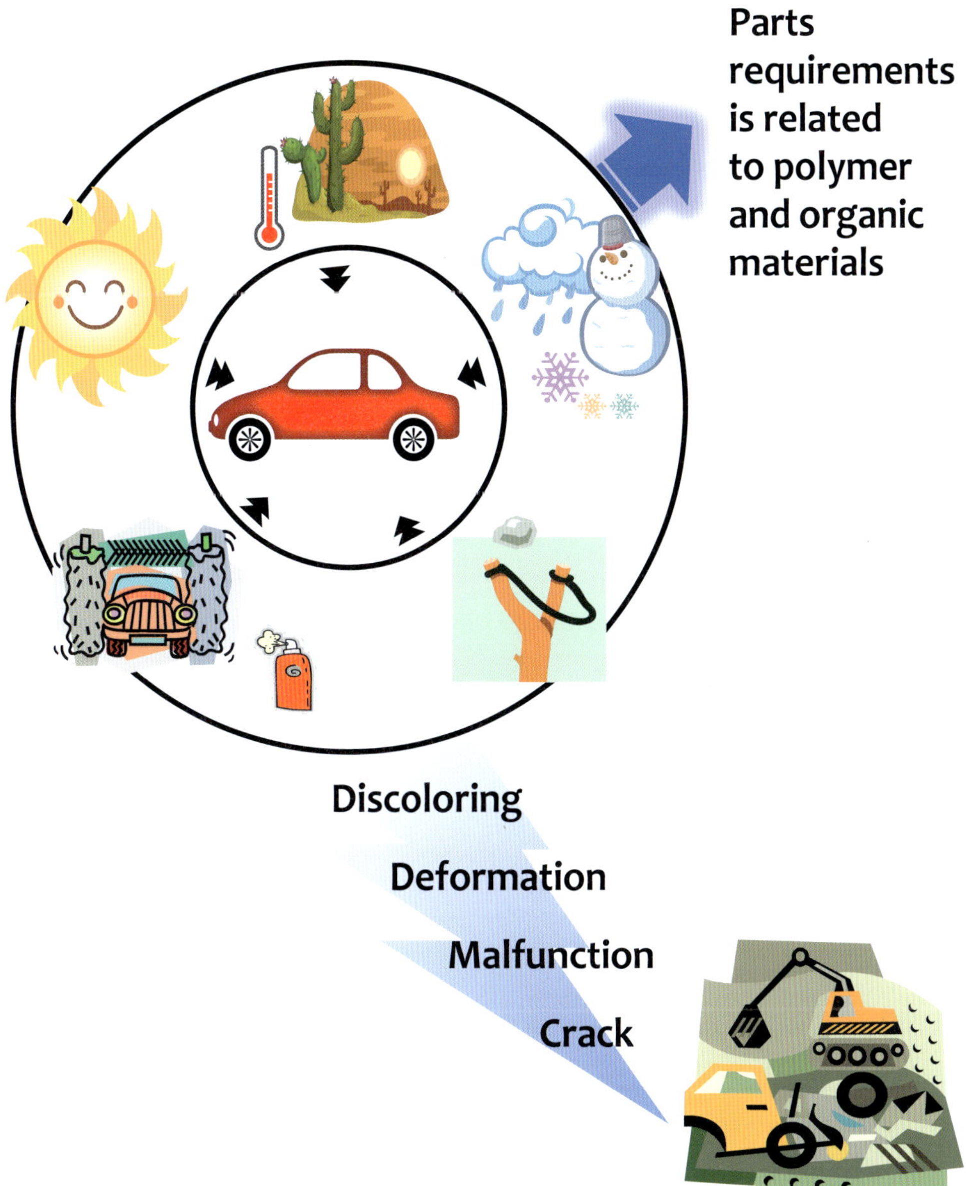

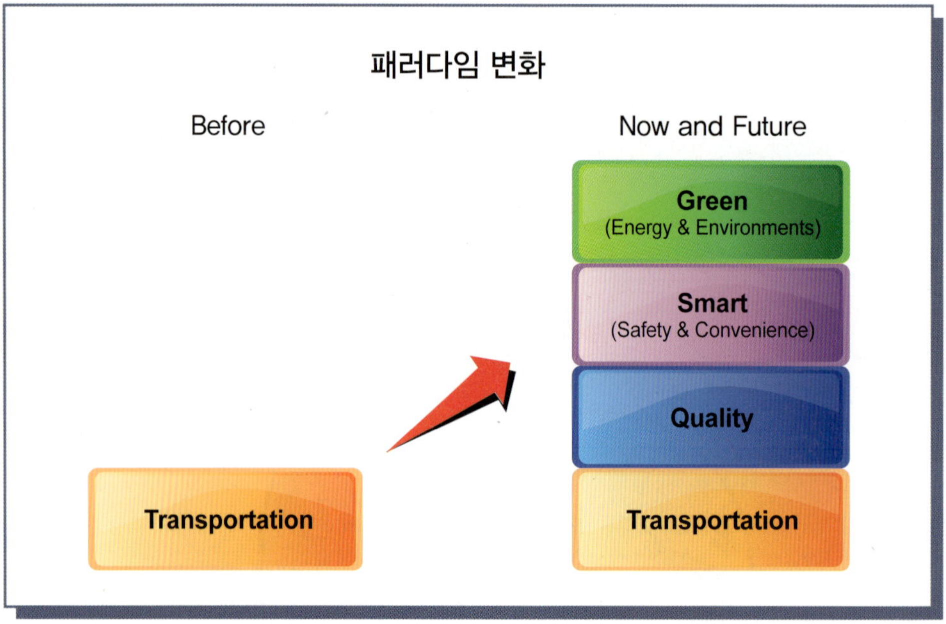
패러다임 변화
Before
Now and Future
Green
(Energy & Environments)
Smart
(Safety & Convenience)
Quality
Transportation
Transportation

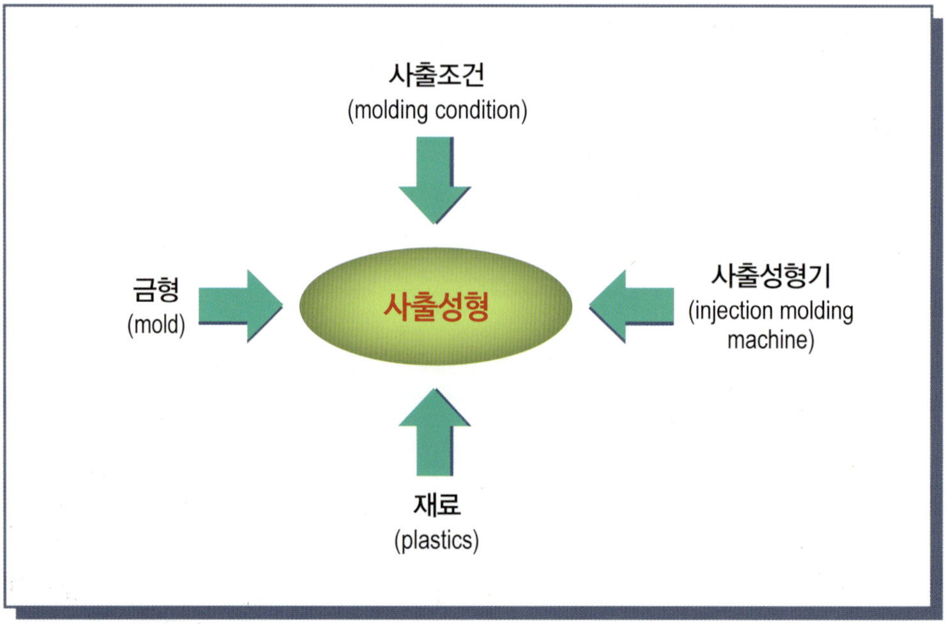
사출조건
(molding condition)
금형
(mold)
사출성형
사출성형기
(injection molding machine)
재료
(plastics)

▶ 플라스틱의 열화 요인과 열화 현상, 영향

	요인	현상	열화에 따른 영향
설계 조건	응력	균열 발생	응력 집중에 따른 강도, 신율의 저하
	시간	다른 조건과의 관계에 의함	(온도와의 관계로 결정됨)
환경 조건	열	열분해에 의한 분자절단, 가교화, 균열, 색상변화	강도나 신율 저하 경화에 따른 강도 저하 응력집중에 따른 강도 저하 결정화 촉진, 황변
	산소, 오존	분화에 따른 분자절단, 가교화, 균열(열과의 공동작용), 색상변화	강도나 신율 저하 응력 집중에 따른 강도 저하 황변
	물	가수분해 균열 색상변화	분자량 저하에 따른 강도 저하 응력집중에 따른 강도 저하 백화
	자외선	분해에 따른 분자절단, 가교화, 균열, 색상변화, 표면 거칠기	분자량 저하에 따른 강도 저하 응력집중에 따른 강도 저하 황변, choking
	약품	가수분해(염기성 약품)나 산화열화(강산)의 촉진, 용제 균열, 색상변화, 표면 거칠기	분자량 저하에 따른 강도 저하 응력집중에 따른 강도 저하 황변, 백화, 팽윤, 용해
	방사선	분자절단, 가교화, 색상변화	분자량 저하에 따른 강도 저하 응력집중에 따른 강도 저하 황변
	미생물	가수분해 효소에 의한 분해(예)	생분해서 폴리머로의 이용

5.1.1 Chemical Resistance

(1) 케미컬 스트레스 크랙(Chemical Stress Crack)

케미컬 스트레스 크랙은 수지(재료)의 인장강도 이하의 인장응력으로 발생하는 전형적인 취성 파괴이다. 성형품에 대해 인장응력 발생부분에 약품이 부착 및 접촉했을 경우, 시간 경과를 수반해 약품과 응력과의 상승작용에 의해 분열이 일어나는 현상을 케미컬 스트레스 크랙 현상이라고 하며 이때의 분열을 케미컬 스트레스 크랙이라고 부르고 있다.

(2) 케미컬 스트레스 크랙의 발생원인

재료가 응력을 받은 상태 또는 성형품 가공 시 생긴 내부응력이 잔류해 있는 상태에서 약품과 접촉 시 발생되는 크랙이다. 이 발생 메커니즘에 대해서는 '응력 존재하(하중이 걸려 있는 상태)에서 분자 간에 틈새가 생겨 이 틈새에 약품이 침투해 분자 간 응집력(분자간의 강한관계)이 저하해 분자가 빠져 나가 일어나는 것으로 크랙이 발생한다'고 하지만, 아직도 완전하게 해명되지 않았다. 즉, 케미컬 스트레스 크랙은 약품과 응력의 어느 한쪽을 제거하면 발생하지 않는다.

침투된 Solvent는 직접 polymer Chain과 반응하는 것이 아니며(극히 일부 Chain의 말단과 반응), Chain 주위 Solvent에 의한 스트레스가 급격히 증가하여, 스트레스에 의해 엔트로피(Entropy)가 증가(무질서도 증가)하는 방향으로 크랙이 발생된다.

5.1.2 Thermal Resistance

(1) 열 열화의 원리와 억제

① 산소 존재하에서의 열분해

폴리머 분자 골격의 열 열화는 자동 산화반응에 의해 진행된다. 열과 산소 존재하에서 산소분자에 의한 수소분자 빼내기 반응에 의해 탄화수소 라디칼(R•)이 생성된다(연쇄 개시). 이어서 탄화수소 라디칼(R•)은 산소와 반응하여 peroxy라디칼(ROO•)을 생성한다. 이 Peroxy라디칼은 다른 탄화수소로부터 수소를 빼내고 hydroxy peroxide(ROOH)를 생성한다. Hydroxy peroxide는 고온 하에서 분해되어 peroxy라디칼(ROO·)이나 oxy라디칼(RO·)을 생성하여 peroxy라디칼이나 탄화수소 라디칼의 발생을 더욱 유발한다.

열 산화 열화를 방지하기 위해 폴리머에 산화방지제가 첨가되고 있다. 산화방지제에는 발생하는 라디칼을 포섭하여 자동 산화의 진행을 정지시키는 것과 생성하는 hydroxy peroxide를 무해한 것으로 분해하는 것이 있다. 전자를 1차 산화방지제, 후자를 2차 산화방지제라고 한다. 1차 산화방지제에는 페놀(phenol)계나 아민(amine)계 산화방지제(hindered amine계, 방향족 amine계)가 사용된다. 2차 산화방지제에는 인계와 황계 산화방지제가 있다.

② 무산소 상태에서의 열분해

산소가 존재하지 않는 시스템에서는 심한 열분해는 일어나지 않는다. 그러나 산소가 존재하지 않아도 장시간 고온에 노출되면 고분자화, 가교화 등에 의해 겔화가 일어난다. PC를 진공 상태에서 가열하여도 겔이 발생한다. 성형 온도 영역에 있어서도 산소가 존재하지 않는 용융 상태에서는 장시간 체류하면 겔이 생성되는 경우가 있다. 이와 같은 겔 성분은 염화메틸렌에 용해되지 않는다. 또한, PPE, PS 등을 진공계에서 가열한 경우에도 PC와 마찬가지로 겔이 생성되는 것이 확인된다.

5.1.3 Weathering Resistance

General Motors의 Weathering requirements가 요구되는 재료 규격에 대한 Test Guide Line을 소개하고자 한다.

UV Stable :

If a specification has “UV Stable” or “UV Stabilized” in the title, the resin is meant to be molded in color for interior use. These materials should be kicked off in the appearance database to go through the color development process.

This include matching a color master and then running the tests.

To approve a material to a UV stable spec, the resin supplier must provide data from 6 lots of either black or natural and they must provide 1 lot of data from four colors – black, gray, neutral(tan, brown) and either a red or a blue.

All four must be tested to prove that the material can be produced and will work in the whole palette of interior colors.

Almost any material at all can meet the requirements in black so it is not allowed to approve them just based on black.

Regarding natural weathering, it is usually up to the material specialist approving the material to decide if they want to see the natural weathering before approving the material.

Many times it depends on the capability of the supplier.

Weatherable or Weather Resistant :

If a specification has "Weatherable" or "Weather Resistant" in the title, the resin is meant to be molded in color for exterior use. These materials should be kicked off in the appearance database to go through the color development process, as defined in the CTDAR for the corresponding program. This include matching a color master and then running the tests.

To approve a material to a Weatherable spec, the resin supplier must provide data from 6 lots of material and they must provide 1 lot of data. The color that they provide is dependent on the program.

Many times, it is just Black but it can be any necessary exterior color.

Regarding natural weathering, it must be run but it requires at least two years. Please see applicable material specification for details. If the material meets the Xenon requirement, the standard practice is to enter the approval as "Pending Action Noted" and then, in the Remarks field, note that the full approval is pending natural weathering.

General Motors SAE J 1960 for Exterior Parts(외장부품)

- 광원 : 제논 아크(Xenon Arc)
- Filter Type : Quartz / Boro S
- 광량 : 0.55W/m^2 @ $340nm^{-1}$
- 물분사 : Spray(Front & Back)

General Motors Requirements depending on parts position

- Class 1 : 4500kJ/m^2 → 직사광이 조사되는 Large Sized Parts(above belt line)
- Class 2 : 3500kJ/m^2 → 직사광이 조사되는 Mid Sized Parts(above belt line)
- Class 3 : 2500kJ/m^2 → 직사광이 조사되는 Parts(below belt line)
- Class 4 : 1500kJ/m^2 → 간접적으로 광이 조사되는 Parts(below belt line)

Damages from Weathering

Color Change, Gloss loss(색상 변화, 광택저하)/Embrittlement, Strength loss(취약화, 강도 저하)/Cracking, Peeling, Chalking(균열, 벗겨짐, 백화분말)

손상 원인으로는 UV(자외선), Temperature(온도), Moisture(수분), Dew(이슬), Humidity(습도) 등이 있다.

- UV-A(400~315nm) : Polymer damage(폴리머 손상)
- UV-B(315~280nm) : Severe polymer damage(심각한 폴리머 손상)
- Absorbed by window glass(유리창 흡수)
- UV-C(280~100nm) : Filtered out by earth's atmosphere(대기권 차단)

Distribution (Unit: nm)

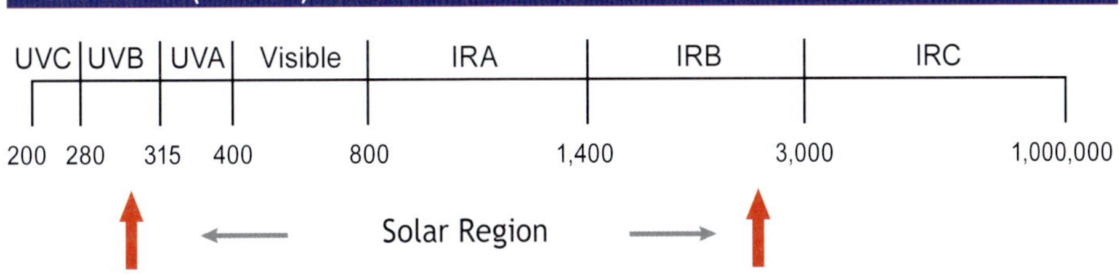

(1) Radiation Components

Photon energy increase with decreasing wavelength. Low wavelengths may have sufficient energy to break chemical bonds.

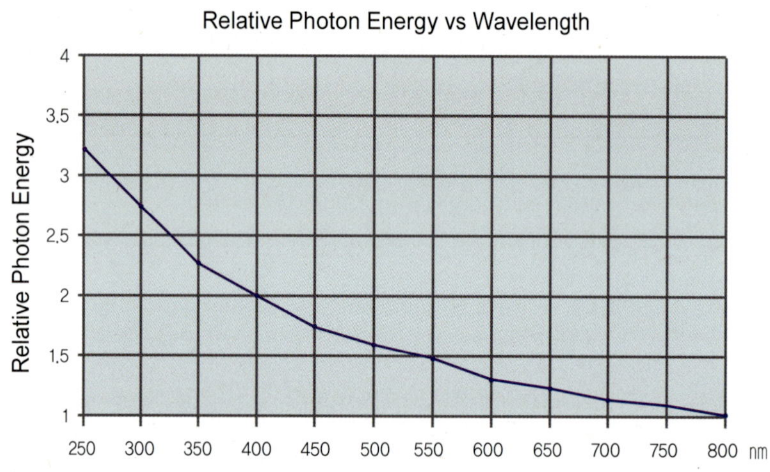

Photon energy is inversely proportional to wavelength

(2) Filter

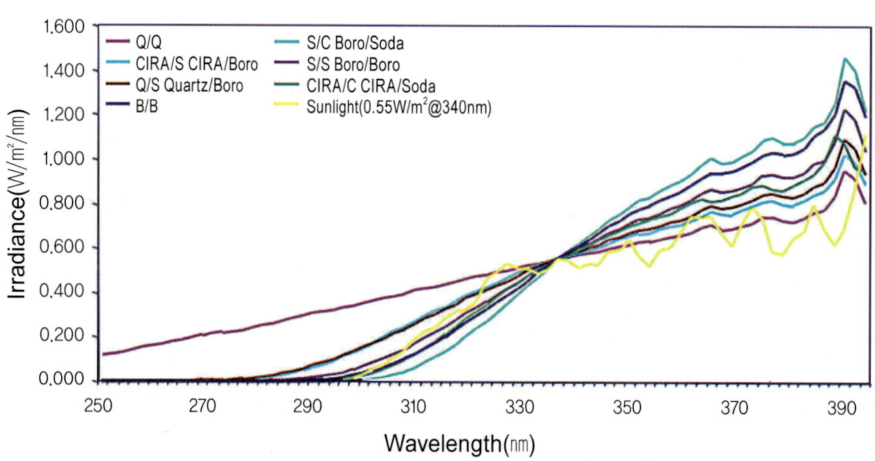

▶ Filter별 스펙트럼 차단 정도

Inner/Outer Filter	Quartz/Boro	Boro/Boro	CIRA/Soda	Boro/Soda
Wavelength Cutoff	270	285	295	305

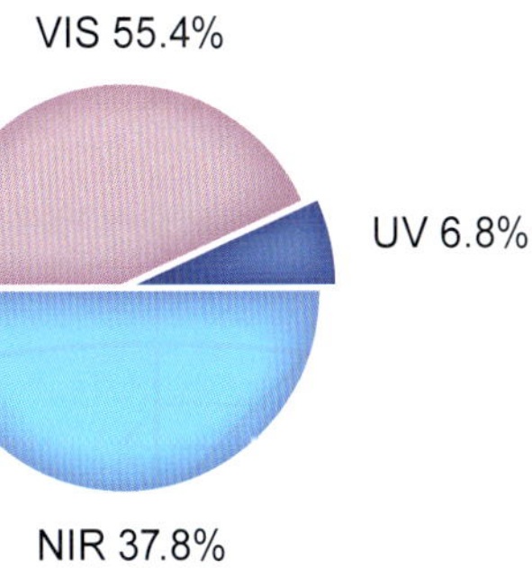

▶ 자동차 위치별 온도

Part	Temperature	Maximum Temp.
Coating System	70~75℃	90℃
Instrument Panel	93~100℃	122℃
Body Cloth	88~93℃	110℃
Rear Shelf	81~107℃	130℃
Lower Door Panel	51~56℃	75℃
Carpet	50~54℃	75℃
Ambient	27~33℃	52℃

▶ 자동차 위치별 온도(at 대한민국 서산, 1Years)

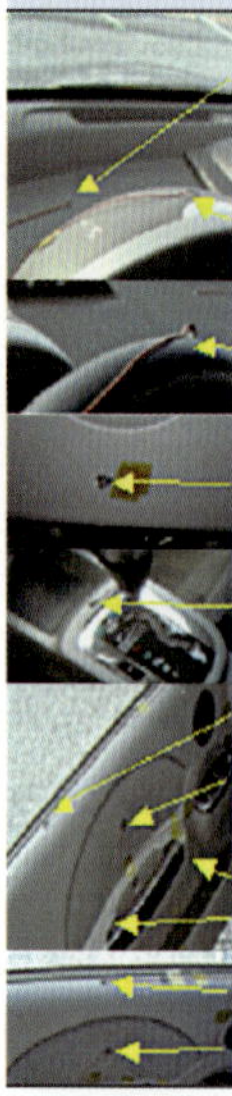

	Max Temp.(℃)	Min Temp.(℃)
IP "A" Surface	94	-13
UPR Cluster	103 Highest	-13
STRG WHL	90	-13
Globe Box	59	-12
Console	80	-12
FRT DR UPR FRT DR CTR	80 70	-13 -13
FRT Arm Rest FRT DR LWR	77 70	-13 -13
RR DR UPR RR DR CTR	78 76	-14 -13

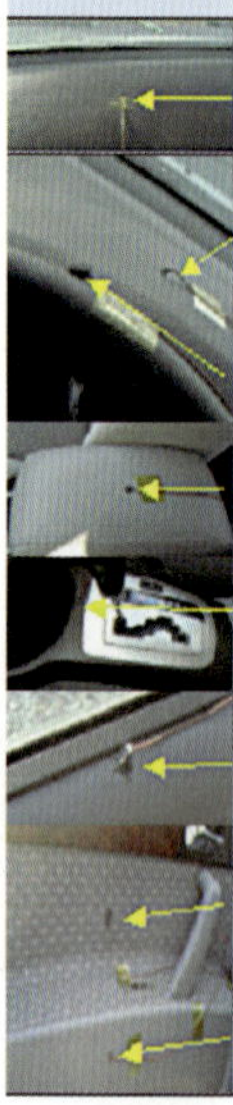

	Max Temp.(℃)	Min Temp.(℃)
IP UPR (Passenger)	91	-13
UPR Cluster	94 Highest	-14
STRG WHL	87	-13
Console (Arm Rest)	78	-13
Console	63	-12
FRT DR UPR	76	-13
FRT DR CTR	69	-13
FRT DR LWR	70	-13

- 내후성 시험종류(Category of Weathering Test)에는 옥외폭로와 촉진시험이 있다.
- 옥외폭로(Outdoor Weathering Exposure) : Florida, Arizona
- 촉진시험(Accelerated Weathering Test) : Xenon arc, UV lamp

(3) 옥외폭로(Outdoor Weathering Exposure) : Florida, Arizona.1.4 촉진 시험 조건 선정

Miami, Florida

Annual Sun	69%
Annual UV(<385nm)	280MJ/㎡
Annual Total Solar	6588MJ/㎡
Summer Temperature	32℃
Annual Rain	111days

Phoenix, Arizona

Annual Sun	85%
Annual UV(<385nm)	334MJ/㎡
Annual Total Solar	8004MJ/㎡
Summer Temperature	40℃
Annual Rain	32days

▶ 10년 내구 내장 부품의 요구 광량(출처 : Ford)

	KJ/m²@340nm	KJ/m²@420nm
IP Top Average	1850	3566
D/S Door Rollover	533	1027
Console	893	1720
D/S Airbag Door	1673	3224
Glove Box Door	105	202
Rear Package Tray	1679	3236
P/S Airbag Door	1821	3510
Radio Bezel	104	200
Door Switchcs	613	1180
D/S Headrest	189	365
D/S Seat Front	447	861
Rear Seat Bottom	295	569
Headliner	17	33

▶ Weathering Test Methods Used by the Automotive Industry

<table>
<tr><th colspan="2">Application</th><th>In the Laboratory</th><th>Outdoors</th></tr>
<tr><td colspan="2">Interior</td><td>-Hot light with Xenon
-Xenon with normal E
-Xenon with high E</td><td>-Under glass, static or with sun tracking
-EMMA, under glass
-Open or closed box, possibly heated
-Black box under glass</td></tr>
<tr><td colspan="2">Exterior</td><td>-Xenon with normal E
-Xenon with high E
-Fluorescent / UV test</td><td>-Open sample rack, without backing
-EMMA
-EMMAQUA
-Black box</td></tr>
<tr><td rowspan="2">Materials</td><td>Interior</td><td>• ISO 105-B06
• ISO 4892-2
• VDA 75202
• SAE J1885, SAE J2412
• JASO M346</td><td>• ISO 877
• ISO 2810
• SAE J2229
• SAE J2230
• ASTM G24</td></tr>
<tr><td>Exterior</td><td>• ISO 11341
• ISO 4892-2
• ISO 11507
• ISO 4892-3
• VDA 621-430
• SAE K1960, SAE J2527
• SAE J2020
• JASO M351
• ISO 3917</td><td>• ISO 877
• ISO 2810
• SAE J951
• SAE J1961
• SAE J1976
• ASTM G7
• ASTM G90</td></tr>
</table>

▶ Weathering Test Methods Used each the Country

Standard	BST, In℃	BPT, In℃	CHT, In℃	Dark Phase	Filter System	E level, In W/㎡ (300-400nm)	RH In%	Country
ISO 105-B06 Option 2	90		45	No	Behind Window glass	Not specified	45	France
ISO 105B06 Option 6		89	50	No	Behind Window glass	162	50	Japan
ISO 105-B06 Option 5		89	63	Yes	Extended UV	0.55 W/(㎡nm) at 340nm	50	USA
SAE J1885		89	62	Yes	Extended UV	0.55 W/(㎡nm) at 340nm	50	USA
SAE J2412		89	62	Yes	Extended UV	0.55 W/(㎡nm) at 340nm	50	USA
JASO M346		89	Not Spec.	No	Behind Window glass	48-162	50	Japan
ISO 105-B06 Option 3	100		65	No	Behind Window glass	45-162	30	Germany
VDA 75202 Option A	100		65	No	Behind Window glass	44-150	20	Germany
ISO 4892-2 Method B	100		65	No	Behind Window glass	50-162	20	Germany
ISO 105-B06 Option 2	115		48	No	Behind Window glass	70-90	20	Germany
VDA 75202 Option B	115		48	No	Behind Window glass	70-90	20	Germany

▶ Lab(Accelerated) Weathering

Property	Standard	Unit	Value
Accelerated Weathering	Exposure to interior xenon arc apparatus per SAE J1885 at an irradiation of:	Color Change	
PC	225 kJ/㎡		
ABS, ABS+PC	263 kJ/㎡		
PA, PE, PVC	601 kJ/㎡		
POM, PP, E/P, TES	1240 kJ/㎡		
Color Change	SAE J1545, CIELAB color space, 10 degrees observer, illuminant D65, specular included, sphere geometry, before and after exposures.		△E<3.0 (for information only) Visual evaluation overrides numerical scale approval.
Surface Defects	Visual		No objectionable defects allowed.

▶ Weathering Requirements for Plastics

Application	Class	Test Method	Radient Energy
Parts exposed to direct sunlight belt line with large horizontal surface, e.g., tonneau covers	1	SAE J1960	≥4500kJ/㎡
		ISO 4892-1/2	≥5400kJ/㎡
Parts exposed to direct sunlight above belt line with midsize horizontal surface and parts that have both vertical and horizontal surface, e.g., cowl, appliques	2	SAE J1960	≥3500kJ/㎡
		ISO 4892-1/2	≥4200kJ/㎡

Application	Class	Test Method	Radient Energy
Other parts exposed to direct sunlight above belt line and all parts exposed to direct sunlight below belt line, e.g., antenna housing, mirror housing	3	SAE J1960	$\geq 2500 kJ/m^2$
		ISO 4892-1/2	$\geq 3000 kJ/m^2$
Hidden parts not exposed to direct sunlight, e.g., fenderliner	4	SAE J1960	$\geq 1250 kJ/m^2$
		ISO 4892-1/2	$\geq 1500 kJ/m^2$

▶ Natural(Solar) Weathering Requirements for Plastics

Property	Standard	Unit	Value
Solar Weathering	Exposure to Natural Weathering, under Tinted Glass, Seasonally Adjusted Langleys:	Color Change	
ABS, PE	75,000L(SASR), 85℃		
PA, PVC	90,000L(SASR), 93℃		
ABS+PC	140,000L(SASR), 102℃		
E/P, PC, POM, PP, TES	190,000L(SASR), 110℃		
Color Change	SAE J1545, CIELAB color space, 10 degrees observer, illuminant D65, specular included, sphere geometry, before and after exposures.		△E<3.0 (for information only) Visual evaluation overrides numerical scale approval.
Surface Defects	Visual		No objectionable defects allowed.

▶ TNR Tables Standard (solar timing) - 110℃ 예시

TNR Table

230 F Clear Tempered

110℃

		Jan	Feb	Mar	Apr	May	Jun	Jul	Aug	Sep	Oct	Nov	Dec
Jan	14	14											
Feb	17	31	17										
Mar	25	56	42	25									
Apr	27	83	69	52	27								
May	32	115	101	84	59	32							
Jun	34	149	135	118	93	66	34						
Jul	35	184	170	153	128	101	69	35					
Aug	33	217	203	186	161	134	102	68	33				
Sep	30	247	233	216	191	164	132	98	63	30			
Oct	27	274	260	243	218	191	159	125	90	57	27		
Nov	19	293	279	262	237	210	178	144	109	76	46	19	
Dec	14	307	293	276	251	224	192	158	123	90	60	33	14
Jan	14		307	290	265	238	206	172	137	104	74	47	28
Feb	17			307	282	255	223	189	154	121	91	64	45
Mar	25				307	280	248	214	179	146	116	89	70
Apr	27					307	275	241	206	173	143	116	97
May	32						307	273	238	205	175	148	129
Jun	34							307	272	239	209	182	163
Jul	35								307	274	244	217	198
Aug	33									307	277	250	231
Sep	30										307	280	261
Oct	27											307	288
Nov	19												307

TNR Table

230 F Clear Laminated

		Jan	Feb	Mar	Apr	May	Jun	Jul	Aug	Sep	Oct	Nov	Dec
Jan	13	13											
Feb	15	28	15										
Mar	22	50	37	22									
Apr	25	75	62	47	25								
May	30	105	92	77	55	30							
Jun	32	137	124	109	87	62	32						
Jul	32	169	156	141	119	94	64	32					
Aug	29	198	185	170	148	123	93	61	29				
Sep	28	226	213	198	176	151	121	89	57	28			
Oct	24	250	237	222	200	175	145	113	81	52	24		
Nov	17	267	254	239	217	192	162	130	98	69	41	17	
Dec	13	280	267	252	230	205	175	143	111	82	54	30	13
Jan	13		280	265	243	218	188	156	124	95	67	43	26
Feb	15			280	258	233	203	171	139	110	82	58	41
Mar	22				280	255	225	193	161	132	104	80	63
Apr	25					280	250	218	186	157	129	105	88
May	30						280	248	216	187	159	135	118
Jun	32							280	248	219	191	167	150
Jul	32								280	251	223	199	182
Aug	29									280	252	228	211
Sep	28										280	256	239
Oct	24											280	263
Nov	17												280

5.1.4 Water Absorption Resistance

플라스틱 재료 중 PA 재료는 수분에 가장 영향(수분 흡수)을 받으므로 항상 제품 성형 전에 제습 및 수분 특성을 충분히 인지하고 고려해야 한다.

PA6/ PA66 수분 흡수율과 물성

(1) Equilibrium moisture content as a function of relative humidity

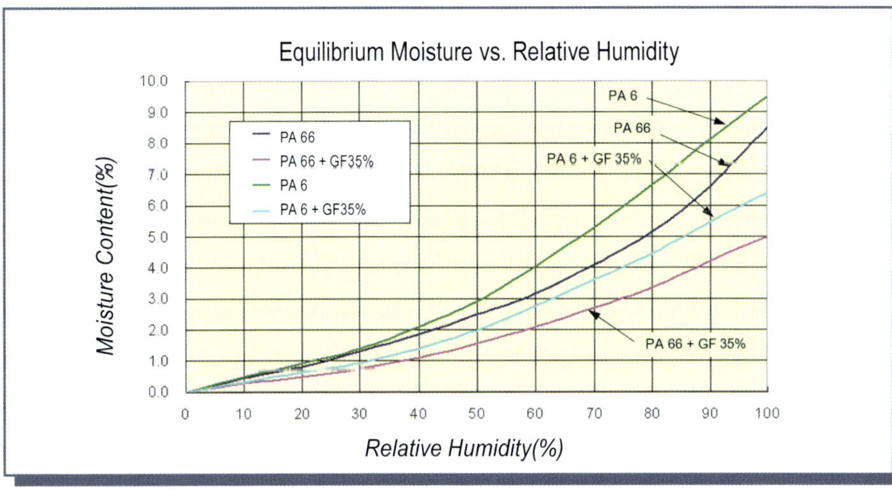

(2) Moisture content vs. Time for Polyamide exposed at 23℃/50% RH

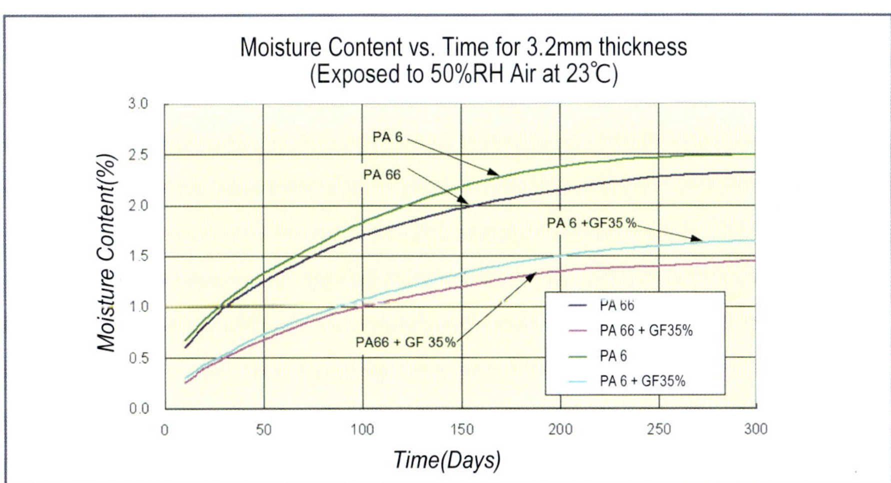

(3) Equilibrium moisture content of PA

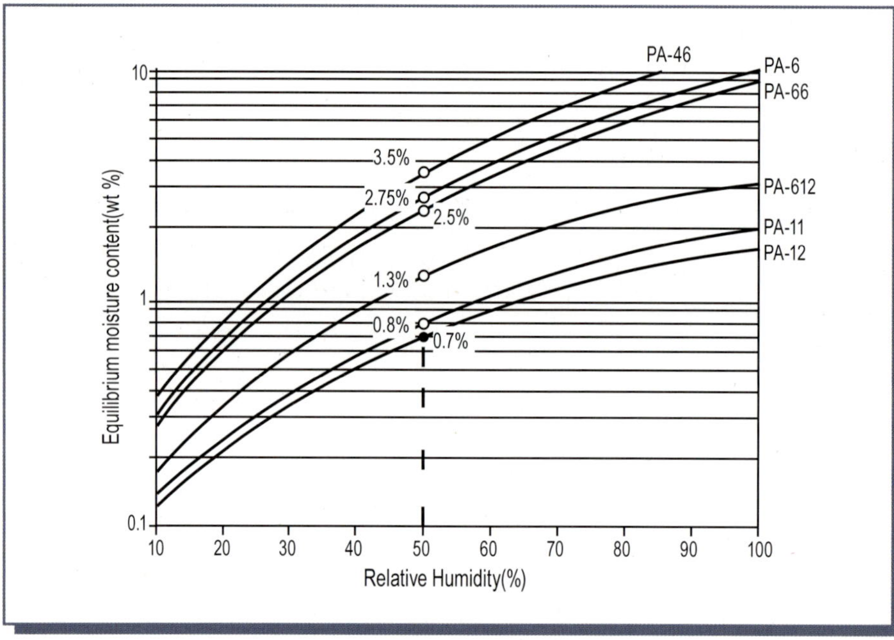

(4) Moisture content vs. Tensile strength at 23℃

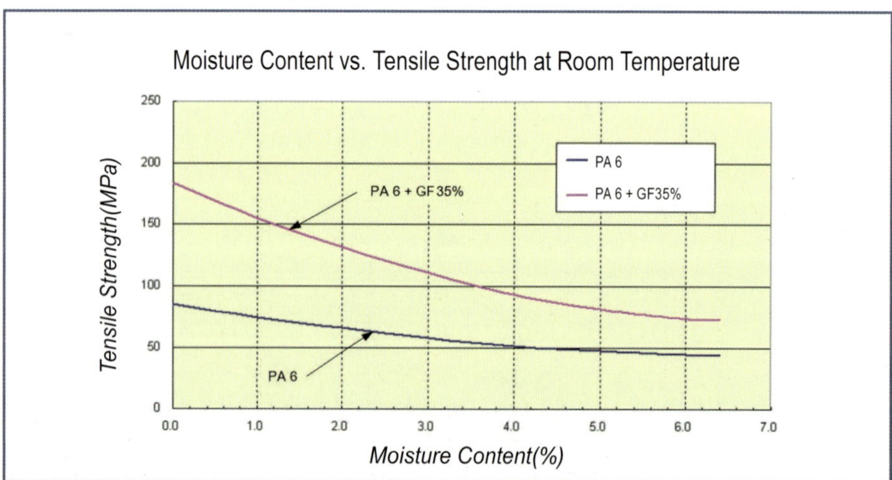

(5) Moisture content vs. Flexural strength at 23℃

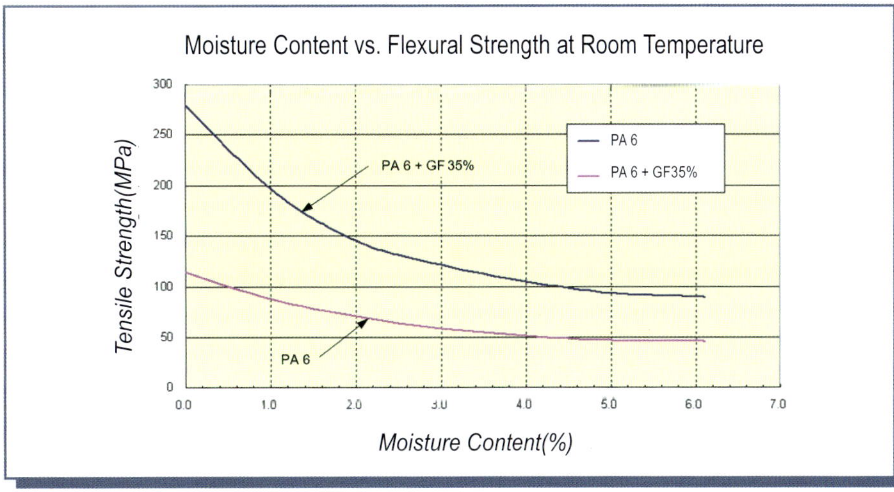

(6) Seasonal effect for PA 6 properties

- % Equilibrium Moisture absorption of PA6 varies according to environment temperature and humidity Mechanical properties of PA6 changes by moisture % and temp.

- Brittleness due to low % moisture absorption and freezing of polyamide during dry and cold season can cause crack of part.

Season	Humid/Temp	Eq. Moisture Absorption, %	Impact strength kJ/㎡	Elongation, %
Winter	RH 20%	0.9	4.5	30
	-20%	-	2.5	5
Summer	RH 90%	8.2	20	200

(7) Tensile strain VS Exposure time/temp./RH – Unfilled PA6

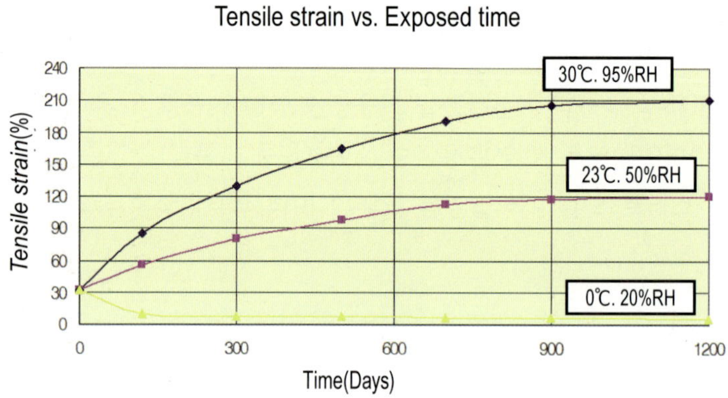

(8) Equilibrium moisture content

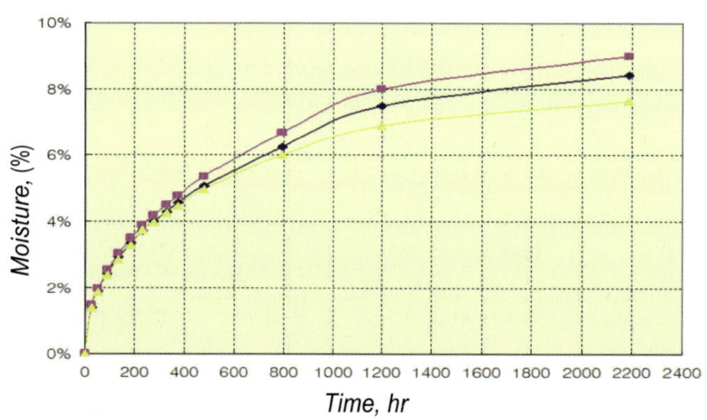

- 검은 실선 : Impact modified PA6 grade has lower equilibrium moisture content than
- 파란 실선 : unfilled PA 6 grade is impact modified material and can endure well at dry and low temp. condition

5.2 재료별 사례

5.2.1 PBT 플라스틱 재료

PBT는 화학직으로 폴리브티렌 · 테레프탈레이트라고 하는 결정성 플라스틱으로 유리 섬유로 강화된 것이나 무충전재 등에 의한 복합 그레이드와 비강화 그레이드가 있다. 비강화 그레이드의 하중 뒤틀림 온도가 공업 재료로서는 높지는 않지만 많은 성형품은 강화 그레이드로 만들어진다. 이 때문에 성형 시의 변형 대책이 사출 성형에서는 가장 중요한 기술의 하나가 된다.

변형 대책은 성형품의 형상 설계, 금형 설계, 그레이드 선택 등으로 행해진다.

PBT는 에스테르 결합을 가지고 있기 때문에 성형 시 가수분해에 의한 열화 문제가 발생할 수 있다. 성형 시 Pellet 중의 흡수량과 수지 온도, 실린더 내 체류 시간 등의 관리가 중요하다.

(1) 표준 사출성형 조건

- 예비 건조 : 120℃, 5시간/140℃, 3시간
- 실린더 온도 : 250~270℃
- 금형 온도 : 40~80℃
- 보압 : 60~100MPa(600~1000kg/㎠)
- 냉각 시간 : 가소화 시간 + α
- 쪽 스크류 회전수 : 100~150rpm

(2) 사출성형 예비 건조

PBT는 열가소성 폴리에스테르이므로 흡습 상태로 성형되면 가수분해를 일으켜 무른 성형품이 된다. 이 때문에 Pellet의 건조에 주의해야만 한다.

120℃에서는 적어도 5시간의 건조가 필요하며 140℃에서는 3시간, 160℃에서는 2시간이 필요하다.

그러나 160℃과 같은 고온에서는 Pellet의 변색 문제가 일어나기 쉽고 100℃ 이하에서는 장시간 건조해도 적당한 Pellet 흡습량인 약 0.02% 이하가 되지 못한다.

건조 방법으로서는 선반식 통풍 건조기나 호퍼 드라이어가 사용되지만, 어느 경우도 Pellet가 균일하게 건조되도록 열풍 온도, 풍량 등을 조절할 필요가 있다. 특히 호퍼 드라이어의 경우는 숏 패스를 할 수 없도록 점검하는 것이 중요하다. 더 효과적인 건조를 위해서는 제습 타입의 건조기 사용을 추천한다.

(3) 사출 실린더와 금형 온도

PBT의 융점은 228℃ 부근이기 때문에 수지 온도는 250~270℃ 정도가 적당하다. 280℃ 이상이 되면 사실상 분해가 시작되기 때문에 270℃ 정도를 상한이라고 생각하는 것이 좋다.

PBT는 결정화 속도가 빠르기 때문에 40~120℃ 범위에서 비교적 광택이 있는 성형 표면을 얻을 수 있다.

금형 온도가 높으면 표면 광택과 치수 안정성이 좋아지지만, 변형은 커진다.

변형 대책으로써 금형 온도를 낮게 하기도 하지만, 이 경우는 고온 사용이나 어닐링 등으로 변형이 커지는 일이 있기 때문에 사전 검토가 필요하다.

(4) 사출 속도와 수축 특성

PBT는 고체화 속도가 빠르기 때문에 사출 속도가 빨라야 표면 광택이 좋은 성형품을 얻을 수 있다. 그러나 사출 속도가 빠르면 가스탄화가 일어나기 쉽기 때문에 가스

벤트의 설계에 충분한 고려가 필요하다. PBT는 결정성 플라스틱이므로, 비용적의 온도 의존성 곡선을 가지고 있어 비강화 그레이드의 성형 수축율은 매우 커진다.

한편, 유리 섬유로 강화하면 캐비티 내의 유동에 의해서 유리 섬유가 흐름의 방향으로 배향하기 때문에 성형 수축률이 작아져 수축률의 이방성이 나타난다. 이와 같은 이방성이 있기 때문에 성형 시의 변형이 문제가 된다.

성형 수축률은 일반적으로 성형 조건의 영향을 받는다. 성형품의 치수는 그것이 사용되는 조건, 즉 결정화의 진행, 흡습 · 흡수 열팽창 등에 의해 변화하기 때문에 이러한 상황을 충분히 파악해 치수 안정화 대책을 세울 필요가 있다.

(5) 흡수에 의한 치수 변회의 변형

PBT는 가수분해하는 재료이므로 뜨거운 물에서 사용되는 부품에는 사용하지 않는다. 이러한 점을 고려하면 흡습 · 흡수에 의한 치수 변화는 일반적으로 별로 문제가 되지 않는다. 성형품의 각 부분이 균일하지 못하게 수축하면 성형 폐해가 발생해 이것이 변형의 주원인이 된다. 즉, 성형품이 균일하게 수축하면 변형은 일어나지 않는다.

성형 수축이 균일하지 못하게 이루어지는 원인은 다음의 3가지가 주요하다. PBT 강화 그레이드에서는 유동 방향에 대한 수축율의 이방성이 가장 큰 요인이 된다. 성형품 두께의 불균일과 금형 온도, 캐비티 내압의 불균일, 유동 방향에 의한 수축율의 이방성이다.

(6) 사출성형 금형 설계

런너는 용해된 수지의 냉각이 가능한 적고, 압력 손실이 적도록 설계하는 것이 이상적이다. PBT도 핫 런너(hot runner)에 의한 성형이 가능하지만 다음과 같은 점을 주의해야 한다. 유리 섬유를 함유한 그레이드는 핫 팁, 매니폴드가 마모되지 않게 재질을 검토하고 매니폴드, 핫 팁 내에서의 수지 체류에 의한 변색, 열화를 검토한다. 그 외에 대해서는 핫 런너(hot runner) 설계의 일반적 유의점에 주의하면 문제는 없다.

(7) 게이트과 가스벤트 설계

게이트 설계에는 다음과 같은 점을 고려해야 한다. 게이트 타입은 성형품 품질, 생산성, 자동화 등을 고려하여 결정하고, 게이트의 위치와 수는 변형, 성형품의 강도, 외관 등에 영향을 준다. 특히, 변형 문제는 게이트의 위치와 수가 그 대책 중 하나이기도 하다. 게이트의 크기는 일반적으로는 성형품 두께의 60~70% 정도가 되는 두께의 게이트를 붙인다. PBT는 가스벤트의 설계가 나쁘면 가스탄화로 흑색이 나타나기 때문에 외관상 문제가 되기도 한다.

앞에서 설명했듯이 표면 광택을 좋게 하기 위해 고속 사출하는 것이 좋지만 가스벤트에 대해서는 충분히 배려해야 한다. 가스벤트의 깊이는 2/100mm 이하로 한다.

5.2.2 무도장 메탈릭 PBT 재료

(1) Problem

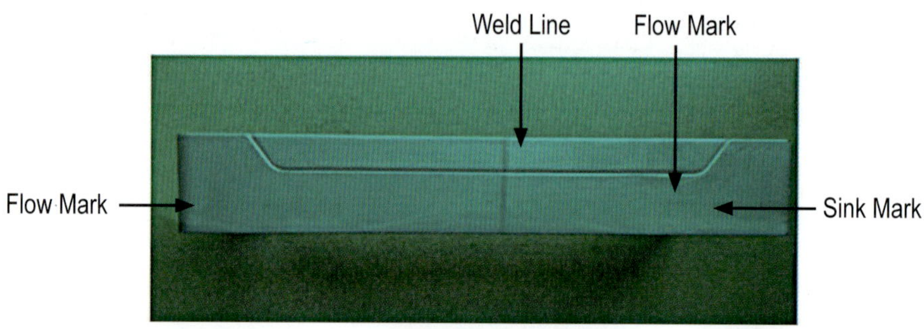

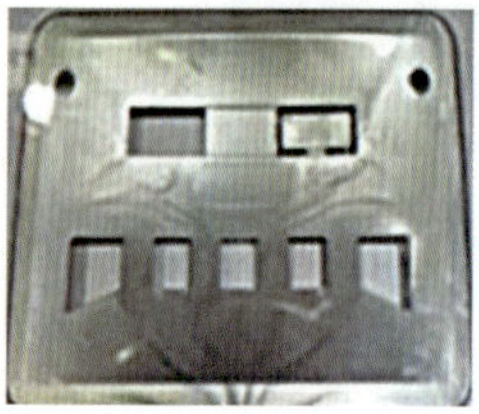
Flow Mark

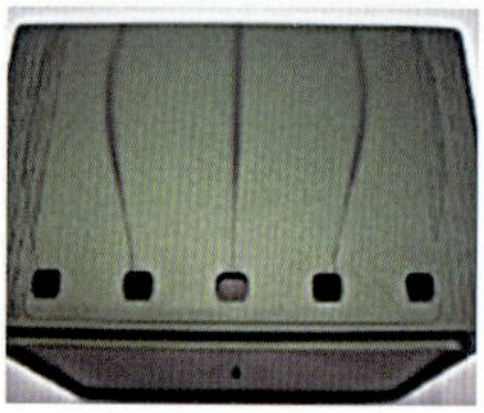
Weld/Meld Line

Flow 뭉침

(2) 이색감을 주는 인자 Weld line/Meld line

- 이색감은 수지 흐름의 변화루 인하여 발생한다.
- Weld/Meld line에서는 입자의 이방성을 유발한다.

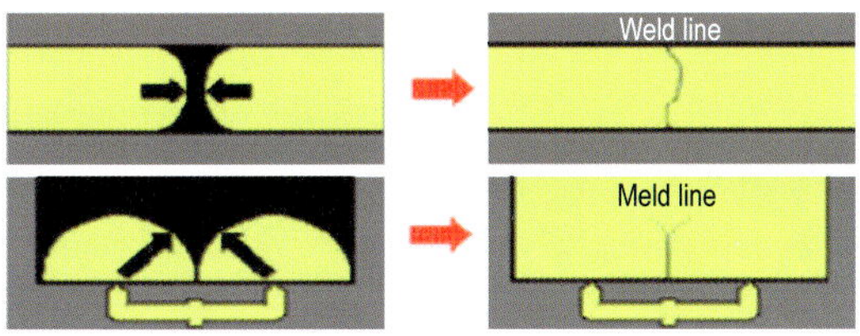

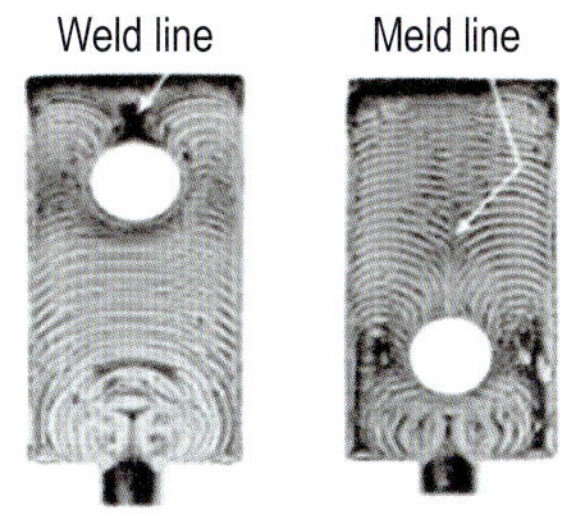

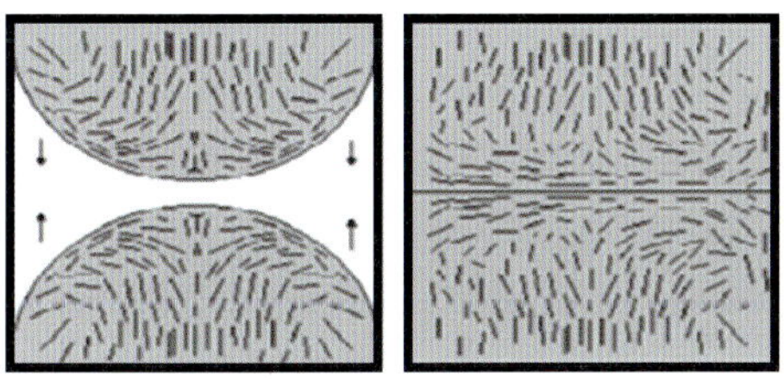

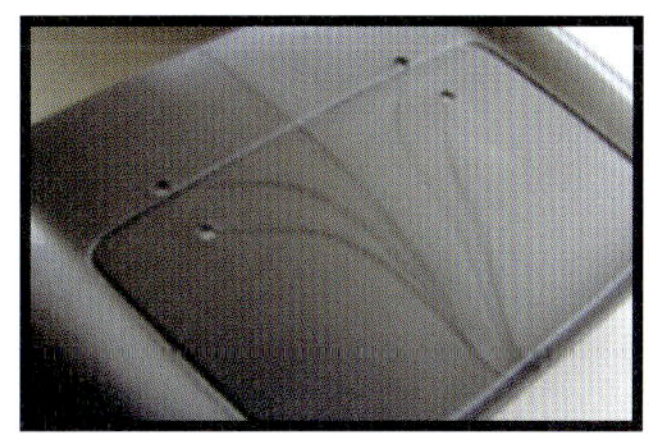

(3) Rib/Boss

- Rib/Boss는 수지 흐름의 변화를 유발한다.

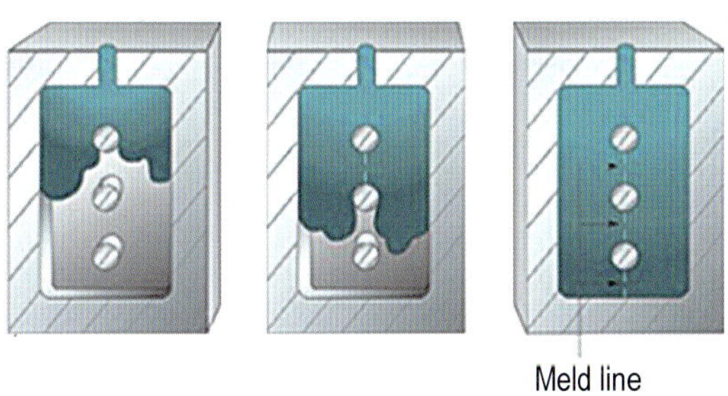

(4) RHCM Process

- 일반적으로 Rapid heating/coating 금형을 사용하여 High gross color를 만들기도 한다.

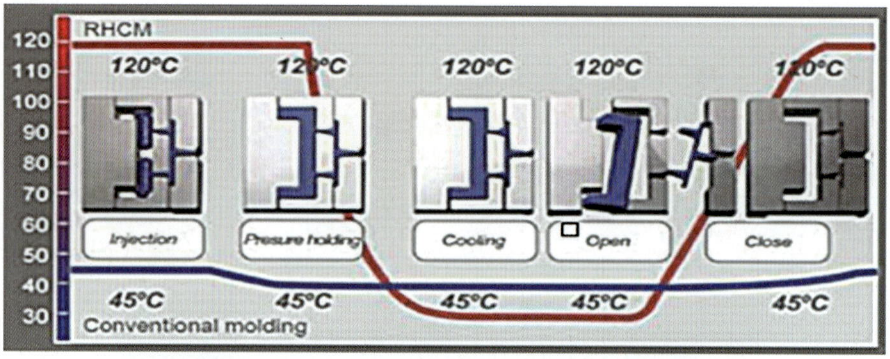

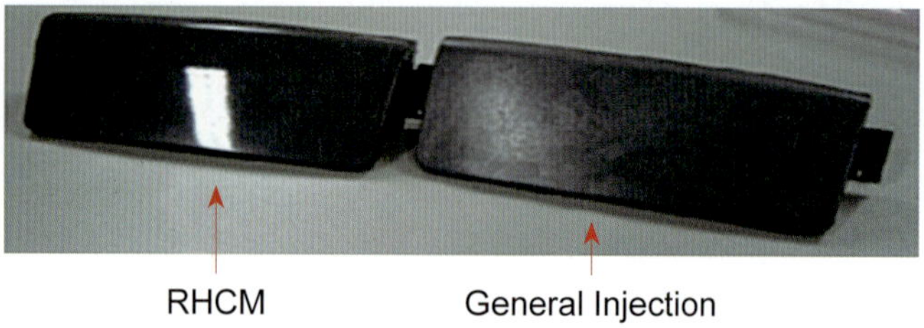

5.3 CAE 해석 사례

▶ Technical Supports

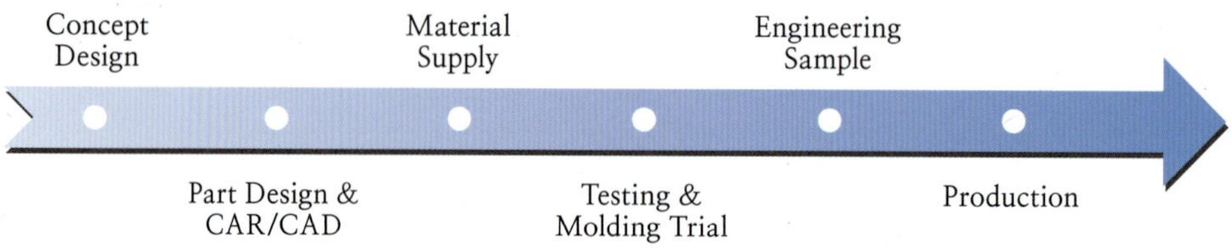

(1) Concept

- Initial Concept Design
- Metal to Plastic Concept Design
- Part Design & CAE/CAD
  - Advanced CAE Support
  - Filling/Cooling/Packing/Warpage
  - NVH(Noise/Vibration)
  - Impact/CFD

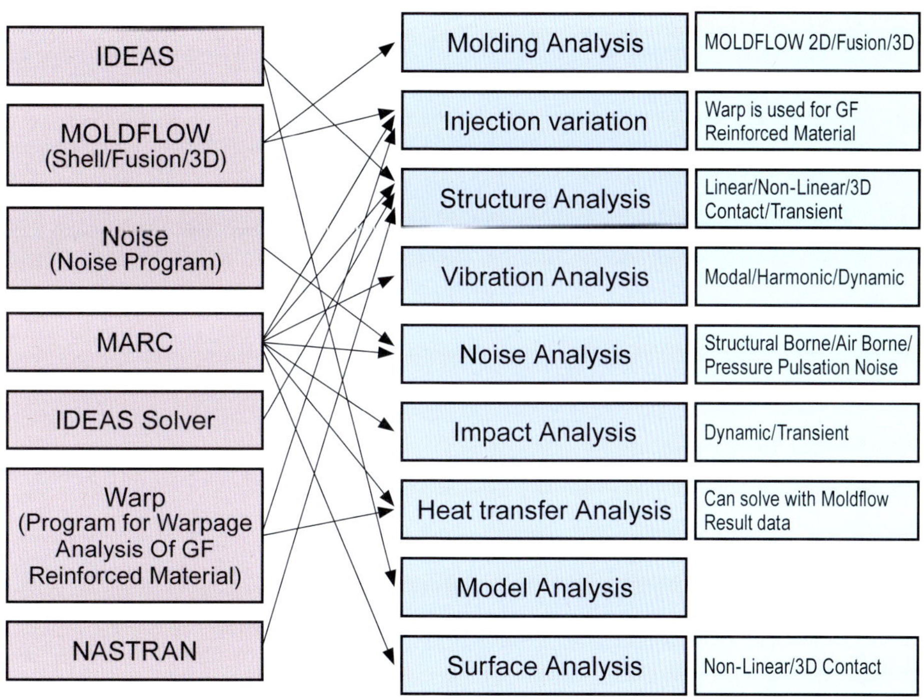

(2) Material

- Qualified Material Supply
- from General Polymer to Special Polymer

(3) Testing & Molding Trial

- Material Analyze & Testing
- Molding Trial Support
- NVH Testing

(4) Engineering Sample

- Rapid Prototyping
- Engineering Sample Design(Concept/3D)
- Mold Design(Delivery System Design)

(5) Production

5.4 자동차 품질문제 사례

- 자동차 Quality의 정의 : 자동차 사용환경에서(exposed to heat, sunlight, chemicals, loading with single & mix) 요구되는 Warranty, Specification 요구사항, 법규, 고객 요구사항(기대) 등을 충족시키는 정도
- 자동차 재료 내구 요구사항 : Vehicle interior trim materials shall be developed as to have no objectionable change in appearance after five years of customer service and no objectionable degradation in performance after ten years customer service

자동차 플라스틱 재료/부품의 품질문제 해결을 위한 일반적인 평가기법를 소개하고자 한다.

5.4.1 열에 의한 재료 산화특성 관리–산화 유도시간(Oxidative Induction Time; OIT)

고분자는 기계적으로 열화되는 산소를 포함하여 대기중에서 산화된다.

산화에 의한 이분해는 저온 불활성 가스의 열분해보다 고온이다. 예를 들어 폴리에틸렌의 경우 산화 분해는 공기 중 200℃ 이하에서 열과 반대로 시작된다.

산화 유도시간(OIT)은 상승된 등온 시험 온도에서 산화가스에 노출된 시험 시편의 산화 시작시간으로 정의된다.

DSC는 산화 안정성 평가 방법 중 하나다. Oxidation Induction Time(OIT).

모든 중합체(천연 및 합성)는 산화될 수 있으며, 산화 공정에 영향을 주는 중요한 요인은 온도와 빛이다.

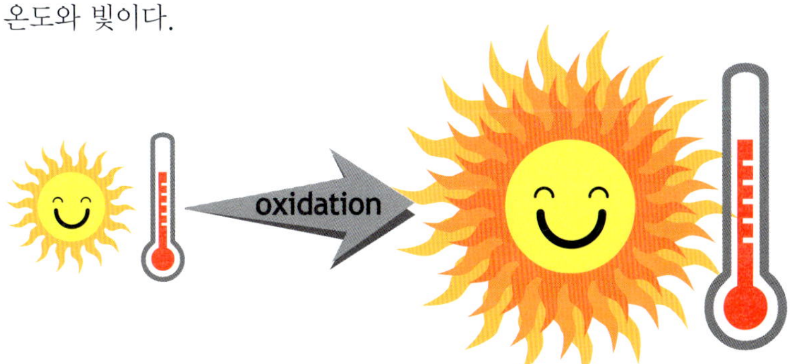

산화 징후 = 노화 징후

– 균열 형성밝기 또는 투명도 손실

– 기계적 품질의 손실 : 탄성, 인장 강도, 내충격성

열 노화의 원인은 무엇일까?

산소의 존재로 인한 유기 화합물의 자발적 반응

↓

자유 라디칼 형성

↓

폴리머 주쇄의 파괴

↓

그램–분자량 감소

↓

기계적 품질 저하

열 산화를 줄이기 위해 할 수 있는 일은 무엇일까?

폴리머의 구조적 변형/산화방지제 첨가

(산화방지제 : 산화를 지연시키는 화학적 화합물 및 생성되는 노화 과정)

각 생산 공정의 목표 : 노화에 강한 제품

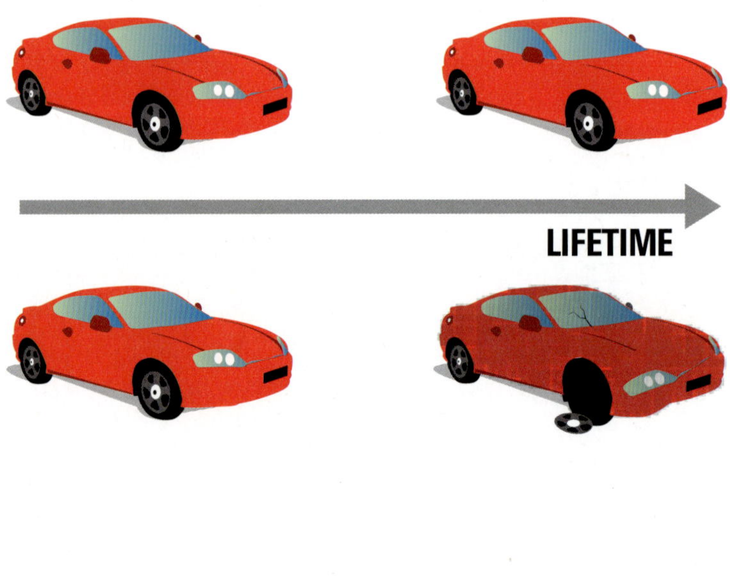

(1) 산화 유도시간 측정

산화 유도시간(OIT)은 높은 시험 온도에서 산화가스에 노출된 시험 시편의 산화 시작시간으로 정의된다.

산화 유도시간(OIT)의 측정 절차는 다음과 같다.

- 시료는 질소 분위기에서 가열된다. 그리고 온도는 지정된 온도에서 유지된다.
- 대기를 산소로 바꾼다.
- 산소로 변경한 후 가스 변화에서 관측된 발열까지의 시간. 피크가 측정된다.

사례로 폴리에틸렌(PE)의 산화 유도시간(OIT)을 측정한다.

Measurements 측정 : DSC 장비가 사용된다. 측정 조건은 시료 5mg, 등온 200℃, 205℃, 210℃ 및 215℃. 질소 및 산소 분위기에서 유량은 40ml/min이다.

질소를 산소로 변경하는 것은 가스를 사용하는 프로그래밍에 의해 자동으로 수행된다.

▶ DSC에 의한 산화 안정성 결정 – 표준방법

ASTM D 3895	유도 시간에 대한 표준 시험 방법 – DSC(Differential Scanning Calorimetry)에 의한 폴리올레핀의 산화
ASTM D 4565	물리적 및 환경적 성능을 위한 표준 시험 방법 – 통신 및 전선용 절연체 및 자켓의 특성

▶ 산화 안정성(ASTM D 3895) 측정을 위한 폴리올레핀 시료의 온도 프로그램 및 DSC 신호

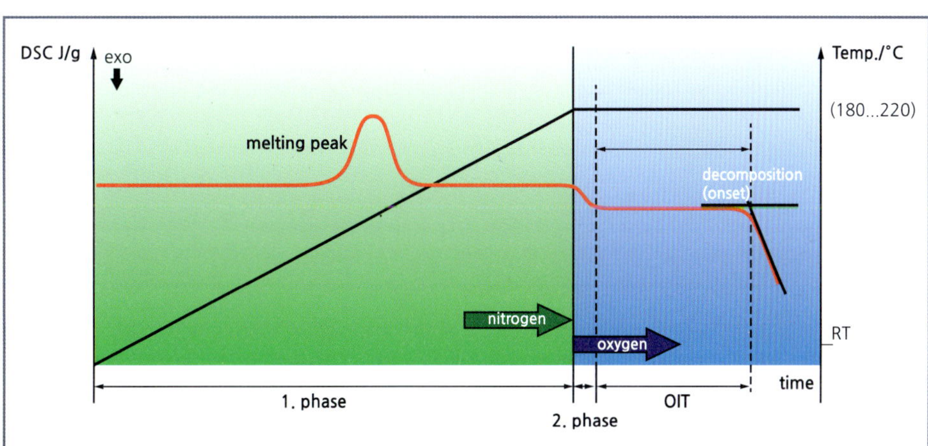

- Phase : dynamic heating above the melting area
  - Temp. range : RT... 180~220℃
  - Heating rate : 20K/min
  - Atmosphere : 50±5ml/min(nitrogen)
- Phase : thermal compensation, 3~5min
  (with completely gas change in the measuring cell from N_2 to O_2)

(2) 평가사례

Characterization of the oxidative stability

- Teting instrument : DSC
- Sample : Sample 1 stabillizer A (7.2mg)
  Sample 2 stabillizer B (7.67mg)
  Sample container : Al crucible, pierced lid
- Measurement program : ASTMD 3895
- Interpretation : A long time span between switching from N_2 to O_2 and the onset of the oxidative decomposition means a high resistance to aging. Water pipes made of PE with stabilizer B are more resistent to aging

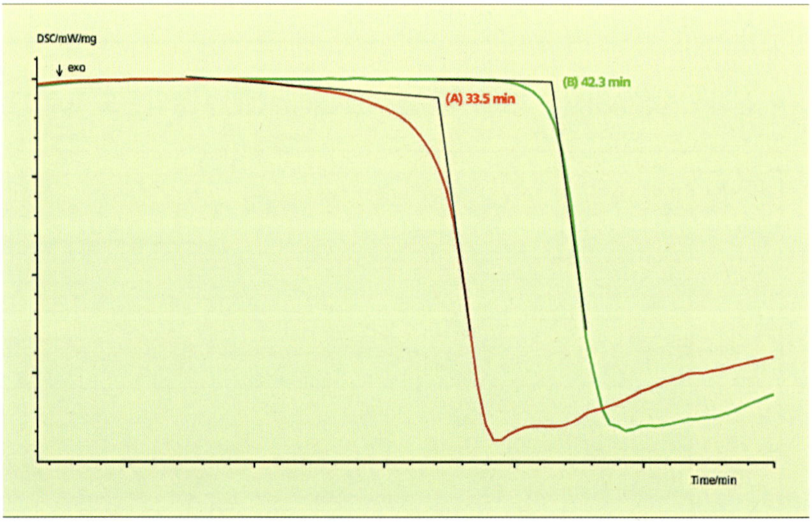

Characterization of the aging condition of like parts, made of PP and manufactured in different years

- Testing instrument : DSC
- Sample : PP/1987(3.9mg)
  PP/1993(4.5mg)
  PP/1997(3.5mg)
  Sample container : Al crucible, pierced lid
- Measurement program : ASTMD 3895

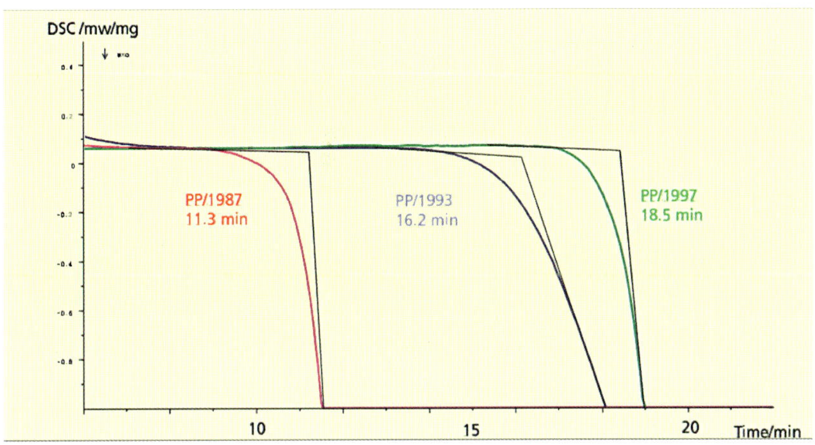

- Interpretation : With increasing age the oxidative stability decreases.
  This is related to a deterioration of the mechanical properties.
  This could be the reason for the failure of the older parts.

Characterize the effects of a stabilizer system

- Testing instrument : DSC
- Sample : 8.41mg PP/EPDM(with stabilizer)
  7.3mg(without stabilizer)
  Al crucible, pierced lid, He/O_2, 50ml/min
- Measurement program : RT... 200... RT... 200... 300℃, 20 K/min after 2nd heating to 200℃, He switched to O_2

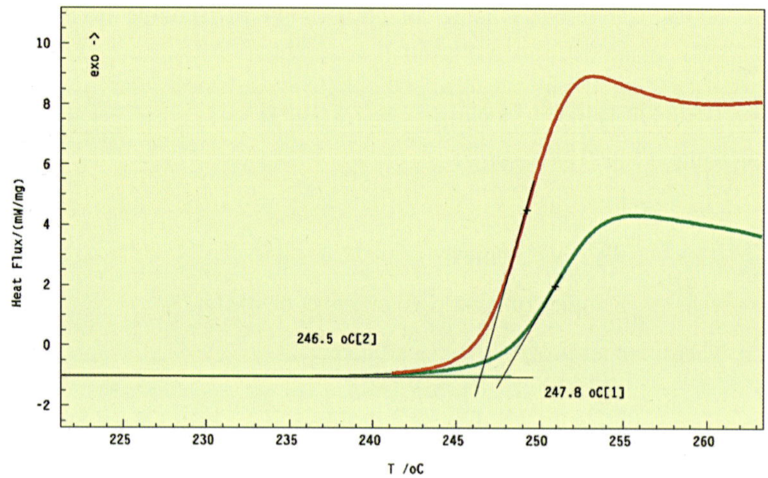

- Interpretaton : The stabilizer system raises the onset temperature only slightly but decreases the rate of oxidation.

Difference between virgin material and regenerated material

- Testing Instrument : DSC
- Sample : 10.03mg, PP/EPDM, virgin material
  8.8 mg, PP/EPDM, regenerated material
  Al crucible, pierced lid, N_2/air, 30ml/min
- Measurement program : RT... 200... −10... 200... 280℃, 20K/min after 2nd heating to 200℃, N_2 switched to air

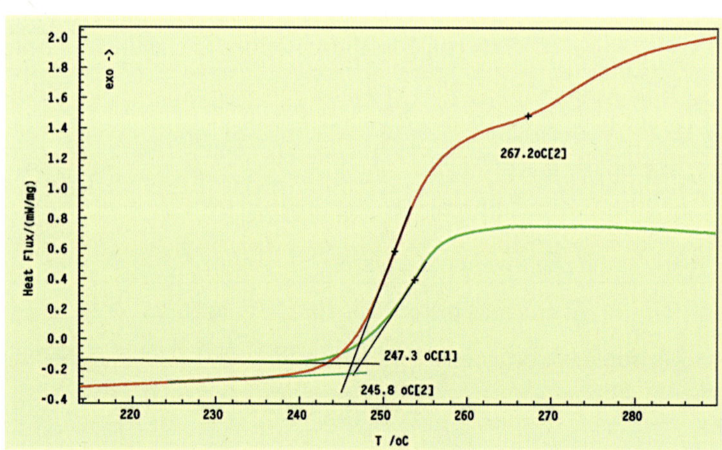

Interpretation : The oxidation onset for virgin material and regenerated material are almost the same. The main difference lies in the higher rate of oxidation of the regenerated material, i.e. the increased reactivity with oxygen.

• Summary for OIT(oxidation induction time) : DSC는 산화 유도시간(OIT)을 분석할 수 있다. 이 방법에 의해 다양한 고분자 재료를 효과적으로 평가할 수 있다.

5.4.2 재료 Fogging 특성관리 - Fogging Test

(1) Fogging Testing

DIN 75201 – Determination of windscreen fogging characteristics of trim materials in motor vehicles

Reflectometric testing : to come theoretically as close as possible to realistic results.

Disadvantage: - different refractive index of the emitted substances
- hindered condensation possible
- no even condensation – only 4–5 analysis spots
- reliable results only if value is > 85%

Gravimetric testing : Reflectometic testing의 단점 보완(해결책)

Advantage : - whole fogging area will be analyzed
- easy determination what substances emitted (thermodesorption)
- repeatable

▶ Fogging Problems Pictures

(2) Test methods

Test Method		Test Method	
		방법 1	방법 2
Test Method	시험편의 크기	- 지름 : 80±1㎜의 원형, 두께 : max. 20㎜ (두께가 20mm이상일 경우 10㎜까지 줄인다) - 평판 이외의 제품 : 15±1㎤ - 분말 또는 액체 물질 : 10±2g	* Method B(Method B – Gravimetric) - 비커에 알맞은 사이즈(두께 max. 20mm) (두께가 20mm이상일 경우 20mm까지 줄인다) - 평판 이외의 제품 : 15±1 ㎤ - 분말 또는 액체 물질 : 10±2g
	전처리 조건	- 데시케이터 내에서 23±5℃, 16±3시간 건조(실리카 겔이 채워져 있는 데시케이터 사용) - 울(Wool) 함유율이 50%이상인 직물 및 가죽류 : min. 7일±12시간	* Method B(Method B – Gravimetric) (실리카겔이 채워져 있는 데시케이터 사용– 온도 : 22±3) - Y1 : ≥ 1 day (Materials with low water absorption, e.g. Upholstery fabrics, foam, tricot artificial leather) - Y2 : ≥ 7 days (Materials with high water absorption, e.g. leather, cellulose materials, textiles with more than 50% wool in it) - Y3 : ≥ 4 hours (Materials with no significant water absorption, e.g. plastics) - Y4 : as specified (Special applications)

Test Method		Test Method	
		방법 1	방법 2
Test Method	시험 온도	- Type A : 105±0.5℃ (Instrument panel upper, Back shelf panel 및 Beltline위의 Horizontal parts) - Type B : 95±0.5℃ (D/Trim upper, Seat system, Steering wheel, Beltline 아래쪽의 Horizontal parts, Beltline 위의 Vertical parts) - Type C : 85±0.5℃ (D/Trim center & lower, Headlining, Sunvisor, Lining floor pancl, Glovc Box 및 기타 Vertical parts) - Type D : 75±0.5℃ (Insulation, Deadener)	- T1 : +90 ± 0.5℃ - T2 : +100 ± 0.5℃ - T3 : +110 ± 0.5℃ - T4 : +120 ± 0.5℃ - (T) : Temperature as specified
	시험 시간	- 90℃ 이상 : 3시간 - 90℃ 미만 : 6시간	*Method B : 18 ± 0.5h
Test Requirement		Type A : 70% 이상 Type B : 60% 이상 Type C : 60% 이상 Type D : 60% 이상	* Method B : max 2mg

(3) Fogging Tester

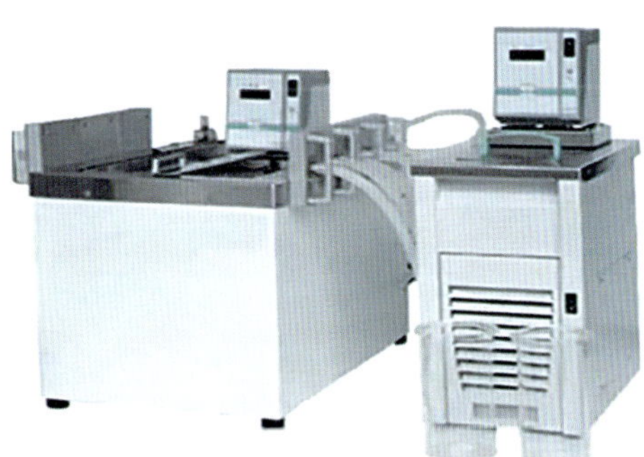

5.4.3 재료의 열적 특성(Thermal Properties) 관리

(1) T_m(용융온도)/T_g(유리전이온도) : 재료의 고유 열적특성

용융온도는 고체상태에서 유동성 액체상태로 변화하는 온도로서, 결정부분의 유동이 시작되는 온도를 말한다.

결정성 수지와는 달리 결정 영역이 희박한 수지(비결정성 수지)는 용융온도 대신에 유리전이온도가 존재한다. 유리전이온도의 정의는 용융온도와 동일하며 유리전이온도 이하에서는 유리같이 딱딱하고 깨지기 쉬운 거동(Brittle mode)을 보이는 반면, 유리전이온도 이상에서는 고무처럼 질긴 거동(Ductile mode)를 보인다.

PP, PP-GF20 용융온도 : 165℃
PA66-GF30 용융온도 : 265℃

(2) HDT(열변형온도) : 일정 하중하에서 재료가 가지는 단기적 열적특성

HDT(Heat deflection temperature) 즉, 열변형온도란 특정 용도로 사용될 수 있고 최고 한계온도를 보여주는 척도로, 일정 부하에서 임의의 양만큼 변형이 발생하는 온도를 말한다.

자동차에서 주로 플라스틱 재료의 내열특성 기준으로 많이 사용한다.

PP, PP-GF20 열변형온도 : 90℃, 125℃
PA66-GF30 열변형온도 : 230℃

(3) 연속사용온도(Practice for determining permanent effect of heat on plastics tested by ASTM D794)

고온에서의 노출로 인해 특성 변화에 대한 플라스틱 시트, 플라스틱 적층 재료 및 성형 플라스틱의 저항을 테스트하기 위한 조건을 정의하기 위한 것이다.

어떤 특성에 대한 열의 영향은 적절한 시험 방법과 시험표본의 선택에 의해 결정될 수 있다. 이 표준은 그 사용과 관련된 모든 안전 문제를 다룰 목적으로 작성된 것은 아니다. 적절한 안전 및 건강 관행을 수립하고 사용하기 전에 규제 제한의 적용 가능성을 결정하는 것은 표준의 사용자의 책임이다.

PP, PP-GF20 연속사용온도 : 80℃
PA66-GF30 연속사용온도 : 110℃

(4) RTI 온도

상대온도지수(Relative temperature index, RTI)는 전기 제품에 사용되는 플라스틱 재료의 지속적인 내구 온도로서, UL에서 시험한다. 또는 '재료의 중요한 특성이 오랜 기간 동안 허용 한도 내에 머무는 최대 서비스 온도'이기도 하다. 제품 수명이 끝나는 시기는 재료의 성질이 원래 값의 50%까지 감소한 시점으로 정의된다.

RTI는 전기 절연성 또는 강도 또는 충격 특성의 50%가 60,000시간 후에 유지되는 온도다. 전기 및 강도 RTI만이 T_{max}를 평가하는 데 사용되며 RTI에 영향을 미치지 않는다.

PP, PP-GF20 RTI온도 : 65℃
PA66-GF30 RTI온도 : 80℃

위와 같이 재료의 내열 특성을 확인하는 Durability 개념이 고려된 것은 연속사용온도와 RTI 온도인데, 현재까지 자동차 부품에 사용되는 플라스틱 재료의 내열 특성은 HDT(열변형온도)를 잣대로 이야기하고 있다.

5.4.4 재료/부품 시험(내구)조건 수명평가 관리

자동차에서는 부품/재료규격 제정 시 다음과 같은 여러 가지 Factor, Theory 등을 고려하여 기준을 잡고 있다.

외장/내장 부품, Underhood 부품, Functional 여부에 따라 제품 Warranty와 관련된 수명에 대한 조건이 상이하다.

- 외장/내장 부품(주로 non-functional 부품) : 수명을 주로 시간(Time)으로 한다.
- Underhood/Functional 부품 : 미국 연비시험 시 사용되는 FTP-75모드의 주행 평균속도인 34.1Km/hours을 이용하여 B10 life 7년(140,000㎞)년의 수명은 사용환경하에서 4,106시간에 해당하며 수명을 주로 Mileage로 평가한다.

(주로 주행 시 Loading(Pressure)을 받는 부품에 해당되는 조건으로 Functional Part가 여기에 해당된다.)

외장 부품의 일반적 요구 조건의 가속화 시험규격을 예로 설명하고자 한다.

여기서는 사용된 여러 가지 Test Mode 중에 온도에 대하여 이야기하고자 한다. 외장 Functional 부품은 일단 Warranty표현 중에 10만 Km/ or 10만 miles로 표현하는 것이 좋다. 또한 여기에 사용된 90℃는 가속화된 온도로 차량의 일반적 외기온도를 대략 Max. 50℃라면 시험적 데이터를 근거(Arrhenius식)로 하면 10℃ 상승 시 가속계수는 2^n에 비례한다.

본 규격의 Test 항목인 Resistance of Material Heat Aging Test의 90℃×168 hours을 적용하면 여기서 가속화계수는 16이며(50℃ → 90℃) 4,106시간/16 = 256시간이 시험에 이론적인 Test Mode이다.

즉, 90℃×256 hours = B10 life 140,000㎞이다.

(B10 : 신뢰수준 90%에서 140,000㎞주행 후 10%의 불량 발생)

이러한 이론적 근거를 고려하면 90℃×168 hours는 대략 8,000㎞ 정도의 오차가 발생하지만 100,000㎞와 동일하다.

5.4.5 사출품 품질관리 – 잔류응력 평가

(1) ABS 재료 적용 사출품의 잔류응력 평가

- 시험방법 : 빙초산 시험
  Acetic Acid 용액에 사출품을 30초 fully soaking한 후 백화 현상을 확인하고, 다시 그 제품을 2분 30초 동안 fully soaking한 후 crack 여부를 확인한다.
- 판단기준 : Crack이 발생하면 무조건 Fail이고 백화에 대한 평가 Criteria(판단기준)는 Subjective Rating으로 미리 마련된 Master Sample를 이용하여 평가한다.

(2) ABS + PC 재료 적용 사출품의 잔류응력 평가

- 시험방법 : Red Die시험
  아세톤 + 이소프로필알코올 + Red 염료에 사출품을 10분간 Fully Soaking한 후 Red Spot 및 Crack 여부를 확인한다.
- 판단기준 : Crack이 발생하면 무조건 Fail이고 Red Spot에 대한 평가 Criteria(판단기준)는 Subjective Rating으로 기마련된 Master Sample를 이용하여 평가한다.

(3) 사출물 Annealing 처리

- 성형물의 형상, 금형 온도, 성형 사이클, 게이트 위치 등에 따라 잔류응력이 생기며 특히 Painting을 하면 Solvent Crack이 발생한다.
- Solutions : 이를 방지하기 위해서는 Annealing 처리가 필요하다.
  [보통 Annealing 온도는 HDT보다 5~10℃ 낮게 한다.]

5.4.6 사출품 품질관리 – 성형수축률

원 료	첨 가 함 량	재 료	성형수축률
BLOCK-PP	Talc : 20 EPDM : 19	PP+EPDM-TD20	8.7~9.0
BLOCK-PP	Talc : 12 EPDM : 22	PP+EPDM-TD10	8.5~8.9
BLOCK-PP	Talc : 10 EPDM : 19	PP+EPDM-TD10	9.1~9.2
BLOCK-PP	Talc : 20 EPDM : 20	PP+EPDM-TD20	6.7~6.8
BLOCK-PP	Talc: 18 EPDM : 20	PP+EPDM-TD20	8.5~8.7
BLOCK-PP	Talc : 14 EPDM : 21	PP+EPDM-TD15	10~10.5
BLOCK-PP	Talc : 12 EPDM : 21	PP+EPDM-TD10	11.5~12.0
HCPP	Talc : 20 EPDM : 13	PP+EPDM-TD20	8.8~9.2
BLOCK-PP	Tal c: 10 EPDM : 29	PP+EPDM-TD10	8.5~9.0
HCPP	Talc : 40	PP-TD40	7.0~7.5
BLOCK-PP	Talc : 13 EPDM : 19	PP+EPDM-TD10	10~10.5
BLOCK-PP	GF : 20	PP-GF20	4.0~4.5
BLOCK-PP	Talc : 30	PP-TD30	9.0~9.5
BLOCK-PP	GF : 21	PP-GF20	4.0~4.5
BLOCK-PP	Talc : 20	PP-TD20	9.0~9.5
BLOCK-PP	Talc : 18 EPDM : 15	PP+EPDM-TD20	7.0~7.5
HCPP	Talc : 20	PP-TD20	12.0~12.5
HCPP	Talc : 25 EPDM :14	PP+EPDM-TD25	8.0~9.0
BLOCK-PP	Talc : 13 EPDM : 22	PP+EPDM-TD15	7.0~8.0
HCPP	Talc : 12 EPDM : 8	PP-TD10	12.0~12.5
BLOCK-PP	Talc : 18 EPDM : 14	PP+EPDM-TD20	7.0~7.5
BLOCK-PP	Talc : 5 EPDM : 5	PP-TD5	12.0~13.0
HCPP	Talc : 22 EPDM : 10	PP(EPDM)-TD20	8.0~9.0
HCPP	Talc : 15 EPDM : 11	PP(EPDM)-TD20	10.5~11.0
PC+ABS	-	PC+ABS	5~9/1000
PBT	-	PBT	12~21/1000
POM	-	POM	18~21/1000
PA	-	PA	10~20/1000
ABS	-	ABS	5~7/1000
PC	-	PC	4~9/1000

※ 범례 : 일반적으로 흐름 방향에 대한 금형 수축률이다. 모든 열가소성 플라스틱은 가소화된 후에 냉각 및 고화되면서 수축이 된다. 이 결과로 인해 금형설계 시에 금형의 캐비티 및 코어 치수를 최종 부품 치수보다 약간 크게 만들어야 한다. 금형과 부품 사이에 존재하는 치수 차이를 금형 수축이라고 한다.

5.4.7 재료 Scratching 관리

- 스크래치 팁 형상 : 구형 팁 → 면 및 선 접촉
- 스크래치 표면 손상 정량화 : 수직하중, N → N/㎟(MPa), N/㎜
- 색깔 있는 플라스틱 소재의 평가 : 그레이 컬러 → 모든 컬러

▶ Scratching 영향 Factors

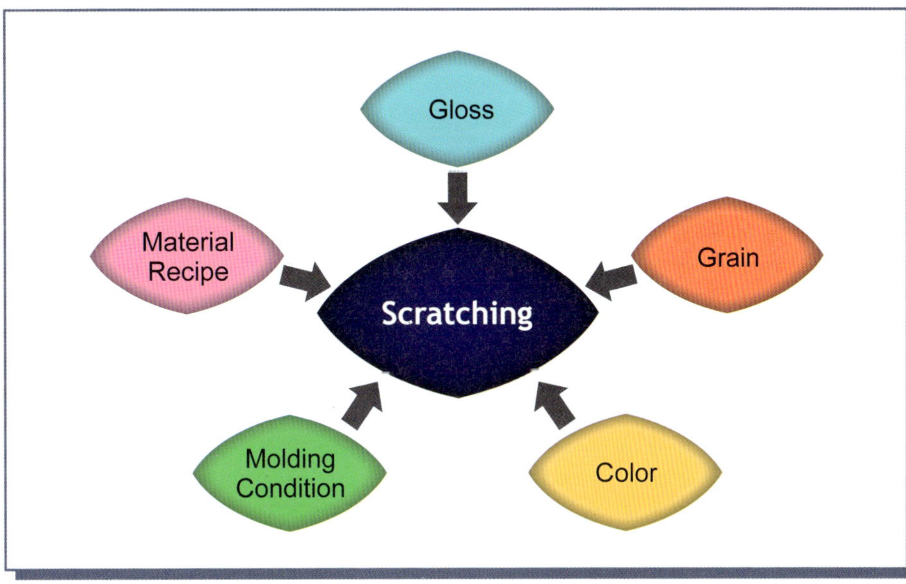

(1) Scratch Requirements

Application		Requirements
Interior 부품	Soft Materials Parts (PRGs, PVC skin)	No more than a slight marring and no scuffing
	MIC Plastic Parts	Raw material specification or △L of 0.5~ 1.5 maximum
	Painted Plastic Parts	No visible penetration. Mar requirement: No obvious visually apparent marring
Exterior 부품	Unpainted Plastic Parts	△L of 1.0~2.0 maximum

Note) – Scratch : a mark or indentation on a surface
– Scuffing : permanent damage to the coating
– Marring : furrow created by something like paperclip that may or may not be permanent

(2) Scratch test method

- For Soft Materials Parts : Resistance to Marring or Scuffing

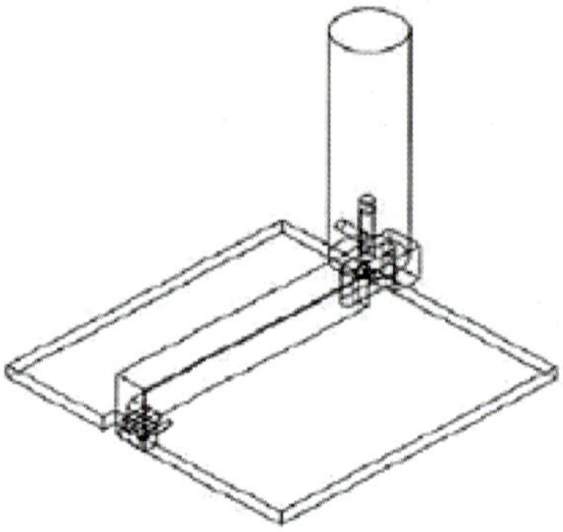

- Tip : Gem Paper Clips
- Load : 750±3g
- Evaluation : scratch & mar appearance

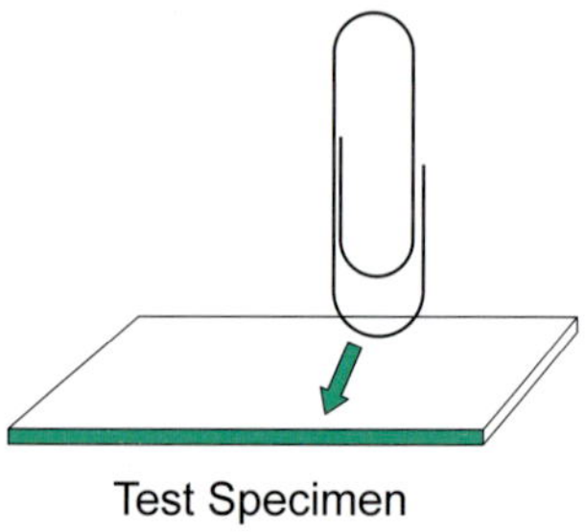

- For MIC Plastic Parts : Scratch and Mar Resistance

- Tip : 0.5R
  cylindrical hard metal pen
  with ball shape
- Load : 5N, 10N, 15N
- Speed : 1,000mm/min
- Evaluation : △L (휘도값 평가)

기존의 육안 평가법에서 육안 및 광택 명도뿐만 아니라 휘도값을 평가 (색차계 이용)

- For Painted Plastic Parts : Scratch Resistance of Organic Coatings and Self-Adhesive Foils

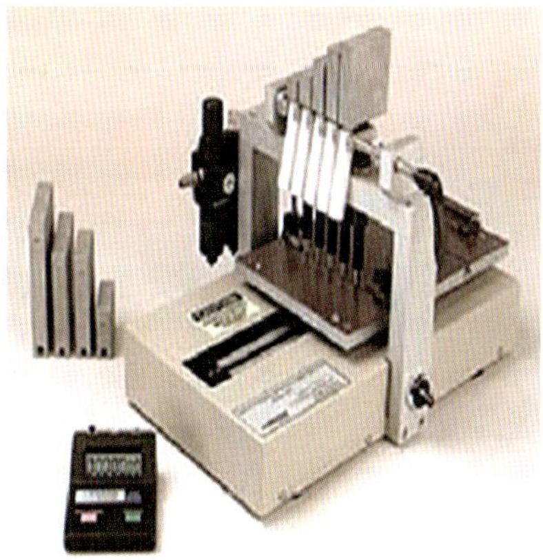

- Tip : Five movable arms with 0.5R cylindrical hard metal tip
- Load : 20N, 15N … 5N
- Speed : 100mm/sec
- Evaluation : scratch & mar appearance

(3) Scratching Requirements

- 내장부품 요구사항

  Resistance to Scratching and Mar

  Plastics(Uncoated Surface) : Requirement △L ≤ below 0.5~1.5

  내장부품(IP) : △L ≤ 0.5

  내장부품 : △L ≤ 1.0~1.5

- 외장부품 요구사항

  Tool : Cylindrical hard metal pen with ball-shaped(radius 0.5±0.01mm)

  Speed : 1000±50mm/min / Load : 10±1N

  Measuring : △L(light change of sample surface and after scratch test)

  Specification of Scratch Resistance

  외장부품 : △L ≤ 1.0~2.0

(4) Scratching 개선연구 사례

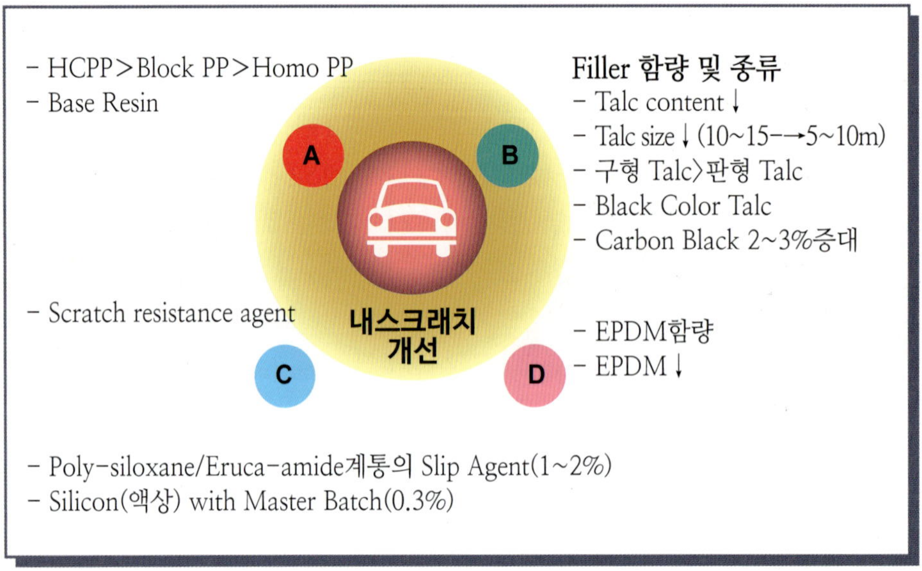

5.4.8 Door Handle Crack 사례

Development of chemical resistance specification with cracking in I/S door Handle knob.

Happened cracking in I/S handle knob (Materials: ABS) with rubber stopper.

(1) 원인

: Cracking in contacted area between I/S door handle knob and rubber stopper with DOP(Plasticizer: Dioctyl Phthalate).

Checking history : Not happened cracking in I/S handle knob without rubber stopper.

(2) 개선계획

: Applying strong chemical resistance materials such as PA6-GF30 to I/S door handle knob.

(3) 평가수행

: After checking of chemical resistance to PA6-GF30, applying to I/S door handle knob.

(4) 확인

: No problem used in strong chemical resistance materials such as PA6-GF30.

Revised specification "General requirements for self-colored plastic components for interior use"

[added to DOA chemicals as a test chemicals/Requesting DOA chemicals as a test chemicals]

5.4.9 Exterior Lamps Weathering 사례

Root cause analysis for the hard coating type exterior lamps on weatherability test failure.

Root cause analysis of head lamp and fog lamp test on weatherability test failure.

(1) 원인

: to keep track of the difference between proto part processing and pilot part process to manufacture the test sample regarding as processing variation(e.g. coating thickness according to spray pressure).

In the result of the weatherability of test sample, all coated parts were satisfied with the requirement(2500KJ/m^2) When tested up to 5000KJ/m^2, the sample showed the different performance.

In the results of coating layer analysis, coating is consist of the primer and hard coating layers, weatherability showed the thicker primer layer, the better performance.

(2) 개선계획

: To recommend for the supplier to use the information as the quality control manual.

(3) 평가수행

: To prepare the root cause analysis guide for the weatherability failure of exterior lamps.

(4) 확인

: If the thickness of the primer layer is ~4.5㎛, the weatherability of lamp is about ~3000 KJ/㎡.

5.4.10 Exterior 부품 Spoiler 사례

To consider the effect of plasticizer as selection materials.

(for substarate : Styrenics family materials, Seal Pad/Foam with plasticizer)

(1) 원인

: Happen to crack in the cars Spoiler boss area.

DOP(Di Octyl Phthalate) plasticizer including in Seal pad migrated into the ABS Spoiler boss area.

▶ Boss was cracked under the load by DOP plasticizer

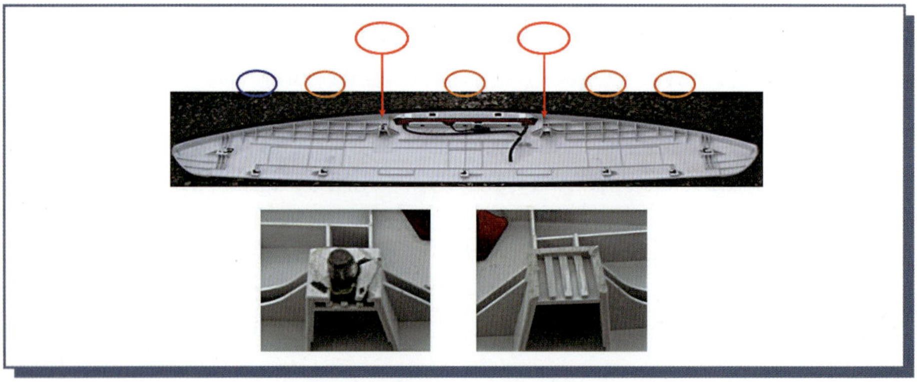

(2) 평가수행

: Chemical resistance test : DOP, Non DOP Immersion test, 24 Hrs, Torque: 4.5 ±1N

- Plasticizer, especially DOP effects on ABS , PC+ABS materials.
- Input the using of Non-DOP (Di-Octyl Phthalate) Seal Pad/Foam contacting on the non painted parts.

(3) 확인

: Using the Non DOP Plasticizer(Ex: Paraffin Type, etc) or painting

5.4.11 Glazing 평가 Concept 사례

(1) Solar Control Glazing

: This type of glazing is designed to reflect and/or absorb ultraviolet and infrared light while maintaining visible light requirements.

(2) Reflective Glazing

: Reflective glazing(coated) is comprised of a clear or a tinted Layer of glazing with a single or multilayer metallic reflective coating or infrared-reflective foil.

(3) Absorbing Glazing

: The absorbing characteristics of the glazing material result from the homogeneous composition of the material.

(4) Concept

: "even the tined glass, if do not function as a solar control & glazing(reflective, absorbing glazing), up to 15℃ for test "

5.4.12 In-Car Air Quality Control 사례

In car air quality control is highly emphasized by OEMs

- Special core team will be assigned to work on in car air quality control process.
- To do establish air quality control process for vehicle level, component level and materials level

(1) Concept of Odor, VOCs

- Odor : Subjective rating으로 평가된다.
- Odor 평가 결과는 Subjective rating으로 평가되나 소비자에 따라 concern의 차이가 발생할 수 있으며 복합 유기성분에 의하여 Odor가 발생한다.
- 냄새 유형 중 플라스틱 냄새/고무 냄새, 접착제, 타는 냄새 등이 복합 유기성분에 기인하여 발생되므로 영향이 있는 톨루엔/벤젠(석유화학), 포름알데히드(Paint)의 냄새 발생 요인을 고려해야 한다.

(2) Compliance test : Odor test

- Objective : Determine the odor propagation of automotive interior materials
- Method : Added to more test condition

① Wet Condition ; (24 +0/−2) h at (40 → +70±2)℃

(Sufficient distilled or de-ionized water shall be placed in the test container)

② Dry Condition ; (24 +0/−2) h at (+70±2)℃

③ High Temperature Condition ; (24 +0/−2) hat (+105±2) ℃

- VOCs : Objective rating으로 평가된다.
- VOCs : Volatile Organic Compound(유기휘발성분) 약자
- Odor Rating in Car 정의는 door opening시 fresh air가 contact되는 parts의 rating 결과이다.
- All VOCs in Cars는 hydrocarbons, aldehydes이다.

The chemicals and its emission limit should be determined based on TOXICITY investigation

→ TOXICITY of TVOC is unclear so that TVOC must not be considered as target at this moment.

→ Analysis method is GC/MS and HPLC are most popular and reliable for Hydrocarbons and Aldehydes analysis

- Comprehensive development and validation for selection of materials are performed by car manufactures and development partners
- Parameters influencing interior air quality

- Humidity
- Option level (leather, textile etc.)
- Temperature
- History of car (age of production)
- Emission from outside (hydrocarbons from fuel system, ubiquitary air components, perfume, cleaning agents etc.)
- Ventilation: – continuously air exchange in cars (dynamic)/contrary to buildings (static)

(3) Odor/VOCs에 영향을 주는 각종 부품 중의 물리적 발생 원인 및 생산관리 대책과 보완대책 : Seat Ass'y 부품 개선사례

: Sources of VOCs in vehicle cabin

$$M(t) = [MIM + MMC](t) +/- MHVAC(t) + MHUM(t)$$

- IM : thermal decomposition of interior materials to cabin air or surfaces
  - Emission rates of VOCs from IM depend on temp, vehicle age
- MC : Chemicals(e.g. oils, lubes, solvents, sealers, catalysts, and paint) used in vehicle manufacturing and assembly
- HVAC : Infiltration of outside air contaminants thru HVAC(filtration/purification) system
  - VOC conc. varies for static vs. dynamic conditions
- HUM : human activities(smoking, perfume, drinks)

(4) Odor/VOCs에 부품업체 관리방법

- Careful selection and optimization of interior parts level is most effective
- 부품성형 중에 발생하는 SCRAP(Sprue, Runner, etc)에 대한 functional parts와 non-functional parts에 대한 사용량 규제
  [ex: functional parts(IP, Door-trim,etc) is not use SCRAP]
- 포름알데히드 양을 줄이기 위한 Low VOCs POM(Polyacetal) 재료 사용 요구
- 유기용제 본드 및 접착제의 VOCs free 재 사용 확대 요구
- 각 Parts에 대한 Odor, VOCs, Fogging에 대한 재료, 부품규격으로 분기별 평가 결과 공지 및 Sourcing Penalty 부여 절차 정립
- 재료, Parts의 Odor, VOCs, Fogging 요구 규격 정립

★ 부품 별 SCRAP 사용기준 정립
★ 재료, 부품 별 Odor, VOCs, Fogging 요구규격 정립

(5) 완성차 공장에서 생산과정 중 Odor/VOCs에 대한 관리요구 및 작업규정

- Focus on manufacturing chemicals in vehicle assembly

  Adhesives(windshield and IP)
  - Body sealers and trim sealers
  - Foam(pillar foam, seat foams)
  - Chemical supplier quality

Develop and deploy new controls in vehicle assembly

Odor, VOCs Partitioning Experiments

After BIW & PB

After foam injection

After IP & carpet

Drive-off w/wo trim sealers

Seat Install

WS Install

(6) 차량 실내의 Odor/VOCs에 영향을 주는 부품에 사용되는 원료표준 요구

Sources of VOCs in Vehicles : Emissions test on components

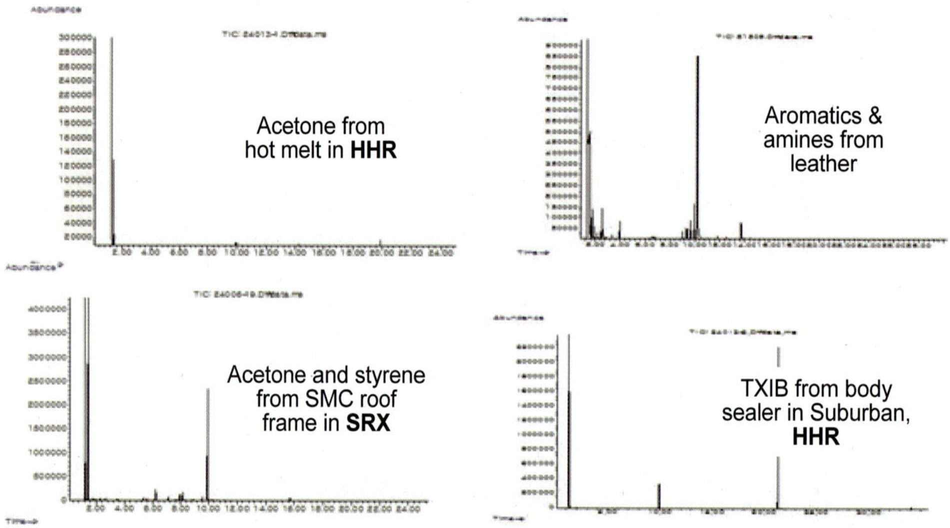

- 각 부품에 사용되는 재료, 본드 및 부자재에 대한 Odor, VOCs, Fogging 재료요구 기준 정립
- 유기용재 본드 및 접착제의 VOCs free재 사용 확대
- 재료 규격에 재료 승인업체 List Up 항목 추가(관리)

★

재료별 Odor, VOCs, Fogging
재료요구 기준 정립
(재료규격에 요구사항으로 Input)

★

자동차 기술은 …

최고를 지향하지 않고 **최적(to optimize)을 추구하는 기술**입니다.

제 6 장

자동차 기술은 …

경험의 기술입니다.

제 6 장 미래형 자동차의 요구사항 및 개발방향

202X년 미래형 자동차는 EV 기반의 자율주행 및 IT기술이 접목되어 단순한 이동수단을 넘어 생활 및 사무공간의 개념이 확대되고 근거리 이동용 1~2인용 Personal Mobility 시장이 형성될 것이다.

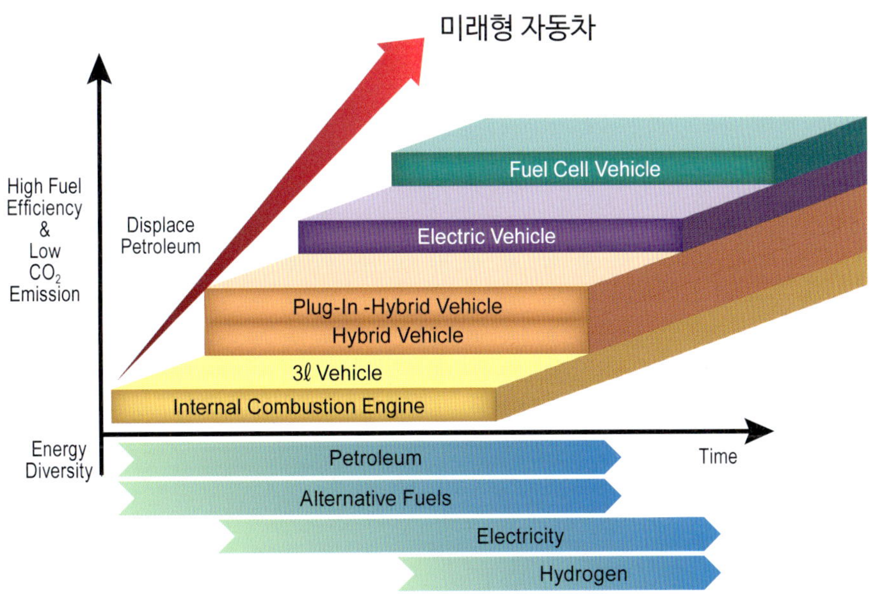

6.1 전기자동차의 개요

6.1.1 전기자동차의 유형

	Hybrid Vehicle	Plug-In Hybrid Vehicle	Electric Vehicle
구동원	엔진 + 모터(보조동력)	모터, 엔진(방전 시)	모터
에너지원	전기, 화석연료	전기, 화석연료(방전 시)	전기
구동 형태		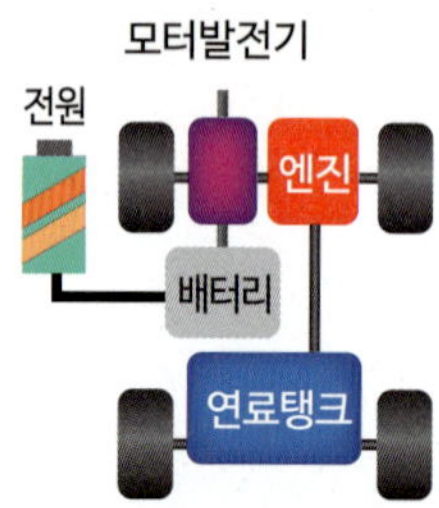	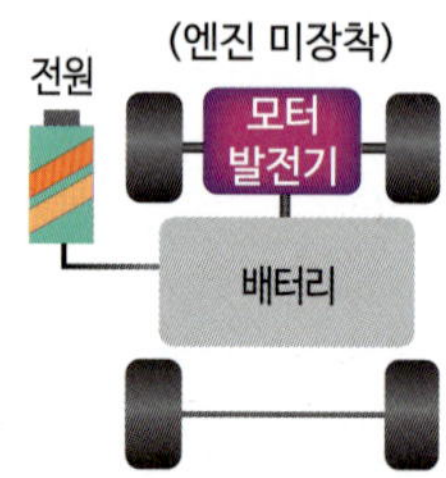
배터리용량	0.98~1.8 kwh	4~16 kwh	10~30 kwh
특징	주행조건별 엔진과 모터를 조합한 최적 운행으로 연비향상	단거리는 전기로만 운행, 장거리 주행 시 엔진 사용 Hybrid + EV의 특성	충전된 전기에너지만으로 주행, 무공해 차량

6.1.2 전기자동차의 구동방식

(1) 인버터

직류전기를 교류로 변환하고 모터를 제어하는 장치
(전압제어로 모터자체의 속도 control)

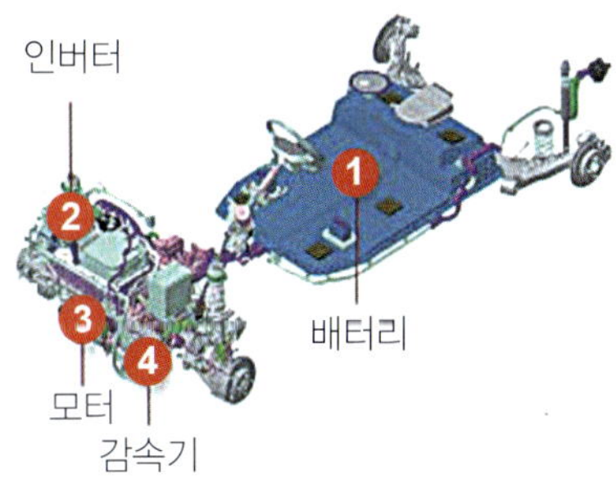

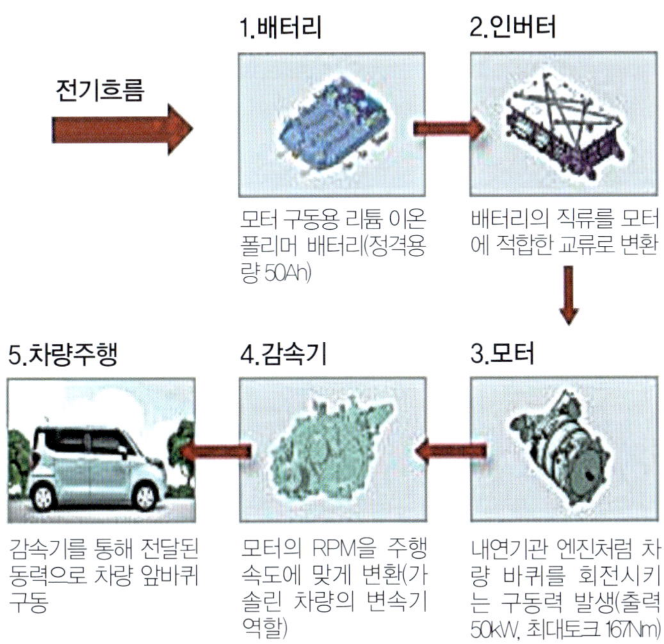

(2) 구동모터

전기차 구동축에 동력을 전달하는 장치이다. 모터는 열기관이 아니므로 간단히 공냉식으로도 Cooling 가능하며 냉각 system이 필요 없다.

6.1.3 기존(내연기관) 자동차 vs 전기자동차

① 에너지효율

기존자동차 : 30%, 전기자동차 : 80%

② 부품수

전기자동차 : 60%(기존 자동차) – 디자인 자유도가 매우 높다.

③ 전자화율

기존 자동차 : 40%, 전기자동차/스마트카(자율주행차) : 80%

④ 플라스틱 재료 적용율

기존 자동차 : 10~15%, 전기자동차/스마트카(자율주행차) : 50%

⑤ 약 3만개 수준의 내연기관차 부품 중 파워트레인 관련 부품 9,000개, 전장품 2,100개 감소

[사례]

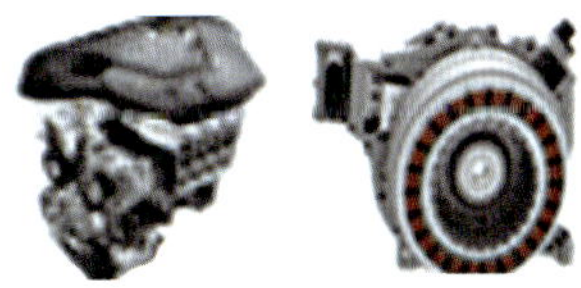	
엔진 → 구동모터	변속기 → 감속기
	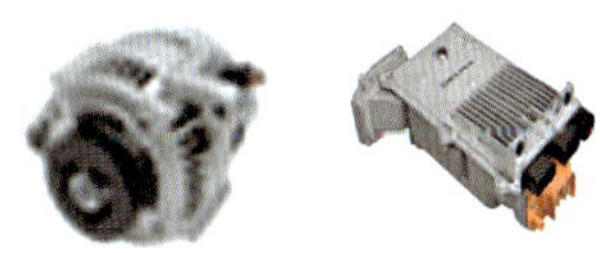
ECU → BMS	Alternator → Inverter

연료탱크, 연료펌프 → Battery	에어컨 → 전동식 에어컨

히터 → PTC 히터	Stater → ECU

전기자동차는 엔진, 트랜스미션이 없고 구동모터가 열기관이 아니므로 수냉식(Coolant) 냉각장치가 필요 없고 공냉식만으로도 충분히 냉각이 가능하다.

또한, 보일러 역할을 하는 엔진이 없어서 Heather장치 즉, 전기로 실내공기를 데우는 난방방식을 적용한다. 이를 헤어드라이기 방식이라고 한다. 각종 Fluids가 없어지면서 누유 문제점이 줄어든다.

수소는 아직 연료값이 워낙 비싸 경쟁력이 떨어지며 단순한 연구 수준에 머물러 있고 시판되는 수소연료전지차는 아직 많이 없다(BMW 수소연료전지차의 경우 가솔린차와 비교할 때 연료비가 250배 가량 비싸다).

수소연료전지차를 만들려면 전기차의 구동 시스템에다가 연료전지까지 두 분야에 모두 R&D를 투자해야 하는 부담이 있어 적극적인 개발은 아직 못하고 있다.

3ℓ Cars

전기차

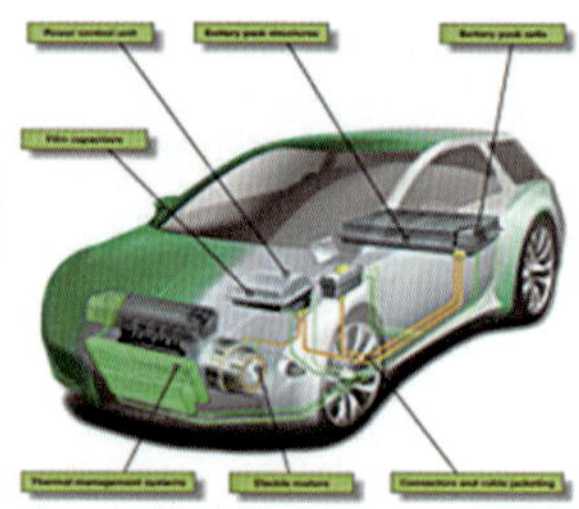

자율주행차

수소연료전지차

6.2 전기자동차의 재료(부품) 요구사항

▶ 전기자동차 영향인자

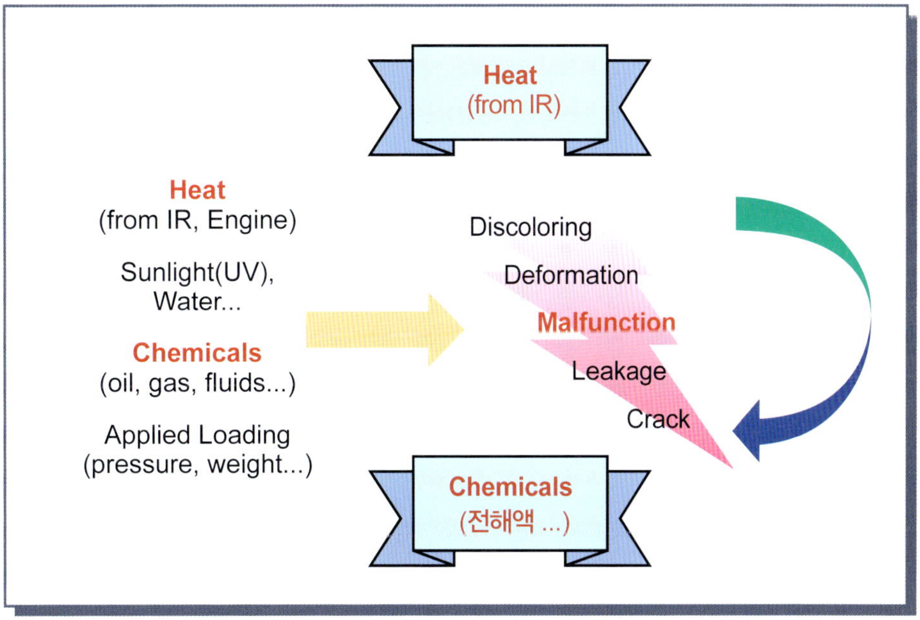

(1) Component Class

Component failure results in a loss of vehicle function leading to a "walk home" condition.

All devices shall comply with the requirements-Restricted and Reportable Substances for Parts.

(2) Appearance

The user visible portion of the parts while installed shall be bright orange colored.

(3) Usage Definition(Over Life Cycle)

The parts life shall be 15 years or 150,000 miles.

(4) Temperature Environment

Environmental Condition	Temperature ℃
Minimum Operating Temperature	-40
Maximum Operating Temperature	85

Operating temperature: - 40℃ ~85℃

(5) Material Guidelines

- The use of materials meet to requirements of flammability V0 rating
- Shall be bright orange colored(Pantone 151)
- Materials that would create a disposal concern, e.g., cadmium, should not be selected
- The use of a lubricant may be used as an assembly aid for push-on connectors.
- All plastics shall meet Interior, exterior, P/T parts performance requirements

6.3 미래형 자동차의 현황

자동차 배기가스, 온실가스에 대한 범세계적인 규제가 진행되고 있어 미래형 자동차 산업의 발전은 필연적이다.

- 배기가스 : 개별차량에 대한 규제로 기준미달 시 차량 판매 불가
- 온실가스, 연비 : 평균 온실가스(연비)를 기준으로 미달 시 부과금 징수

▶ **국가별 환경규제**

<table>
<tr><th>국가</th><th>종류</th><th>'15</th><th>'16</th><th>'17</th><th>'18</th><th>'19</th><th>'20</th><th>'21</th><th>'22</th><th>'23</th><th>'24</th><th>'25</th></tr>
<tr><td rowspan="6">미국</td><td rowspan="2"></td><td colspan="2" rowspan="2">Tier 2</td><td colspan="9">Tier 3(승용차, NMOG + MOx)</td></tr>
<tr><td>53.4</td><td>49.1</td><td>44.7</td><td>40.4</td><td>36.0</td><td>31.7</td><td>27.3</td><td>23.0</td><td>18.6</td></tr>
<tr><td rowspan="2">무공해차 [ZEV]
의무판매[비율,%]</td><td colspan="3">ZEV: EV, FCEV, [p]
EV, 고효율 ICE</td><td colspan="8">ZEV: EV, FCEV, PHEV</td></tr>
<tr><td colspan="3">14</td><td>5</td><td>7</td><td>10</td><td>12</td><td>15</td><td>17</td><td>20</td><td>22</td></tr>
<tr><td rowspan="2">기업 평균연비 규제
[km/L]</td><td colspan="2"></td><td colspan="9">CAFE[PhaseⅡ]</td></tr>
<tr><td></td><td colspan="5">14.9</td><td colspan="4">17.4</td><td>22.8</td></tr>
<tr><td rowspan="3">유럽</td><td rowspan="2">배기가스 규제
[g/km]</td><td colspan="6">EURO 6</td><td colspan="5">Post EURO 6[계획]</td></tr>
<tr><td colspan="6">가솔린: CO[1.0], MOx[0.06],
PM[0.006]
디젤: CO[5.0], MOx[0.08],
PM[0.008]</td><td colspan="5">배기가스 시험모드 강화
[모드: NEDC→WLTP & RDE]</td></tr>
<tr><td>기업평균 온실가스
규제[g/km]</td><td colspan="5">승용차[130], 경상용차[175]</td><td colspan="5">승용차[95], 경상용차[135]</td><td>75[안]</td></tr>
<tr><td rowspan="3">일본</td><td rowspan="2">배기가스
[g/km]</td><td colspan="6">2009 Post New Long Term
Standard{MOx]</td><td colspan="5"></td></tr>
<tr><td colspan="6">50</td><td colspan="5"></td></tr>
<tr><td>기업 평균연비[km/L]</td><td colspan="6">16.3</td><td colspan="4">22.2</td><td>미정</td></tr>
</table>

▶ 국가별 전기차 OEMs 전략

국가	주요 이슈	주요 OEMs 전략
중국	• '19년 부터 NEV 크래딧 제도 실시 • EV 위주 NEV 보조금 정책으로 재편성, 자생적 활성화를 위한 의무판매제 실시	• VW : '20년 까지 Audi, VW, Skoda 3개 브랜드를 통한 연간 40만대 판매 계획 • Renault-Nissan : '19년 부터 연간 12만 규모 소형 EV 생산 • BAIC : 연 80만대 생산, 50만대 판매 계획, '20년 북경시내 내연기관 판매 중단 • Tesla : 중국 내(상하이) EV 공장 착공 실시 – 모델 3, 모델 Y등 저가모델 생산 • Geely, Chery : 연간 20만대 판매 계획
유럽	• OEMs의 공격적인 투자 계획 • 기능적 성적을 갖춘 버스, 상용차 생산	• VW : '25년 까지 유럽 내 생산량 중 17~20% 전기차 생산 계획(약 37조원 투자), 전기차 시리즈 ID 양산 – 디젤차량 가격과 비슷 • 다임러 : 배터리 분야 27조원 투자, 25년 까지 전체 판매량의 25% 전기차 전환
미국	• 전체 중 4.5% 친환경차 판매 의무화 실시 • OEMs의 공격적인 투자, 신규 라인업 구축	• Ford : 5년간 12조 투입, BEV_16종, PHEV/HEV_24종 출시 예정, VW와의 글로벌 협업 실시 – 상업용 밴 및 트럭 개발 • GM : 쉐보레 볼트 생산량 증가, 캐딜락의 전기차 라인업 구축
일본	• '50년 까지 친환경차로 교체 • '10년 대비 CO_2 90% 감축 계획	• Toyota : '25년 내연기관 판매 중단, 폭넓은 친환경차 라인업 구축 '30년 까지 연 550만대 이상 생산 계획 배터리 R&D 및 생산을 위해 1.5조엔 투자
한국	• '22년 까지 미세먼지 배출량 30% 정감 • 보조금 감소 대신 보급량 증가 실시	• 현대차 : '25년 까지 EV와 HEV, FCEV 등 38개 친환경차 출시, 다양한 종류의 친환경차 라인업 구축, BEV글로벌 3위 목표

6.3.1 미래형 자동차 시장

대내외 여건 변화에 기인하여 다음과 같이 성장할 것으로 예상된다.

– 내연기관은 연평균 2% 성장할 것으로 예상

– EV 시장은 연평균 16% 이상 증가할 것으로 예상

특히, FCEV차인 수소연료전지차는 요즘 수소 경제를 표방한 정부의 정책과 맞물려 급경하게 개발이 진행되고 있는데 수소는 우주의 75%를 차지할 정도로 무한한 에너지(현재는 석유 정제과정에서 나오는 부생 수소와 천연가스를 분해해서 얻는 수소가 대부분을 차지)이며 온실가스를 배출하지 않는 대표적 청정에너지이다.

수소는 리튬이온 배터리를 이용한 에너지 저장장치(ESS)보다 전기를 장기간 손실 없이 안전하게 저장할 수 있다. 특히, 전기차 대비하여 주행거리는 길고(500~600㎞) 충전시간이 짧은 장점(5분 이내)도 있다. 또한, 주행하면서 대기 중의 미세먼지를 정화하는 효과도 얻을 수 있으며 수소연료전지는 그 자체가 작은 발전소이기 때문에 발전원을 최종 소비자 가까이에 따로 배치하는 이른바 분산전원이라는 세계적 흐름에도 부합한다.

전기자동차는 덩치가 커지는 만큼 배터리를 많이 실어야 하지만 수소연료전지차는 연료전지에 수소 저장탱크만 추가로 달면 된다. 이러한 점을 근거로 버스나 트럭 등은 수소연료전지차가 유리하고 경 · 소형차는 전기자동차가 유리하다고 생각된다.

6.4 미래형 자동차의 플라스틱 재료 개발방향

- Underhood 부품에 고내열성, 내약품성 Requirements가 줄어들면서 Engineering Plastics 사용이 보편화될 것이다.(Super Engineering Plastics 사용은 감소)
- Engine, Transmission이 없어지면서 고질적 품질문제였던 Oil leakage 문제점이 현저히 줄고 품질 TOP warranty ranking이 변화할 것이다.
- Coolant 등을 이용한 Cooling 방식을 사용하지 않으므로 Coolant에 의한 Gel화(오버히트), Leakage 문제점이 해결되고 내 Coolant 재료의 사용이 감소할 것이다.
- 소용량의 Fan(공냉식)으로 Cooling 가능할 것이다.
- Air Intake Manifold, Cylinder Head Cover부품 등에서 요구되는 Performance 최적화 Plastic화 Design 요구사항이 줄어들 것이다.
- Battery에 의한 구동으로 경량 재료에 대한 요구가 더 많을 것이다.
- 전기차, 자율주행차, 스마트자동차로 확대되면서 2인용 차량으로 탈바꿈할 가능성이 있으며 이 경우 외장 Panel류는 Composites 재료로 대체될 것이다.
  - CFRP, LWRT, LFT, etc.
  - CFRP(탄소섬유 강화 플라스틱)/LWRT(저중량 강화 열가소성 플라스틱)
  - LFT(장섬유 강화 플라스틱)
- Battery부품의 Bright orange color요구 및 전기장치, IT부품이 늘어나면서 Connector류 등에 적용되는 재료는 PA, PBT → PBT재료로 적용이 늘어날 것이다.
- Bright orange color가 가능한 플라스틱 재료개발이 요구될 것이다.
- 난연제 : 인계는 가격이 비싸고, 무기계는 난연 성능 부족으로 Non할로겐계 난연제의 역할이 기대되어 인산에스테르가 대표적 인계 난연제로 적용이 확대될 것이다.
  - PC, mPPO 등에 사용(V0 rating)

– 연료탱크, Reservior류의 축소로 PE(HDPE)재료 사용이 줄 것이다.

– 고압 수소 저장탱크 : 고강도 탄소섬유 복합소재의 개발이 필요할 것이다.
[투싼 수소연료전지차 – 표면 두께 : 10㎝, 압력 : 700kg/㎠, 무게 : 85kg, 저장 용량 : 100ℓ]

– 플라스틱 재료 간 Hybrid화 작업을 통한 다양한 신재료 개발이 활발해질 것이다
[PMMA+ASA(내스크래치/광택 개선)/Recyclate PC+PET…]

– 보강제, Additives 개발을 통한 신재료 개발이 활발해질 것이다.
[Glass Wool/식물자원 보강제…]

– Opportunities for plastics in the area of electrical parts
  • Start/stop components(PA…)
  • Electromotor components of Hybrid and EV(PA, PBT…)
  • Battery components of Hybrid and EV(PA, PBT…)
  • Inverter/converter and ECU components(PP, PBT, PA…)
  • HV cables for motors and batteries(PVC…)
  • E-Subsystem components such as E-AC compressors and E-water pumps(PA…)
  • Charging station components(PP, PA…)
  • Battery Case(PP), Wire Harness(PVC)
  • 렌즈, 광학계 부품(PC)
  • Elaster : EV 생산대수와 함께 시장이 확대

▶ 전기자동차 플라스틱 사용량(단위 : 톤)

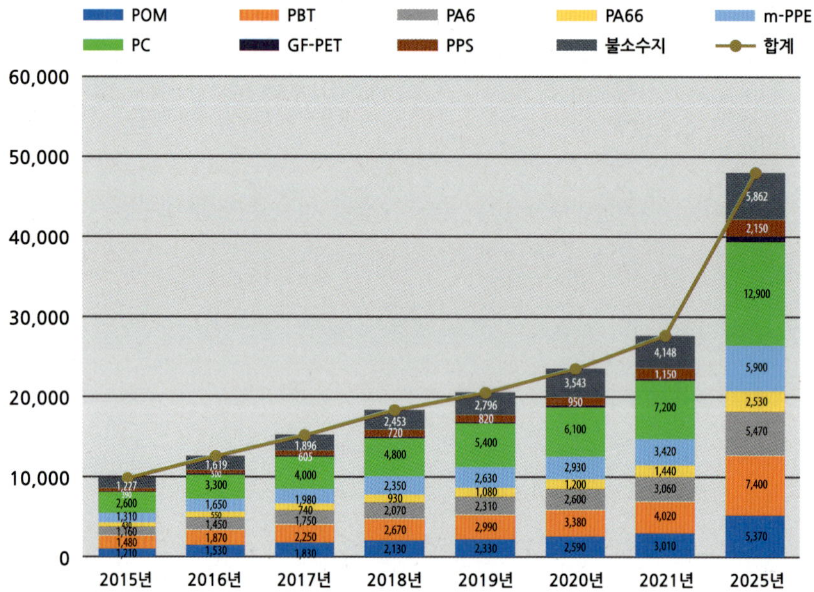

출처 : 커넥티드카와 전기자동차용 플라스틱 재료 전망보고서

▶ 전기자동차 1대당 플라스틱 재료 사용량(단위 : Kg)

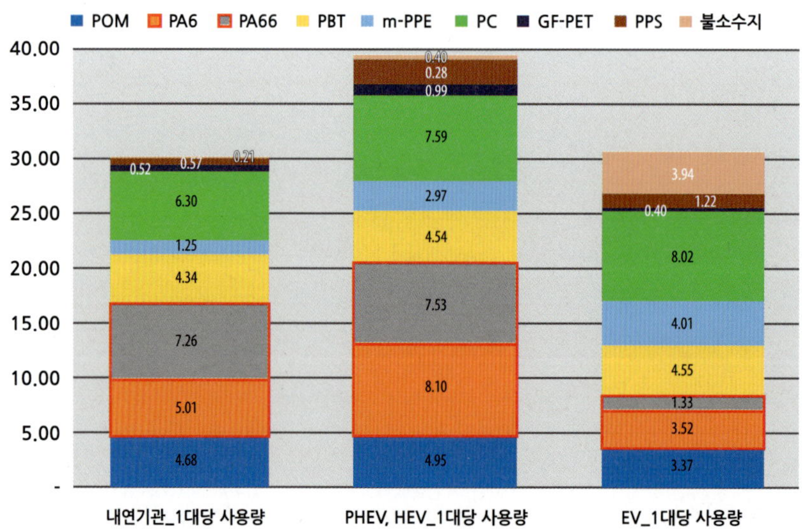

출처 : 커넥티드카와 전기자동차용 플라스틱 재료 전망보고서

▶ 내연기관 자동차에서 향후 사라지는 부품 (예상)

구분	세부부품
엔진	실린너, 실린너 헤드, 실린너 블록, 크랭크 케이스, 피스돈, 피스돈링, 커넥링 로드, 크랭크축, 플라이휠, 엔진 베어링, 흡배기장치, 밸비 및 밸부기구캠, 캠샤프트, 로커암, 로커암 샤프트, 캠스 프로켓, 라이너, 타이밍벨트, 냉각팬, 플라이휠 등
변속기	리버스클러치, 댐퍼 클러치, 다이렉트 클러치, 원웨이 클러치, 언더드리이브 클러치, 세컨드 브레이크, 로우-리버스 브레이크, 리덕션 브레이크, 출력 플래너터리캐리어, 오버드라이브, 플레너터리캐리어 하우징, 드라이브기어, 토크 컨버터, 토크 컨버터 하우징, 오일펌프, 디퍼렌셜, 출력축, 리어커버 AT 변속기, MT 변속기, 무단 변속기 등
클러치	클러치 마찰판, 클러치 압력판, 클러치 스프링, 클러치 커버, 플라이 휠, 플라이 휠 기어, 클러치 축, 릴리스베어링, 릴리스포크, 클러치 페달 등
점화장치	점화코일, 디스트리뷰터, 점화 플러스 등
배기	배기내니폴드, 촉내, 프리너플러, 베인 머플러 프론트 밸브, 센터밸브, 리어밸브, 터보차쳐
흡기	에어클리너, 트로틀 밸브, 트로틀 바디, 레조네이터, 인테크 매니폴드
시동	스타트 모터
충전	발전기(alternator)
윤활	오일펌프, 필러, 스토래이너, 오일빵, 오일쿨러
연료	연료탱크 필터, 연료펌프, 연료파이프, 연료제어밸브, 인젝터, 연료리턴 파이프
유압브레이크	유압장치, 제동보조장비, 마스터 실린더

▶ EV자동차 부품현황

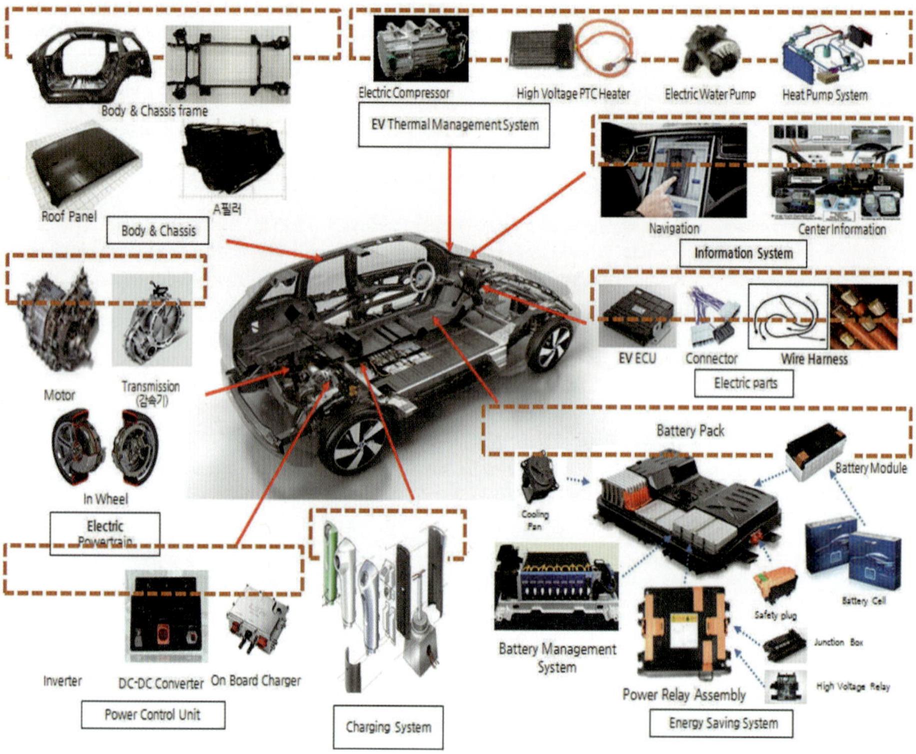
Body & Chassis frame
Roof Panel
A필러
Body & Chassis
Electric Compressor
High Voltage PTC Heater
Electric Water Pump
Heat Pump System
EV Thermal Management System
Navigation
Center Information
Information System
EV ECU
Connector
Wire Harness
Electric parts
Motor
Transmission (감속기)
In Wheel
Electric Powertrain
Battery Pack
Battery Module
Cooling Fan
Battery Cell
Safety plug
Junction Box
High Voltage Relay
Battery Management System
Power Relay Assembly
Energy Saving System
Inverter
DC-DC Converter
On Board Charger
Power Control Unit
Charging System

6.5 미래형 자동차의 시장 전망

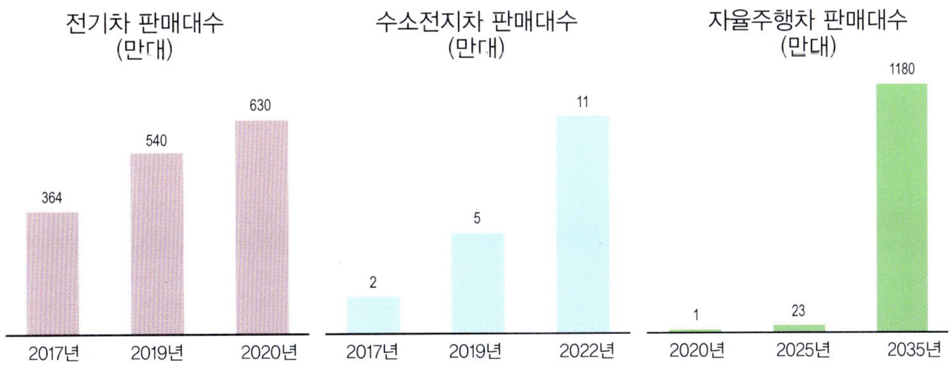

2030년 기준을 기준으로

1) 총예상 판매차량 : 1억 1천만 대

2) 내연기관 자동차(40%) : 4천 6백만 대

3) 미래형 자동차(60%) : 6천 4백만 대(자율주행차 60% 예상 : 3천 8백만 대)

– 2017년 판매차량의 97%가 내연기관 자동차 : 9천만 대

– 볼보 : 2020년부터 전기모터 장착 차량(HEV, PHEC, EV)만 생산

2025년 32%, 2030년 50%의 자동차 시장을 미래형 자동차가 차지할 것으로 전망된다.

전기자동차를 비롯한 미래형 자동차는 계속적으로 확대될 것으로 생각되며 탈수소, 수소경제 정책이 대두되면서 독일의 경우는 2030년까지 수소연료전지차 180만 대, 수소충전소 1,000개 확보를 목표로 진행 중이다.

중국도 전기차 보급과 별도로 2030년까지 수소연료전지차 100만 대, 수소충전소 1,000개 확보를 위해 진행 중이다.

한국은 현재 수소충전소 14개를 보유하고 현대자동차가 투산 플랫폼을 이용하여 세계 최초로 투산 수소연료전지차의 양산개발을 완료하였으나 아직도 수소충전소를 비롯한 인프라 구축 등이 필요하다.

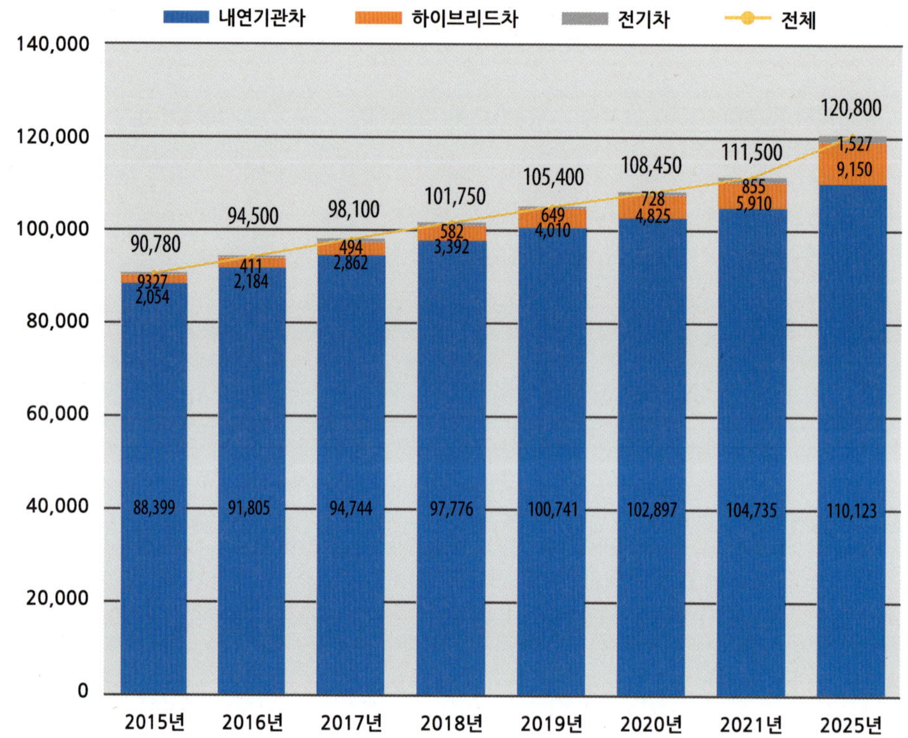
내연기관차
하이브리드차
전기차
전체
140,000
120,000
100,000
80,000
60,000
40,000
20,000
0
90,780
9327
2,054
88,399
94,500
411
2,184
91,805
98,100
494
2,862
94,744
101,750
582
3,392
97,776
105,400
649
4,010
100,741
108,450
728
4,825
102,897
111,500
855
5,910
104,735
120,800
1,527
9,150
110,123
2015년
2016년
2017년
2018년
2019년
2020년
2021년
2025년

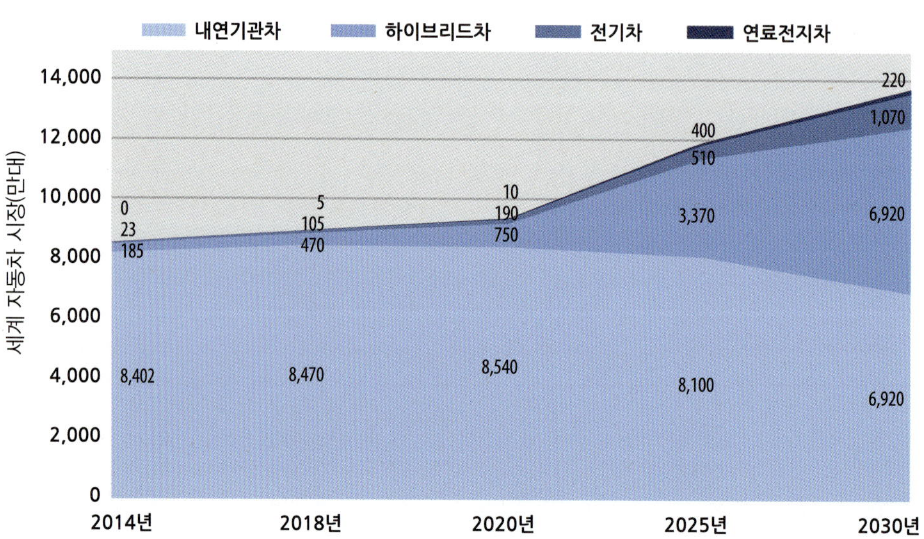
내연기관차
하이브리드차
전기차
연료전지차
세계 자동차 시장(만대)
14,000
12,000
10,000
8,000
6,000
4,000
2,000
0
0
23
185
8,402
5
105
470
8,470
10
190
750
8,540
400
510
3,370
8,100
220
1,070
6,920
6,920
2014년
2018년
2020년
2025년
2030년

자동차 기술은 …

최고를 지향하지 않고 **최적(to optimize)을 추구하는 기술**입니다.

부록

자동차 기술은 …

경험의 기술입니다.

■ 부록 1. 자동차(General Motors) Acronym / Definition List

Acronym	Definition
AA	Architecture Approval
ABIW	Advanced Body in White
A-BOM	Analytical Bill of Material
AC	Architecture Confirmation
AC	Accept Charter
AC	Approve Charter
Acronym	Definition
AA	Architecture Approval
ABIW	Advanced Body in White
A-BOM	Analytical Bill Of Material
AC	Architecture Confirmation
AC	Approve Charter
AC	Architecture Criteria
ACE	Advanced Concept Engineering
ACP	Advanced Condensed Program
AD	Alternatives Development
ADV	Analysis/Development/Validation
AIS	Air Induction System
ALDL	Assembly Line Diagnostic Link
ALIAS	Styling Software Brand Name
AM	Architecture Mule
AMBR	Architecture Mule Build Readiness Review

Acronym	Definition
ANRM	Architecture Non-Running Mule
AOAG	Adam Opel AG
AP	Advanced Purchasing
AP	Asian Pacific
APD	Approved Product Description
APE	Annual Program Execution
APET	Advanced Program Execution Team
APP	Approved Portfolio Plan
APQP	Advanced Product Quality Planning
APRTL	Area Peer Review Topic List
AR	Appropriation Request
Arch.	Architecture
ARM	Architecture Running Mule
ARP	Appropriations Request Process
ASB	Automotive Strategy Board
ASC	Architecture Selection Complete
ASI	Architecture Studies Initiation
ASQ&R	Advanced Supplier Quality & Readiness
ASSI	Architecture Statement of Strategic Intent
ATS	Architecture Technical Specification
AVD	Advanced Vehicle Development
AVD-DB	Advanced Vehicle Development-Decision Board
AVD-LT	Advanced Vehicle Development-Leadership Team

Acronym	Definition
AVDP	Advanced Vehicle Development Process(Time between DSI and VPI)
AVI	Advanced Vehicle Integration
AWD	All wheel Drive
BAD	Build Authorization Document
BCR	BOM Change Request
BEC	Base Engineered Content
BIF	Batch Implementation Freeze
BIS	Best In Segment
BIW	Body In White
BOD	Bill Of Design
BoD	Board of Directors
BOL	Bill Of Lading
BOM	Bill Of Material
BOP	Bill Of Process
B&R Lines	B Lines(Body Opening Lines) & R Lines(Trim Lines)
CAD	Computer Aided Design
CAE	Computer Aided Engineering
CAFÉ	Corporate Average Fuel Economy
CAM	Computer-Aided Manufacturing
CARE	Customer Acceptance Review and Evaluation
CC	Confirmation Clinic
CC	Change Control

Acronym	Definition
C-C	Car to Car
CCL	Cross Car-Line
CCP	Collaborative Criteria Process
CE	Cost Estimator
CFIT	Cross Functional Implementation Team
CIA	Component Integration Analyst
CIT	Compartment Integration Team
CKC	Critical Key Commodities
CKD	Complete Knock Down
CM	Configuration Management
CM	Contribution Margin
CMP	Cost Management Process
CPA	Component Planning Analyst
CPC	Critical Product Characteristics
CPIP	Current Product Improvement Process
CPPP	Customer Product Perception Profile
CR	Change Request
CRB	Change Review Board
CR/DN	Change Request/Decision Notice
CRIT	Center Rollout Implementation Team
C/S	Concept Sheet
CS	Contract Signing
CSO	Contract Sign Off

Acronym	Definition
CTF	Captured Test Fleet
CTS	Component Technical Specifications
CV	Concept Vehicle
CVER(LL)	Concept Vehicle Engineering Release(Long Lead)
CV-LT	Cross Vehicle-Line Team
CW	Calendar Week
CW/CY	Calender Week/Calender Year
DAB	Digital Audio Broadcast
DAP	Design Analysis Process
DB	Decision Board
DCAR	Design Center Action Request
DCM	Data for Casting Model
DCS	Data Creation Standards
DD	Decoupled Development
DDD	Data for Die Design
DE	Designing Engineer
D/EC	Design and Engineering Council
DFA	Design For Assembly
DFFA	Dimensional Fit, Function & Appearance
DFM	Design For Manufacturability
DFM/DFA	Design for Manufacturability/Design for Assembly
DFMEA	Design Failure Modes Effects Analysis
DFP	Decision Fixed Point

Acronym	Definition
DFSS	Design For Six Sigma
DIM	Dimensional
DINOC	DQ+V(Design Quality + Verification) Model Surface Foil
DLS	Design Level Suffix
DLS	Datum Locating Specification
DLT	Design Leader, Technical
DM	Deliverables Management
DMA	Dealer Market Association
DMA	Deliverable Management Analyst
DMS	Deliverables Management System
DMU	Digital Mock Up
DN	Decision Notice
DPP	Data for Process Planning
DPTVs	Defects per Thousand Vehicles
DPV	Defects per Vehicle
DQV	Design quality Verification
DQ & V	Design Quality & Validation
DRBFM	Design Review Based on Failure Modes
DRE	Design Release Engineer
DSC	Decision Support Center
DSI	Document of Strategic Intent
DSO	Design Sign Off
DTA	Design Theme Alternatives

Acronym	Definition
DTS	Dimensional Technical Specifications
EA	Electrical Architecture
ECD	Estimated Completion Date
EE	Electrical Engineering
EFEO	Emissions & Fuel Economy
EFF	External Fitting Fixture
E/M	Evolutionary/Major
EMC	Electro Magnetic Compatibility
EMS	Engineering Material System
ENG	Engineering
EOA	End of Acceleration
EPL	Engineering Parts List
ESB	European Strategy Board
ESO	European Sales Organization
ETC	Electronic Throttle Control
EWO	Engineering Work Order
Ext.	Exterior
E2	E-square
FAM	First Architectural Mule
FAMC	First Architecture Mule Complete
FANRM	First Architectural Non Running Mule
FARBM	First Architectural Rebuild Mule
FARM	First Architectural Running Mule

Acronym	Definition
FBC	First Body Complete
FE	Functional Evaluation
FEA	Finite Element Analysis
FEM	Finite Element Model(ing)
FIVC	First Integration Vehicle Complete
FMEA	Failure Mode and Effect Analysis
FMVBC	First Manufacturing Validation Build Complete
FMVSS	Federal Motor Vehicle Safety Standards
FPTSSMC	First PowerTrain Sub-System Mule complete
FPVVC	First Product/Process Validation Vehicle Complete
F/S	Full Scale
FSVC	First Structure Vehicle complete
FTP	File Transfer Protocol
FVC	First Vehicle Complete
FWD	Front Wheel Drive
GA	General Assembly
GBOF	Global Bill Of Finance
GBOM	Global Bill Of Material
GBOP	Global Bill Of Process
GCA	Global Customer Audit
GD&T	Geometric Dimensioning & Tolerancing
Geo	Geometry
GESMG	Global Engineering Steering Management Group

Acronym	Definition
GM	General Motors
GMAO	General Motors Automotive Operations
GMAP	General Motors Asian Pacific
GMB	General Motors Brazil
GMDAT	General Motors Daewoo Automotive Technologies
GM IMan	General Motors Information Manager
GMIO	General Motors International Operations
GMIQ	General Motors Initial Quality
GME	General Motors Europe
GMH	General Motors Holdens
GMNA	General Motors North America
GMPTG	General Motors PowerTrain Group
GMSP	GM Supply Power
GMTG	General Motors Truck Group
GMVO	General Motors Vehicle Organization
GP	General Procedure
GPDC	Global Portfolio Development Center
GPDP	Global Powertrain Development Process
GPDS	Global Product Description System
GPDS	Global Part Description System
GPLP	Global Production Launch Process
GQTS	Global Quality Tracking System
GSB	Global Strategy Board

Acronym	Definition
GVDP	Global Vehicle Development Process
GWLM	Global Workload Model
HPV	Hours Per Vehicle
HVAC	Heating Ventilation Air Conditioning
H/W	Hardware
IAPIE	Identify, Analyze, Plan, Implement, Evaluate
IBR	Integration Vehicle Build Readiness Review
ICD	Interface Control Document
IDR	Initial Data Release
IE	Industrial Engineer(ing)
IEMA	International Export Market Analysis
ILM	Information Lifecycle Management
ILRS	Indirect Labor Reporting System
IM	Imperatives Management
IMAN	Information Manager
Int.	Interior
IO	International Operations
I/P	Instrument Panel
IPC	International Product Center
IPTV	Incidents Per Thousand Vehicles
IQS	Initial Quality Survey(J.D. Powers)
IR	Incident Report
IRR	Internal Rate of Return

Acronym	Definition
ISP	Integrated Scheduling Project
ISP	International Service Personnel
ITDC	International Technical Development Center
ITP	Integrated Training Process
ITSD	Interior Technical Specification Drawing
IUVA	International Uniform Vehicle Audit
IV	Integration Vehicle
IVBR	Integration Vehicle Build Release
IVER	Integration Vehicle Engineering Release
IVPCD	Integration Vehicle Powertrain Calibration Delivered
JIT	Just In Time
KCC	Key Control Characteristic
KCDS	Key Characteristic Designation System
KPCs	Key Product Characteristics
LAAM	Latin America, Africa, Middle East
LADV	Learning Analysis/Development/Validation
LCC	Lead Commodity Coordinator
LCR	Lean Capacity Rates
LL	Long Lead
LLPR	Long Lead P Release
LPI	Launch Process Initiation
M1	Match Check 1
M2	Match Check 2

Acronym	Definition
M3	Match Check 3
M4	Match Check 4
MAA	Mass Architecture Approval
MAR	Mass Architecture Requirements
MAV	Mass All Variants
MB	Match Body
MCB	Manufacturing Confirmation Build
MCE	Mid Cycle Enhancement
MDD	Master Datum Drawing
ME	Manufacturing Engineering
MEB	Manufacturing Engineering Body
MEP	Manufacturing Engineering Press
MFD	Metal Fabricating Division
MFG	Manufacturing/Manufacturer
MFVTS	Mass Final Vehicle Technical Specification
MGO	Materials Global Optimization
MIC	Marketing Information Center
MIE	Manufacturing Integration Engineer
MIW	Manufacturing Integration Wall
MLBS	Material Labor Balance System
MMR	Manufacturable Math Release
MMSTS	Manufacturing Major Subsystem Technical Specifications
MNG	Manufacturing

Acronym	Definition
MOB	Make Or Buy
MOP	Model Option Planning
MPCD	Mule Powertrain Calibration Delivered
MPCF	Manufacturing Process Changes Frozen
MPI	Master Process Index
MPL	Master Parts List
MPP	Mass Portfolio Planning
MPS	Master Planning System
MRD	Material Required Date
MRD BIW Arch. Mule	Material Required Date Body In White Architecture Mule
MRDB	Manufacturing Requirements Database
MSA	Master Service Agreement
MSDS	Material Safety Data Sheet
MSE	Manufacturing Systems Engineer
MSR	Manufacturing Strategy Review
MSS	Market Segment Specification
MTA	Final Mass definition for Type Approval
MTC	Master Timing Chart
MTS	Manufacturing Technical Specification
MVB	Manufacturing Validation Build
MVBns	Manufacturing Validation Build Non-Salable
MVBnsR	Manufacturing Validation Build nonsaleable Readiness Review

Acronym	Definition
MVBs	Manufacturing Validation Build saleable
MVBsR	Manufacturing Validation Build saleable Readiness Review
MVSS	Motor Vehicle Safety Standards
MY	Model Year
NA	North America
NAMA	North American Market Analysis
NAOC	North American Operations Containerization
NASB	North American Strategy Board
NC	Numerical Control
NCAP	New Car Assessment Program
NCBS	New Customer Buyer Study
NGEP	Next Generation Engineering Process
NGMBP	Next Generation Math-Based Process
NHTSA	National Highway Traffic Safety Administration
NI	Net Income
NOA	Notice Of Action
NOD	Notice Of Decision
NPV	Net Present Value
NRD	Non-critical Reference Dates
NRM	Non-Runner Mule
NSB	NAO (North American Operations) Strategy Board
N&V	Noise and Vibrations
OAL	Overall Length

Acronym	Definition
OAW	Overall Width
OCC	Occupant
OCS	One Concept Selected
OED	Organization & Employee Development
OPEC	Occupant Protection Evaluation Considerations
OTD	On Time Delivery
PA	Production Achievement
PAA	Production Action Authorization
PAC	Performance Assessment Committee
PAD	Product Assembly Document
PACE	Program Assessment & Control Environment
PARTS	Part Readiness Tracking System
PBO	Production Build Out
PC	Problem Communication
PDC	Portfolio Development Center
PF	Package Freeze
P&L	Profit & Loss
P/P V	Product/Process Validation
PBOM	Program Bill Of Material
PCS	Product Content Sheet
PDCR	Product Design Compliance Reports
PDM	Product Data Management
PDPD	Product Driven Product Design

Acronym	Definition
PDI	Preliminary Data Indicator
PDS	Product Description System
PDT	Product Development Team
PE	Product Engineering
PED	Product Engineering Department
PEM	Program Engineering Manager
PEM	Program Execution Manager
PEP	Product Evaluation Program
PET	Program Execution Team
PGM	Program Management/Project Management
PIA	Parts In Assembly
PIMREP	Project Incident Monitoring and REsolution Process
PIT	Performance Integration Team
PIW	Product/Process Integration Wall
PLB	Process Leadership Board
PLT	Process Leadership Team
PLP	Production Launch Process
PMI	Process Modeling & Integration
PMM	Program Manufacturing Manager
PMP	Process Monitoring Points
PMR	Product(or Program) Manufacturability Requirements
PMT	Program(Product) Management Team
PO	Purchase Order

Acronym	Definition
POA	Part Of Assembly
POMS	Production Order Management System
POP	Point Of Purchase
PPAP	Production Part Approval Process
PPC	Product Program Content
PPEC	Product and Process Engineering Center
PPH	Problems per Hundred
PPM	Parts Per Million
PPO	Pre-Production Operations
PPV	Prototype Powertrain for Vehicles
PQRR	Program Quality Readiness Review
PR	Performance Review
P-Release	Production Release
PR/R	Problem Report(ing) and Resolution
PRTS	Problem Resolution & Tracking System
Prod./Proc.	Product/Process
PSC	Portfolio Strategy Council
PSD	Preliminary Styling Data
PT	Powertrain
PTEE	Powertrain Electric/Electronic
PTO	Primary Try Out
PTSS	Powertrain Sub-System
PTSSM	Powertrain Sub-System Mule

Acronym	Definition
PTVV	Powertrain Validation Vehicle
PVBR	Product Process Validation Vehicle Build Readiness Review
PVM	Programmable Vehicle Model
PVT	Production Vehicle Development
PVV	Product/Process Validation Vehicle
PVVPCD	Product/Process Validation Vehicle Powertrain Calibration Delivered
QAP	Quality Assessment Process
QBC	Quality Build Concerns
QC	Quality Characteristic
QRD	Quality, Reliability, Durability
Q&R	Quality & Reliability
QS	Quality System
RC	Review Charter
RCD	Required Completion Date
RDC	Review Draft Charter
Re-Use Class. Code	Re-Use Classification Code
R@R	Run at Rate
RFQ	Request For Quotation
RMB	Rear Moving Barrier
RONA	Return of Net Assets
RPO	Regular Production Option
RPR	Rapid Problem Resolution

Acronym	Definition
RPRPCD	Rapid Problem Resolution Powertrain Calibration Delivered
RQA	Routing Quality Assessment
RR-HPT	Rear Hip Point
S	short leadtime item(s)
S&P	Strategy and Planning
S&R	Squeaks & Rattles
SB	Strategy Board
SBOM	Strategic Bill Of Material
SEO	Special Equipment Option
SF	Styling Freeze
SF/PF	Styling Freeze / Package Freeze
SI	Supplier Integration
simult.	simultaneous
S/M	Sheet Metal
SMTs	System Management Teams
SMVBns	Start Manufacturing Validation Build non-saleable
SMVBs	Start Manufacturing Validation Build saleable
SOR	Statement of Requirements
SORP	Start of Regular Production
SPC	Statistical Process Control
SPE	Surface Product Engineering
SPE	Service and Prototype Engineer(Powertrain)
Spec.	Specification

Acronym	Definition
SPO	Service Parts Organization(Operations)
SPT	Single Point Team
SQ	Supplier Quality
SQA	Supplier Quality Assurance
SQC	Statistical Quality Control
SQE	Supplier Quality Engineer
SQIP	Supplier Quality Improvement Program(or Process)
SQV	Surface Quality Verification
SQ&V	Surface Quality & Validation
SSF	Start System Fill
SSLT	Sub-System Leadership Team
SSM	Subsystem Mule
SSTS	Sub-System Technical Specifications
SS&RP	Supplier Selection & Release Progression
STD	Single Theme Direction
STEP	Supplier Team Evaluation Program
STEP	Standard for the Exchange of Product Model Data
STL	Stereo Lithography
STL Parts	Stereo Lithography Parts
STO	Secondary Try Out
STS	System Technical Specifications
Sub's	Subassemblies
SUVs	Sport Utility Vehicles

Acronym	Definition
SUW	Standard Unit Of Work
SV	Structure Vehicle
SVCR	Structure Vehicle Change Request
SVER	Structure Vehicle Engineering Release
SVSR	Structure Vehicle Surface Release
Sync.	Synchronization
Sync. P.	Synchronization Point
TA	Theme Approval(re: portfolio engineering)
TCAE	Team Center Automotive Edition
TCS	Traction Control System
TIE	Technical Integration Engineer
TIMS	Test Incident Management System
TIR	Test Incident Report
TMIE	Total Manufacturing Integration Engineer
T-Release	Tooling Release
TS	Theme Selection
TSM	Trade Study Methodology
TVDE	Total Vehicle Dimensional Engineer
TVIE	Total Vehicle Integration Engineer
TVVE	Total Vehicle Validation Engineer
TWO	Test Work Order/Temporary Work Order
TWS	Tire & Wheel system
UAW	United Auto Workers

Acronym	Definition
UB	Underbody
UCL	Uniform Criteria List
UG	Unigraphics
UPC	Uniform Parts Classification
UPC/FNA	Uniform Parts Classification/Functional Name Address
Valid.	Validation
VAM	Vehicle Architecture Manager
VAMA	Virtual Architecture Mule Assessment
VAPIR	Vehicle And Process Integration Review
VAPIR	Vehicle Architecture & performance Integration Review
VASTD	Vehicle Assembly Standard Time Data
VAV	Virtual Archive Vehicle
VAVA	Virtual Architecture Vehicle Assessment
VBOM	Visual Bill Of Material
VCD	Vehicle Chief Designer
VCE	Vehicle Chief Engineer
VCIT	Vehicle Compartment Integration Team
VCRI	Validation Cross Reference Index
VCV	Virtual Concept Vehicle
VCVA	Virtual Concept Vehicle Assessment
VDC	Validation Documentation Complete
VDP	Vehicle Development Process
VDR	Verified Data Release

Acronym	Definition
VDS	Vehicle Description Summary
VDT	Vehicle Development Team
VDV	Vehicle Dimensional Variation
VEC	Vehicle Engineering Center
Veh.	Vehicle
VIAC	Vehicle Imperatives Allocation Complete
VIE	Vehicle Integration Engineer
VIN	Vehicle Identification Number
VIniVA	Virtual Initial Vehicle Assessment
Virt.	Virtual
VIS	Vchiclc Information Systcm
VIVA	Virtual Integration Vehicle Assessment
VLCE	Vehicle Line Chief Engineer
VLE	Vehicle Line Executive
VLPD	Vehicle Line Planning Director
VLD	Vehicle Line Director
VLM	Vehicle Launch Manager
VLT	Vehicle Line Team
VLO	Vehicle Launch Overview
VLPM	Vehicle Line Planning Managers
VMRR	Vehicle & Manufacturing Requirements Review
VMVA	Virtual Mule Vehicle Assessment
VOC	Voice Of the Customer

Acronym	Definition
VOD	Voice Of Design
VOS	Voice of Serviceability
VPC	Virtual Product Console
VPC	Vehicle Planning Coordinator
VPI	Vehicle Program Initiation
VPI	Vehicle Physical Integration
VPIT	Vehicle Performance Integration Team
VPPS	Vehicle Partitioning and Product Structure
VPVA	Virtual Product/Process Validation Vehicle Assessment
VR	Virtual Reality
VSAS	Vehicle Synthesis, Analysis, & Simulation
VSBR	Virtual Structure Vehicle Build Readiness Review
VSE	Vehicle Systems Engineer(ing)
VSO	Vehicle Supply Operations
VSVA	Virtual Structure Vehicle Assessment
VTC	Validation Testing Complete
VTS	Vehicle Technical Specification
WBBA	Worldwide Benchmarking and Business Analysis
WLM	Work-Load Model
WOT	With Open Throttle
WWP	World Wide Purchasing
W/	With
CVER	Concept Vehicle Engineering Release

Acronym	Definition
IVER	Integration Vehicle Engineering Release
PCD	Powertrain Calibration Delivered
PPAP	Sourced PPAP parts
SVER	Structure Vehicle Engineering Release
3-D	3-Dimensional

■ 부록 2-1. TNR Tables Standard(Solar Timing) – 온도별(Based on Clear Tempered)

TNR Table

185 F Clear Tempered

85℃

		Jan	Feb	Mar	Apr	May	Jun	Jul	Aug	Sep	Oct	Nov	Dec
Jan	8	8											
Feb	9	17	9										
Mar	12	29	21	12									
Apr	13	42	34	25	13								
May	16	58	50	41	29	16							
Jun	16	74	66	57	45	32	16						
Jul	16	90	82	73	61	48	32	16					
Aug	14	104	96	87	75	62	46	30	14				
Sep	13	117	109	100	88	75	59	43	27	13			
Oct	12	129	121	112	100	87	71	55	39	25	12		
Nov	10	139	131	122	110	97	81	65	49	35	22	10	
Dec	8	147	139	130	118	105	89	73	57	43	30	18	8
Jan	8		147	138	126	113	97	81	65	51	38	26	16
Feb	9			147	135	122	106	90	74	60	47	35	25
Mar	12				147	134	118	102	86	72	59	47	37
Apr	13					147	131	115	99	85	72	60	50
May	16						147	131	115	101	88	76	66
Jun	16							147	131	117	104	92	82
Jul	16								147	133	120	108	98
Aug	14									147	134	122	112
Sep	13										147	135	125
Oct	12											147	137
Nov	10												147

TNR Table

200 F Clear Tempered

93.3℃

		Jan	Feb	Mar	Apr	May	Jun	Jul	Aug	Sep	Oct	Nov	Dec
Jan	11	11											
Feb	12	23	12										
Mar	17	40	29	17									
Apr	18	58	47	35	18								
May	22	80	69	57	40	22							
Jun	22	102	91	79	62	44	22						
Jul	22	124	113	101	84	66	44	22					
Aug	20	144	133	121	104	86	64	42	20				
Sep	19	163	152	140	123	105	83	61	39	19			
Oct	17	180	169	157	140	122	100	78	56	36	17		
Nov	13	193	182	170	153	135	113	91	69	49	30	13	
Dec	11	204	193	181	164	146	124	102	80	60	41	24	11
Jan	11		204	192	175	157	135	113	91	71	52	35	22
Feb	12			204	187	169	147	125	103	83	64	47	34
Mar	17				204	186	164	142	120	100	81	64	51
Apr	18					204	182	160	138	118	99	82	69
May	22						204	182	160	140	121	104	91
Jun	22							204	182	162	143	126	113
Jul	22								204	184	165	148	135
Aug	20									204	185	168	155
Sep	19										204	187	174
Oct	17											204	191
Nov	13												204

(KL기준: 17=17,000TNR)

TNR Table
215 F Clear Tempered
101.6℃

		Jan	Feb	Mar	Apr	May	Jun	Jul	Aug	Sep	Oct	Nov	Dec
Jan	13	13											
Feb	15	28	15										
Mar	22	50	37	22									
Apr	23	73	60	45	23								
May	28	101	88	73	51	28							
Jun	28	129	116	101	79	56	28						
Jul	28	157	144	129	107	84	56	28					
Aug	25	182	169	154	132	109	81	53	25				
Sep	24	206	193	178	156	133	105	77	49	24			
Oct	22	228	215	200	178	155	127	99	71	46	22		
Nov	17	245	232	217	195	172	144	116	88	63	39	17	
Dec	13	258	245	230	208	185	157	129	101	76	52	30	13
Jan	13		258	243	221	198	170	142	114	89	65	43	26
Feb	15			258	236	213	185	157	129	104	80	58	41
Mar	22				258	235	207	179	151	126	102	80	63
Apr	23					258	230	202	174	149	125	103	86
May	28						258	230	202	177	153	131	114
Jun	28							258	230	205	181	159	142
Jul	28								258	233	209	187	170
Aug	25									258	234	212	195
Sep	24										258	236	219
Oct	22											258	241
Nov	17												258

TNR Table
230 F Clear Tempered
110℃

		Jan	Feb	Mar	Apr	May	Jun	Jul	Aug	Sep	Oct	Nov	Dec
Jan	14	14											
Feb	17	31	17										
Mar	25	56	42	25									
Apr	27	83	69	52	27								
May	32	115	101	84	59	32							
Jun	34	149	135	118	93	66	34						
Jul	35	184	170	153	128	101	69	35					
Aug	33	217	203	186	161	134	102	68	33				
Sep	30	247	233	216	191	164	132	98	63	30			
Oct	27	274	260	243	218	191	159	125	90	57	27		
Nov	19	293	279	262	237	210	178	144	109	76	46	19	
Dec	14	307	293	276	251	224	192	158	123	90	60	33	14
Jan	14		307	290	265	238	206	172	137	104	74	47	28
Feb	17			307	282	255	223	189	154	121	91	64	45
Mar	25				307	280	248	214	179	146	116	89	70
Apr	27					307	275	241	206	173	143	116	97
May	32						307	273	238	205	175	148	129
Jun	34							307	272	239	209	182	163
Jul	35								307	274	244	217	198
Aug	33									307	277	250	231
Sep	30										307	280	261
Oct	27											307	288
Nov	19												307

■ 부록 2-2. TNR Tables Standard(Solar Timing) – 온도별(Based on Clear Laminated)

TNR Table
200 F Clear Laminated

		Jan	Feb	Mar	Apr	May	Jun	Jul	Aug	Sep	Oct	Nov	Dec
Jan	9	9											
Feb	11	20	11										
Mar	15	35	26	15									
Apr	16	51	42	31	16								
May	20	71	62	51	36	20							
Jun	20	91	82	71	56	40	20						
Jul	20	111	102	91	76	60	40	20					
Aug	18	129	120	109	94	78	58	38	18				
Sep	17	146	137	126	111	95	75	55	35	17			
Oct	15	161	152	141	126	110	90	70	50	32	15		
Nov	11	172	163	152	137	121	101	81	61	43	26	11	
Dec	9	181	172	161	146	130	110	90	70	52	35	20	9
Jan	9		181	170	155	139	119	99	79	61	44	29	18
Feb	11			181	166	150	130	110	90	72	55	40	29
Mar	15				181	165	145	125	105	87	70	55	44
Apr	16					181	161	141	121	103	86	71	60
May	20						181	161	141	123	106	91	80
Jun	20							181	161	143	126	111	100
Jul	20								181	163	146	131	120
Aug	18									181	164	149	138
Sep	17										181	166	155
Oct	15											181	170
Nov	11												181

TNR Table
215 F Clear Laminated

		Jan	Feb	Mar	Apr	May	Jun	Jul	Aug	Sep	Oct	Nov	Dec
Jan	12	12											
Feb	13	25	13										
Mar	19	44	32	19									
Apr	20	64	52	39	20								
May	25	89	77	64	45	25							
Jun	25	114	102	89	70	50	25						
Jul	24	138	126	113	94	74	49	24					
Aug	22	160	148	135	116	96	71	46	22				
Sep	21	181	169	156	137	117	92	67	43	21			
Oct	19	200	188	175	156	136	111	86	62	40	19		
Nov	14	214	202	189	170	150	125	100	76	54	33	14	
Dec	11	225	213	200	181	161	136	111	87	65	44	25	11
Jan	12		225	212	193	173	148	123	99	77	56	37	23
Feb	13			225	206	186	161	136	112	90	69	50	36
Mar	19				225	205	180	155	131	109	88	69	55
Apr	20					225	200	175	151	129	108	89	75
May	25						225	200	176	154	133	114	100
Jun	25							225	201	179	158	139	125
Jul	24								225	203	182	163	149
Aug	22									225	204	185	171
Sep	21										225	206	192
Oct	19											225	211
Nov	14												225

TNR Table
230 F Clear Laminated

		Jan	Feb	Mar	Apr	May	Jun	Jul	Aug	Sep	Oct	Nov	Dec
Jan	13	13											
Feb	15	28	15										
Mar	22	50	37	22									
Apr	25	75	62	47	25								
May	30	105	92	77	55	30							
Jun	32	137	124	109	87	62	32						
Jul	32	169	156	141	119	94	64	32					
Aug	29	198	185	170	148	123	93	61	29				
Sep	28	226	213	198	176	151	121	89	57	28			
Oct	24	250	237	222	200	175	145	113	81	52	24		
Nov	17	267	254	239	217	192	162	130	98	69	41	17	
Dec	13	280	267	252	230	205	175	143	111	82	54	30	13
Jan	13		280	265	243	218	188	156	124	95	67	43	26
Feb	15			280	258	233	203	171	139	110	82	58	41
Mar	22				280	255	225	193	161	132	104	80	63
Apr	25					280	250	218	186	157	129	105	88
May	30						280	248	216	187	159	135	118
Jun	32							280	248	219	191	167	150
Jul	32								280	251	223	199	182
Aug	29									280	252	228	211
Sep	28										280	256	239
Oct	24											280	263
Nov	17												280

■ 부록 2-3. 재료별 Solar Pull Chart

Specific Commodity Callout	Testing Temp-C	Test Pull Sample (TNRkL)	Test Pull Sample (TNRkL)	Test Pull Sample (TNRkL)	Test Pull Sample (TNRkL)
Carpet-Non Floor & Floor (High-UV)	102	50	105	0	0
Carpet-Floor and Floor Mat (Low-UV)	85	10	15	0	0
Dec. Finishes-Wood Trim Components	85	30	55	0	0
Dec. Finishes-Wood Steering Wheel	93	30	55	0	0
Dec. Finishes-Wood Components		37.5	75	0	0
Dec. Finishes-Lithograph	85	25.5	0	0	0
Dec. Finishes-Vac. Formable, IMD, Hydrographic Films	85	30	60	0	0
Dec. Finishes-Vac. Formable, IMD, Hydrographic Films	102	30	60	100	0
Exterior Laminating Films		175	350	0	0
Exterior Moldable Paint Films		175	350	0	0
Fabric-Seating & Door	102	20	30	40	105
Fabric-Headlining,Fabric	85	10	20	37.5	0
Fabric-Instrument Panel & RR Window Trim	102	50	105	0	0
Leather-Seating and I/P	102	20	40	60	105
Leather-Seating Wheel	93	20	33	44	55
Misc. Textile-Seat Belt Webbing Poylester No Solar	93	20	40	65	90
Misc. Textile-Mesh or Netting: No Solar	93	10	20	30	40
Misc. Textile-Zipper. No Solar	93	10	20	30	40
Misc. Textile-Elastic Webbing: No Solar	93	10	20	30	40
Misc. Textile-Func. Webbing: No Solar/ Straps: Solar is optional	93	10	20	30	40
Misc. Textile-Elastic Braid Cord: Solar is optional	93	10	20	30	40
Misc. Textile-Thread: No Solar	102	12	25	65	105
Misc. Textile-Fiber Coating: No Solar	102	10	20	80	140
Misc. Textile-Knit Security Shade: Solar is optional	102	60	80	90	105
Misc. Textile-Speaker Cover. Solar is optional	93	25	50	70	90
Misc. Textile-Recloseable Fasteners: No Solar	85	9	18	30	40
Misc. Textile-Thread: Solar is optional	102	12	25	65	105
Misc. Textile-Seat Belt Webbing (World Twill)	93	20	40	0	0

Specific Commodity Callout	Testing Temp-C	Test Pull Sample (TNRkL)	Test Pull Sample (TNRkL)	Test Pull Sample (TNRkL)	Test Pull Sample (TNRkL)
Plastic-Polyolefin, 30 ductility, hi temp & scratch resistance	102	30	55	80	105
Plastic-Polyolefin-avg temp & scratch resistance	102	30	55	80	105
Plastic-Polyolefin	102	30	55	80	105
Plastic-Polyurethane-Integrally colored, Light Stable, Spray Skin	102	30	55	80	105
Plastic-PVC-UV Stabilized, Heat Stabilized, Castable Powder	102	30	55	80	105
Plastic-Thermoplastic Elastomer and/or Polyolefin Alloy	102	30	55	80	105
Plastic-Acetal	102	30	55	80	105
Plastic-All Polypropylene	102	30	55	80	105
Plastic-Thermoplastic Elastomer, Styrenic Block Copolymers	102	30	55	80	105
Plastic-Thermoplastic Polyurethane	102	30	55	80	105
Plastic-ABS/PC blends Lower UV stable	85	5	10	0	0
Plastic-ABS+PC, Heat Stable, Low UV Stable	85	5	10	0	0
Plastic-Polyethylene	85	15	30	55	0
Plastic-ABS and Polyamide Blends	93	15	30	55	0
Plastic-ABS-Med High Heat Resistant, UV Stabilized	93	15	30	55	0
Plastic-ABS-High Heat Resistant, UV Stabilized	93	15	30	55	0
Plastic-Polypropylene-Heat Stabilized, UV Stabilzed, Impact Modified	93	15	30	55	0
Plastic-Polypropylene-Heat Resistant, High Crystalline, UV Stabilized, Copolymer	93	15	30	55	0
Plastic-polyurethane ISRIM-UV Stable, Intergral Skin, Foam	93	15	30	55	0
Plastic-ABS/Nylon 6 Blend	93	15	30	55	0
Plastic-Thermoplastic Polyester Elastomer	93	15	30	55	0
Plastic-Nylon 6	93	15	30	55	0
Plastic-Nylon 66	93	15	30	55	0
Plastic-Polyester	93	15	30	55	0
Plastic-Polycarbonate	93	15	30	55	0
Plastic-All PVC	93	15	30	55	0
Plastic-All ABS	85	10	25	0	0
Plastic-All ABS/PC blends, Higher UV stable	85	10	25	0	0
Plastic-All ABS	85	10	25	0	0
Plastic-All ABS/Polycarb blends	85	10	25	0	0
Plastic Roll Goods, I.P . Upper	102	25	50	75	105
Plastic Roll Goods, all others	93	20	40	60	75
Interior Paint	110	25	55	105	0

■ 부록 3. 차량(부품) 개발 절차 및 재료 Activity

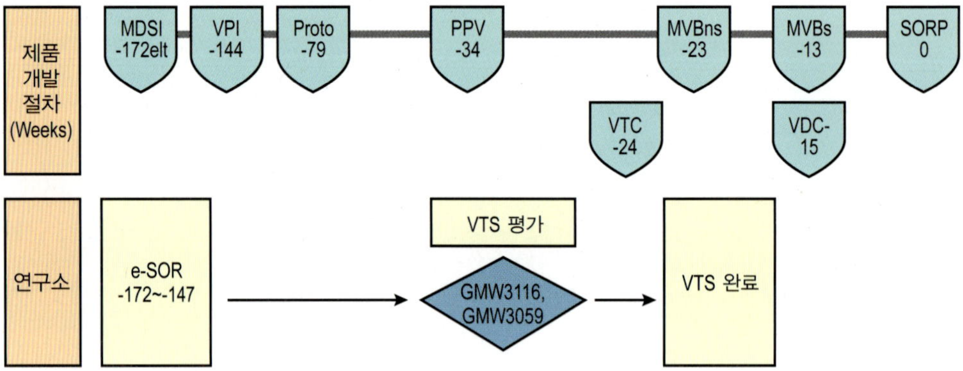

기간	DSI ~ VPI	VPI ~ FMC	FMC ~ FIVC	FIVC ~ MVB	MVB ~ SORP	SORP
Materials Activity	• SOR Review (F9&F10) • VTS(VPSS) Requirement Setting Marking & Labeling	• Checking of New Materials & Process	• Material Property Development & Improvement	• Evaluation of VTS Requirement • Material Property Validation Test	• VTS(VPSS) Report	

- DSI(Document of Strategic Intent)
- VPI(Vehicle Program Initiation)
- FMC(Fist Mule Complete)
- FIVC(First Integration Vehicle Complete)
- MVB(Manufacturing Validation Build)
- SORP(Start of Regular Production)
- SOR : F9에 재활용(GMW3116)/유해물질(GMW3059) Specification 명시
- VTS(Vehicle Test Specification)
- VTC(Validation Test Complete, 비준 Test 완료)
- VDC(Validation Document Complete, 비준 문서 완료)

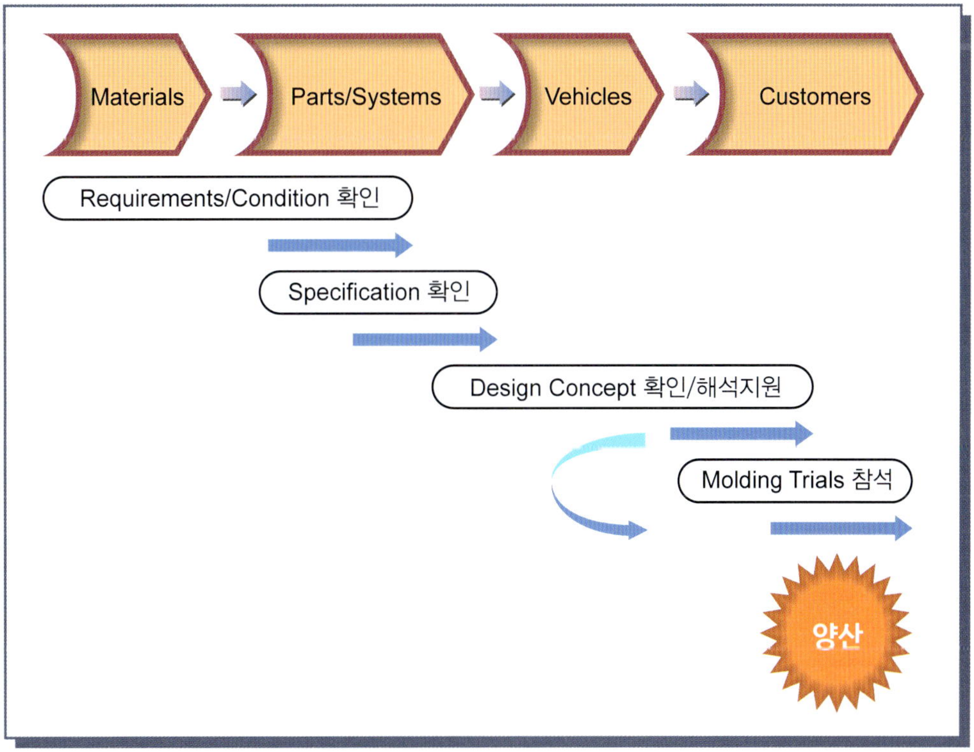
Materials
Parts/Systems
Vehicles
Customers
Requirements/Condition 확인
Specification 확인
Design Concept 확인/해석지원
Molding Trials 참석
양산

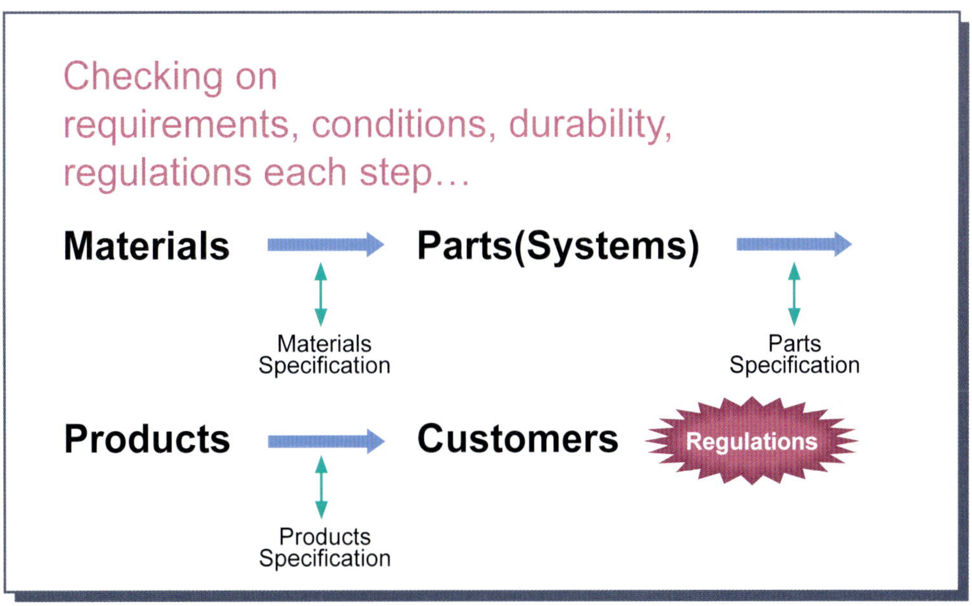
Checking on
requirements, conditions, durability,
regulations each step…
Materials
Parts(Systems)
Materials
Specification
Parts
Specification
Products
Customers
Regulations
Products
Specification

■ 부록 4. GMW Materials Approval Process

SOR F10 Input
PPAP Applied Parts
Global Sourcing

&

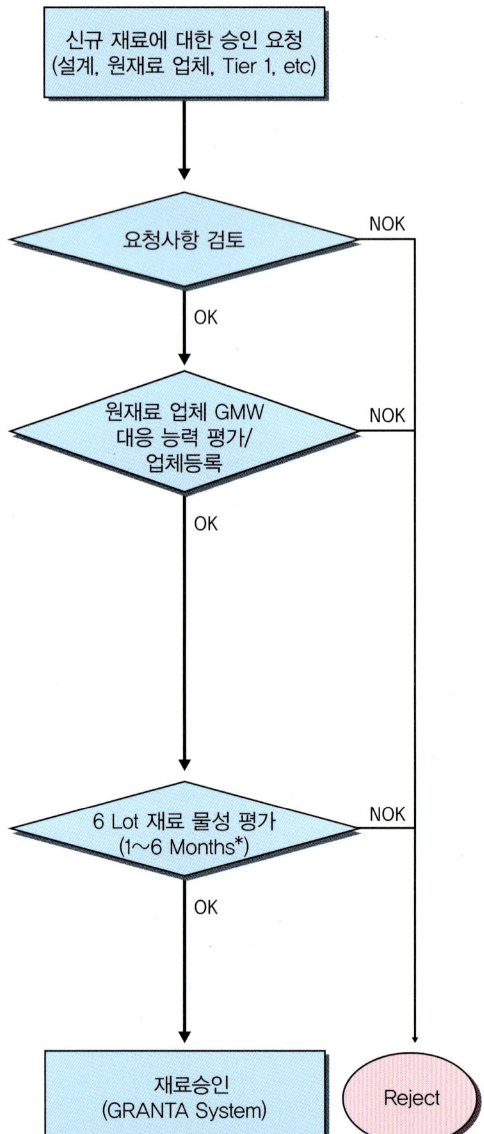

▶ Relative Documents

- Sponsership Letter(from Tier 1)
- 업무협조전(관련부서/업체)
- 업무 협의사항(회의록)
- 기타 관련 성적서(재료/부품적용 가능성)

▶ Audit by ME/SQE

- TS16949(or ISO17025) 인증 현황
- GMW 3013(General Requirements for Plastic Materials) 수행 능력
- Material Supplier T/SCapability Check Sheet (Lab 실사/인증)

※ Engineering Support(품질 문제 대응) 능력 사항 확인

- Plant(Lab) 실사(OK : Rating over Yellow-RYG)
- 신뢰성 평가: 공인기관 결과 활용

※ T/S Capability Check Sheet(협력업체 시험능력 평가서)

▶ Recommendation Test(by ME)

- 1 Lot Material Properties Test(Cross Checking Test) Results between OEMs and Material Suppliers

※ 아리조나/플로리다 Natural Weathering Test의 경우 최대 5Years 소요(Pending Action Noted Optionally)

▶ 업체등록

- DUNS Number 등록
- CSIDS 제출
- www.gmsupplypower.com Access

■ 참고문헌

1. ASTM D3895-94, Oxidative Induction Time of Polyoleflns by DSC, Ann. Book of ASTM Standards, Vol. 8.03(1994).

2. ASTM D4565-94, Physical and Environmental Performance Properties of Insulations and Jackets for Telecommunications Wire and Cable, Ann. Book of ASTM Standards, Vol. 10.02(1994).

3. ASTM D5483-93, Oxidation Induction Time of Lubricating Greases by Pressure.

4. Flynn, J.H.; Meeting of Penn. Manuf. Confectioners Assoc.(1985).

5. Foreman, J.A.; Blaine, R.L.; 41st Ann. Tech. Conf., Soc. Plast. Eng., 2, 2409-2412 (1995) 6. Howard, J.B.; Gilroy, H.M.; Polym. Eng. Sci., 15 (4), 268-271(1975).

7. Kowalski, B.; Thermochim. Acta, 156, 347-358(1989).

8. Kramer, E.; Koppelmann, J.; Polym. Degrad. Stab., 16, 261-275(1986).

9. Marshall, D.I.; George, E.J.; Turnipseed, J.N.; Glenn, J.L.; Polym. Eng. Sci., 13(6); 415-421(1973).

10. Rhee, I-S.; NLGI Spokesman, 55(4) 7/123-16/132(July 1991).

11. Thomas, R.W,; Ancelet, C.R.; Proc. Geosynthetic Conf., 2, 915-924(1993).

12. Walker, J.A.; Tsang, W.; Soc. Autom. Eng. Tech. Paper 801383(1980).

13. 허근태, "고분자 소재를 이용한 가공기술의 오늘과 내일", 경성대학교 출판부, 2005.

14. GMW3029-Polyamide 6 - Glass Fiber Reinforced, Heat Stabilized 재료규격

저자 약력

강원구

아주대학교 공과대학 화학공학과 졸업

현대(기아)자동차 / 대우(쌍용)자동차 / GM KOREA(global) 자동차 기술연구소 25년 근무

GM global 플라스틱 재료, VOCs(Odor) Leader 수행

자동차분야 재료, 부품 관련 특허 46건 출원

현재

한국 내후성위원회 자동차분과 위원장

자동차분야 신뢰성 평가규격 기술위원회 위원

국가 VOCs 기술표준위원회 위원

EP global 대표

미래자동차를 준비하는

자동차 플라스틱 재료기술

2019년 5월 27일 인쇄
2019년 5월 31일 발행

저 자 강원구
발 행 인 배영환
발 행 처 도서출판 현우사

등록번호 제2013-114호
주 소 서울특별시 영등포구 영중로 138-1 (영등포동8가) 드림프라자B 901호
Tel. 02) 2637-4806, 4863 Fax 02) 2637-4807
홈페이지 www.hyunwoosa.co.kr
E - mail okpress1208@naver.com
정 가 48,000원
I S B N 978-89-8081-540-1 93500